手把手教你开发路由器

物联网(IoT)网关开发实战

疯壳团队　陈万里　刘　燃　编著

西安电子科技大学出版社

内容简介

本书以MT7688无线路由器为例，按产品开发流程，详细讲解了OpenWrt系统开发知识，通过一套完整的物联网网关实现方案，逐步做出一台可量产的无线路由器产品。

本书共3章，主要内容包括：OpenWrt开发前的准备、OpenWrt开发基础、OpenWrt开发实战。本书语言通俗易懂，即使从来没接触过OpenWrt和路由器开发的读者也能顺利上手。

本书对于想要从事物联网网关开发工作的在校学生、程序开发爱好者或转行从业者而言，是一本很好的入门教材；对于正在从事路由器开发的工程师，也有一定的参考和指导作用。

图书在版编目(CIP)数据

物联网(IoT)网关开发实战/疯壳团队，陈万里，刘燃编著. —西安：西安电子科技大学出版社，2019.4

ISBN 978-7-5606-5268-9

Ⅰ. ①物… Ⅱ. ①疯… ②陈… ③刘… Ⅲ. ①互联网络—应用 ②智能技术—应用 Ⅳ. ①TP393.4 ②TP18

中国版本图书馆CIP数据核字(2019)第037533号

策划编辑 高 樱

责任编辑 滕卫红 阎 彬

出版发行 西安电子科技大学出版社(西安市太白南路2号)

电 话 (029)88242885 88201467 邮 编 710071

网 址 www.xduph.com 电子邮箱 xdupfxb001@163.com

经 销 新华书店

印刷单位 咸阳华盛印务有限责任公司

版 次 2019年4月第1版 2019年4月第1次印刷

开 本 787毫米×1092毫米 1/16 印张 17

字 数 402千字

印 数 1～3000册

定 价 45.00元

ISBN 978-7-5606-5268-9/TP

XDUP 5570001-1

前　言

本书的硬件平台选定的是MT7688，它是目前IoT(物联网)开发的首选平台。MT7688系统单芯片可应用于家庭自动化的桥接中心，它集成了1T1R 802.11n WiFi radio、580 MHz MIPS ® 24KEc™ CPU、1-port fast Ethernet PHY、USB 2.0 host、PCIe、SD-XC、I2S/PCM，并支持多种低速输出、输入接口。MT7688支持两种运作模式：IoT gateway模式与IoT device模式。在IoT gateway模式下，MT7688可通过PCIe接口连接至802.11ac芯片组，并作为双频802.11ac同步闸道。高速的USB 2.0接口可让MT7688连接至额外的3G/LTE Modem硬件，或连接到H.264 ISP，用作无线IP相机。IoT gateway模式也支持触摸板、Bluetooth Low Energy(BLE)、Zigbee/Z-Wave和Sub-1 GHz RF等智能家庭应用所需的硬件。

本书的软件开发平台是目前比较流行的OpenWrt。OpenWrt是嵌入式设备上运行的Linux系统。OpenWrt的文件系统是可写的，开发者无需在每一次修改后重新编译整个系统，而且可以自由安装同一款平台编译的*.ipk软件，令它更像一个小型的Linux电脑系统，这样也加快了开发速度。

如果对Linux系统有一定的认识，并想学习或接触嵌入式Linux系统，那么OpenWrt是很适合的。OpenWrt支持各种处理器架构，对ARM、X86、PowerPC或MIPS都有很好的支持作用。OpenWrt拥有多达3000多种的软件包，如工具链(toolchain)、BootLoader(Uboot)、内核(Linux kernel)及根文件系统(rootfs)等。用户只需一个简单的make命令，即可方便快速地定制一个具有特定功能的嵌入式系统固件(Firmware)。

一般嵌入式Linux的开发，无论是ARM、PowerPC或MIPS的处理器，都必须经过以下6个步骤。

(1) 创建Linux交叉编译工具链(toolchain)。

(2) 移植BootLoader(主要是Uboot)。

(3) 移植Linux kernel。

(4) 创建rootfs(根文件系统)。

(5) 编写设备驱动程序。

(6) 编写应用软件。

OpenWrt可以快速构建一个包括上述6个步骤的完整的SDK开发环境。随着Linux技术的成熟，大量不同的处理器内核和应用软件相继出现。熟悉这些嵌入式Linux的基本开发流程后，不应再局限于MIPS处理器和无线路由器的开发，可以尝试在其他处理器或者非无线路由器的系统移植嵌入式Linux，定制适合自己的应用软件，并完成一个完整的嵌入式产品。

1. 本书的内容

本书的内容几乎涵盖了shell、Makefile、裸机编程、Linux驱动开发中的所有知识点，虽然有些知识点讲得并不是很深入，但作者会抛砖引玉，告诉读者如何获取相关资料。书中的各章节内容都是根据实际项目开发步骤，按照从易到难的顺序编排的，建议读者按顺序学习。第1、2章是与OpenWrt平台相关的基础知识，读者首先需掌握开发环境的配置，然后掌握系统的编译方法。只有配置好开发环境，学会使用相应的指令编译代码并使之编译通过，才能进行后面章节的学习。在讲解完所有的知识点后，本书配套了一个商用的物联网网关平台，作为读者实战开发的调试设备，目的是以项目实战来提高读者的学习兴趣，让读者学会如何运用前面所学的知识点开发产品。

2. 本书的特点

（1）实用性强。以真实的商用产品方案MT7688为例，全面讲解了Linux驱动开发的流程和技能。虽然是以MT7688为例进行讲解，但是其中相应的知识可以衍生到任何使用Linux的设备中。

（2）专业权威。本书的作者是物联网网关的一线开发者，拥有多年网关项目开发经验，负责了多款网关产品的开发及量产维护工作，书中很多内容是作者对真实项目的开发总结。

（3）内容全面。本书基本涵盖了网关开发的所有知识点。

（4）实验可靠。书中所有源码都经过真实环境验证，有极高的含金量。

（5）售后答疑。所有读者都可在https://www.fengke.club/GeekMart/su_fRTZ3qKY0.jsp官网社区提问，作者会不定期答疑。

3. 本书的适用范围

（1）想了解IoT网关设备的开发方法的开发者。

（2）想从事IoT网关设备驱动研发工作的在校学生、程序开发爱好者或转行从业者。

（3）已经入行或正在从事IoT网关设备驱动开发的工程师。

（4）进行IoT网关设备驱动开发培训的机构和单位。

（5）高校教师或学生。本书可用于高校实验课程教材。

本书由刘燃统稿，由陈万里、刘燃编写。在此要特别感谢深圳疯壳团队的各位小伙伴为本书的编写提供的可靠技术支持与精神鼓励。此外，还要感谢西安电子科技大学出版社给予了大力支持。

由于时间仓促，虽然本书的所有内容都经过作者认真校核，但难免会有一些纰漏，读者可通过社区论坛与作者互动。

本书的源码可到https://www.fengke.club/GeekMart/su_fRTZ3qKY0.jsp社区论坛免费下载。

作　者

2019年1月

目　录

第 1 章　OpenWrt 开发前的准备

1.1　开发环境搭建

本章主要以 Ubuntu 32 bits 操作系统为基础，讲解如何在操作系统上搭建开发环境、安装常用的工具软件，并逐步帮助用户完成源代码的管理和编译工作。主要内容包括如何搭建 Ubuntu 开发环境。

1.1.1　从零开始搭建 Ubuntu 开发环境

疯壳团队为大家准备了一个安装好的不带有任何编译工具包，并基于免费的 VirtualBox（VirtualBox - 5.1.18 - 114002 - Win.exe）的 Ubuntu 12.04 原始 32 位虚拟机 ubuntu - 12.04.5 - i386 - raw.vdi，初学者可以在此基础上按照本书的指导一步一步完成编译环境的搭建工作。如果希望尝试安装 Ubuntu 操作系统，疯壳团队准备了可从 Ubuntu 官网下载的ubuntu-12.04.5 - desktop - i386.iso 文件，用户可以用此文件镜像安装一个全新的操作系统。

需要注意的是：本书所有的内容都基于 32 位 Ubuntu 12.04 版本演示，希望读者用此版本完成本书学习。如果想尝试在其他 Ubuntu 版本上完成实验，则遇到的问题可能与本书描述的不一样，同时也得不到相应的解决方案，这样可能会降低学习的积极性。

下面讲解如何设置虚拟机。复制 ubuntu - 12.04.5 - i386 - raw.vdi 到当前目录并改名为 ubuntu - fengke - mt7688.vdi，如图 1 - 1 所示。复制一个新的 vdi 文件的目的是：在接下来对虚拟机的操作中如果出现了错误可以推翻重来。

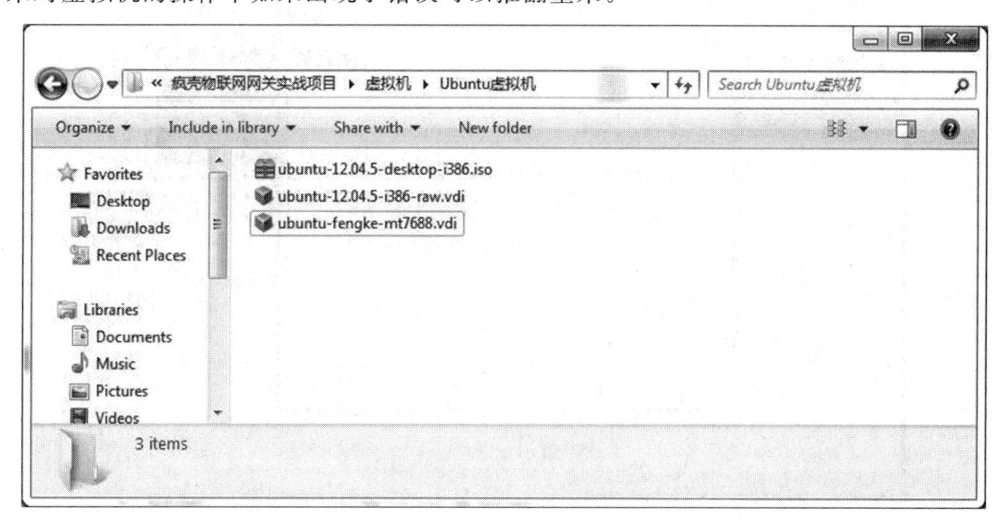

图 1 - 1　虚拟机文件

1. 创建虚拟机

(1) 点击 New 新建一个虚拟机，填入名字 ubuntu－fengke－mt7688，然后点击 Next，如图 1－2 所示。

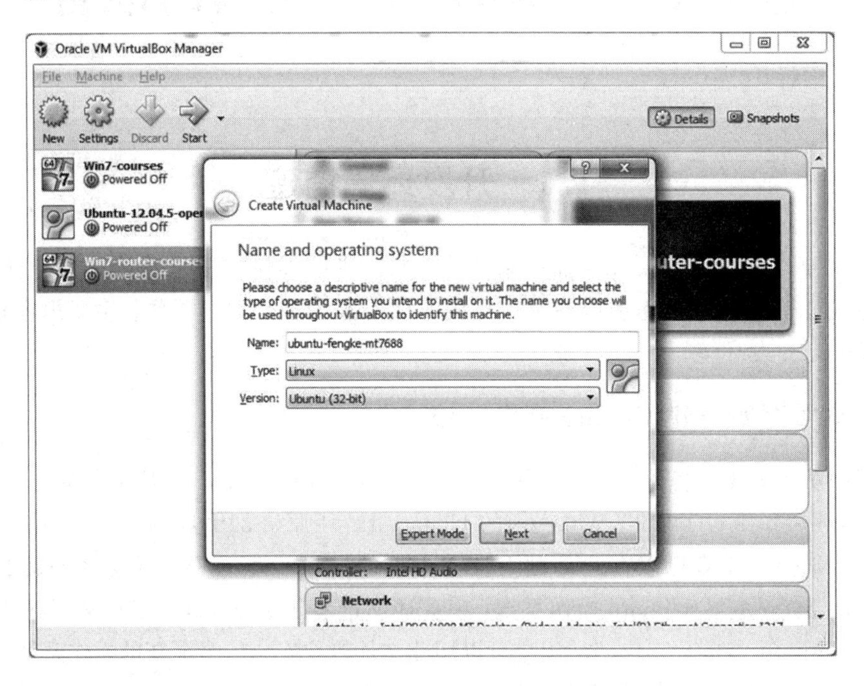

图 1－2 点击 New 新建一个虚拟机

(2) 设置内存大小为 1024 MB，点击 Next，如图 1－3 所示。

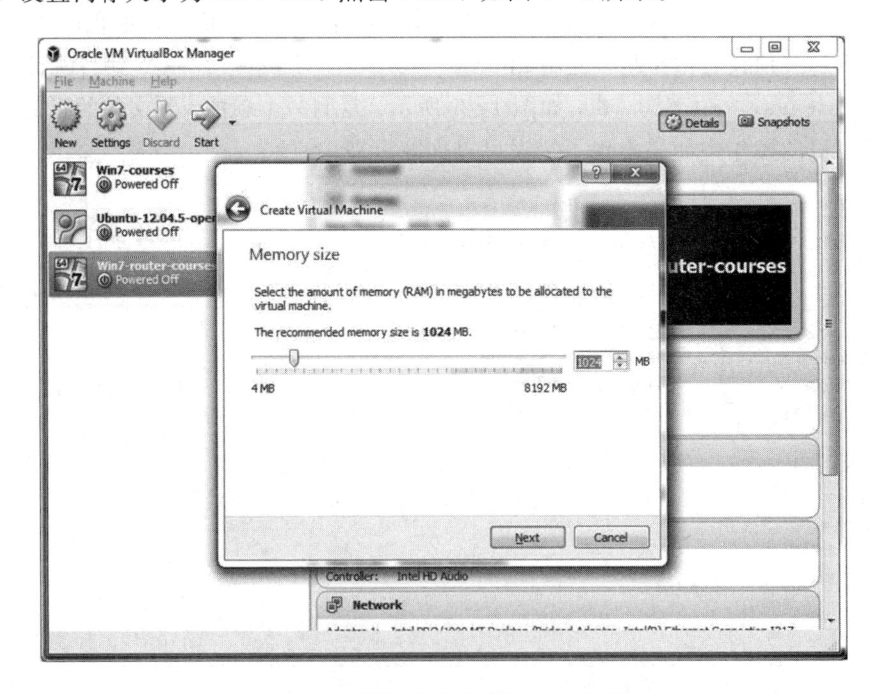

图 1－3 设置内存大小为 1024 MB

(3) 选择已经存在的虚拟硬盘 ubuntu-fengke-mt7688.vdi，并点击 Create，如图 1-4 所示。

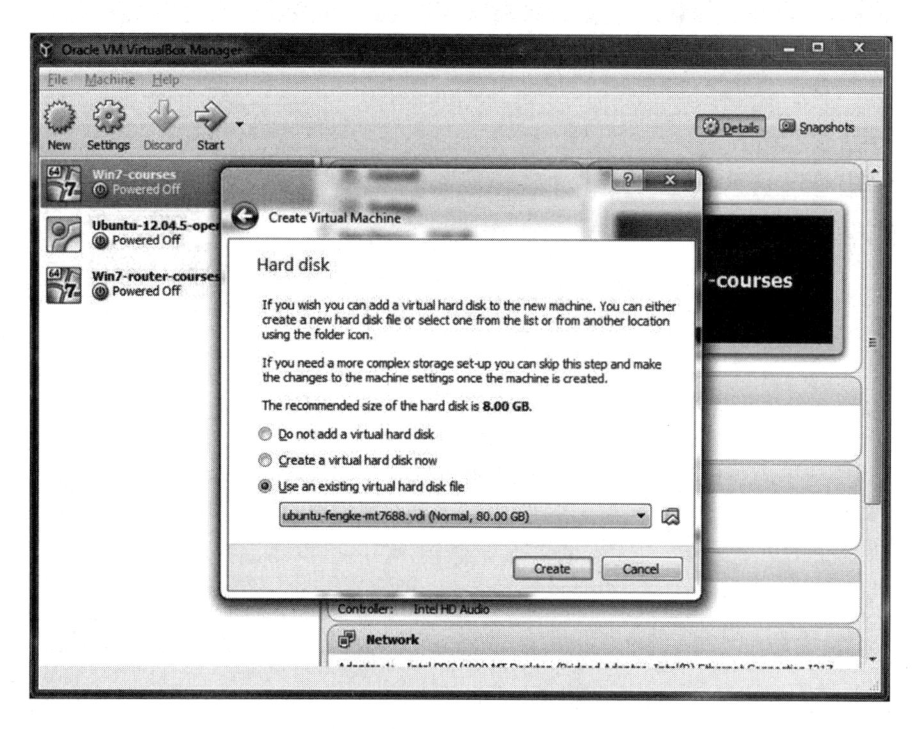

图 1-4　选择已经存在的虚拟硬盘

(4) 生成一个新的虚拟机 ubuntu-fengke-mt7688，如图 1-5(a)所示。

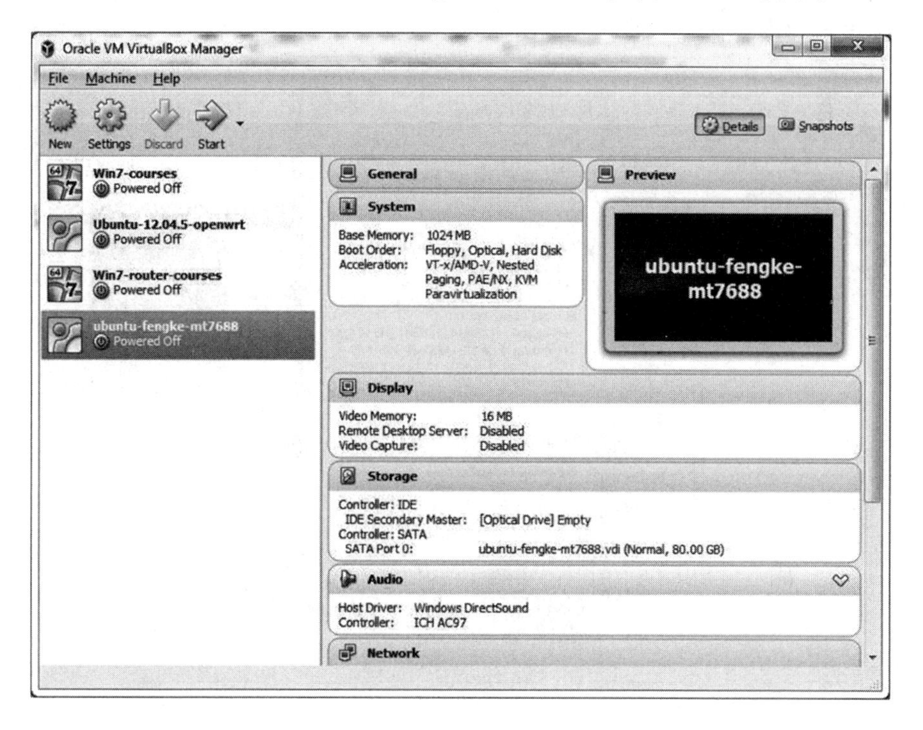

(a)　生成一个新的虚拟机

点击 Create，有时会提示出错，如图 1－5(b)所示。

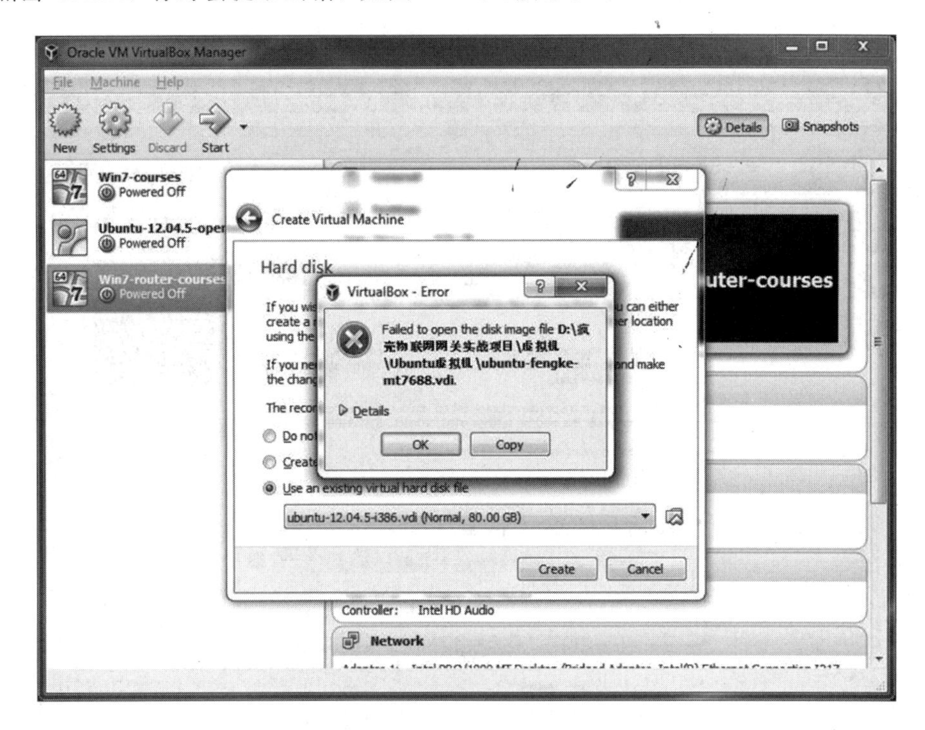

(b)　点击 Create，有时会提示出错

图 1－5　生成新的虚拟机及可能出现的出错信息

(5) 点击 Details，查看错误的详细信息，如图 1－6 所示。

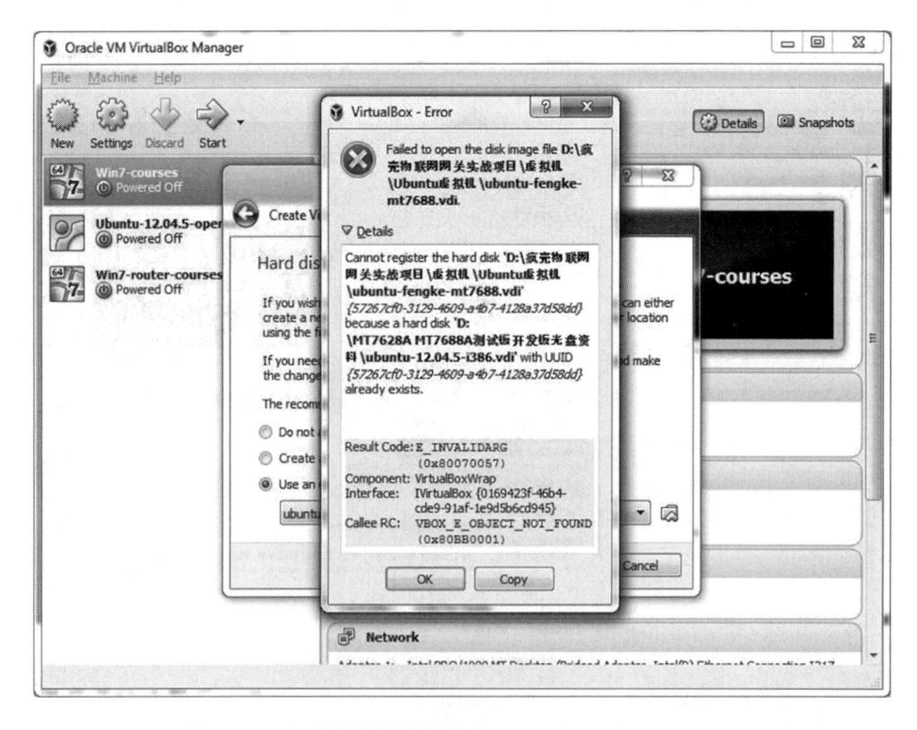

图 1－6　查看错误的详细信息——UUID already exists

上述错误出现的原因是VirtualBox系统通过复制镜像的方式安装了多个内容一样的Ubuntu12.04虚拟机(第一次安装时不会出现以上错误)，这样系统就会提示UUID already exists。遇到此错误情况时，解决方法如下：

① 打开命令行cmd，点击左下角Windows图标后输入cmd，如图1-7所示。

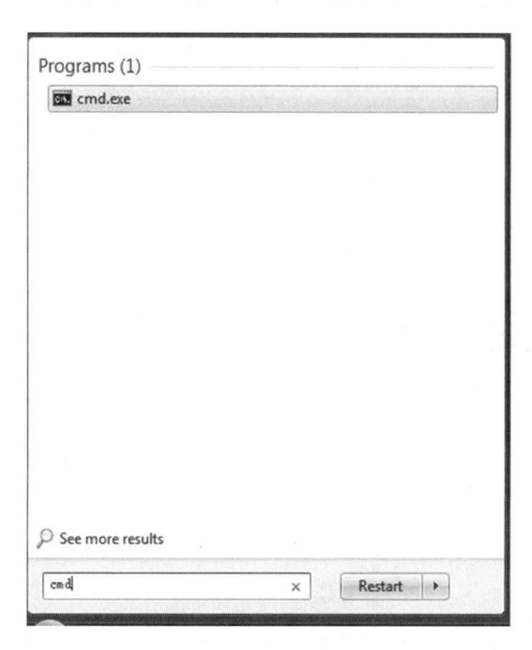

图1-7　cmd的打开方式

② 在命令行中输入命令：VBoxManage.exe internalcommands sethduuid D:\疯壳物联网网关实战项目\虚拟机\Ubuntu虚拟机\ubuntu-fengke-mt7688.vdi，设置一个新的UUID，如图1-8所示。

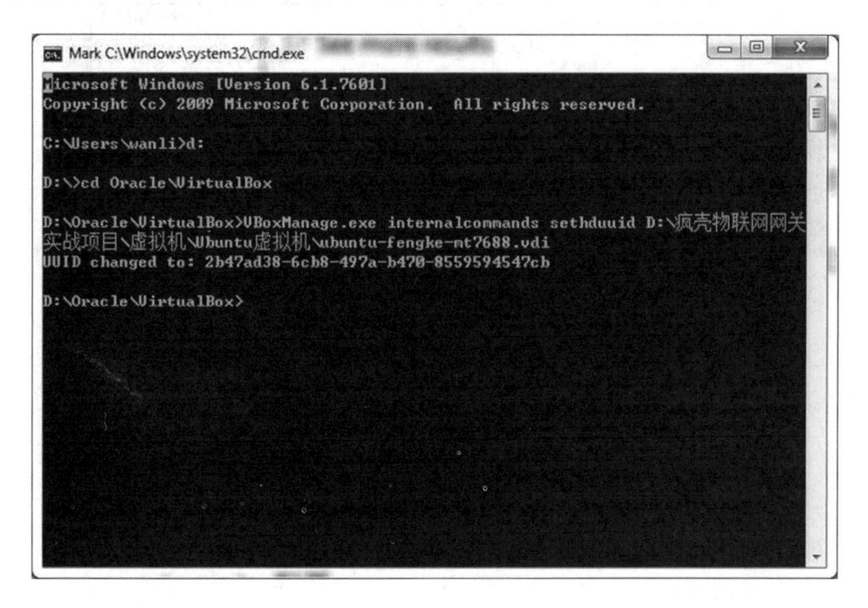

图1-8　设置一个新的UUID

③ 用设置了新 UUID 的 ubuntu－fengke－mt7688. vdi 重新创建虚拟机。

2. 设置网络

为了能够和主机共享网络，这里选择设置成桥(bridge)模式。点击网络(Network)，如图 1－9 所示，在弹出的对话框中选择桥接模式(Bridged Adapter)，如图 1－10 所示。

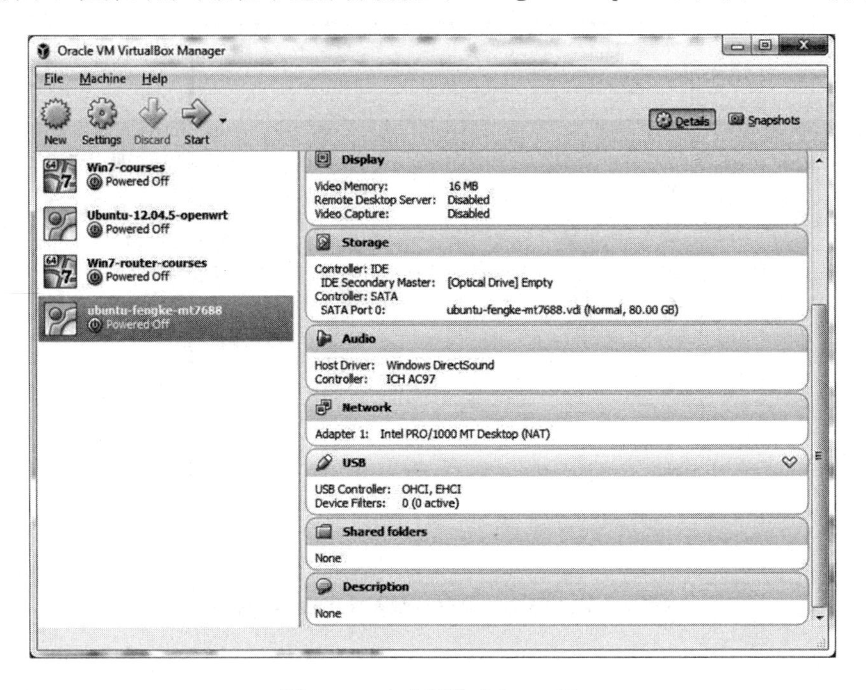

图 1－9　点击网络(Network)

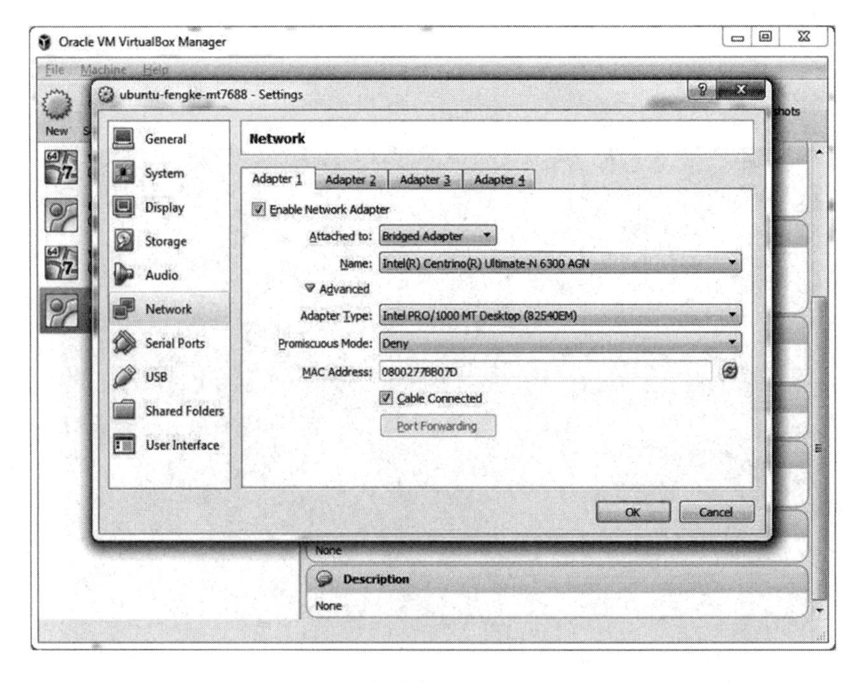

图 1－10　选择桥接模式(Bridged Adapter)

3. 启动虚拟机

启动虚拟机，先输入密码，如图 1-11 所示。

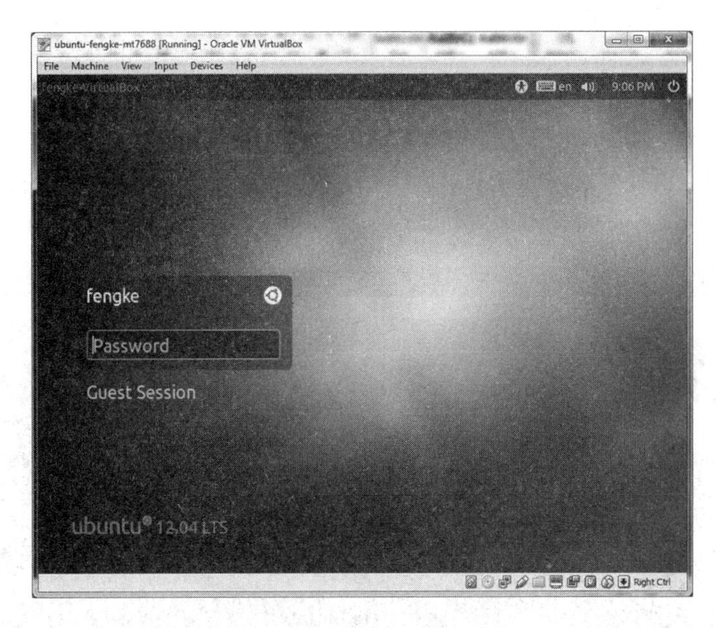

图 1-11　输入密码

注意：此虚拟机已经安装了客机增强功能(Guest Additions)。

1.1.2　安装开发环境

一开始必须在虚拟终端(Terminal)环境下安装常用工具软件。进入虚拟终端环境，如图 1-12 所示。

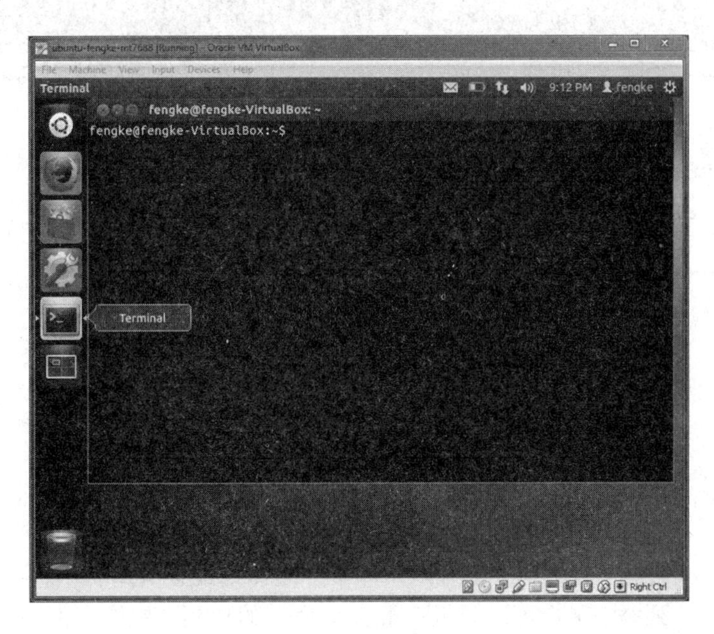

图 1-12　虚拟终端环境

1. 工具安装准备

依次输入如下命令(所有的命令都是在虚拟机里的虚拟终端输入)：

```
sudo apt - get install vim
sudo apt - get install samba
sudo apt - get install openssh - server
```

如果第一次输入 sudo 命令，则会提示输入超级用户密码(密码是 fengke)，如图 1 - 13 所示。如果希望一次性安装所有工具，则可以用如下命令(命令间用“;”分隔)：

```
sudo apt - get install vim;sudo apt - get install samba;sudo apt - get install openssh - server
```

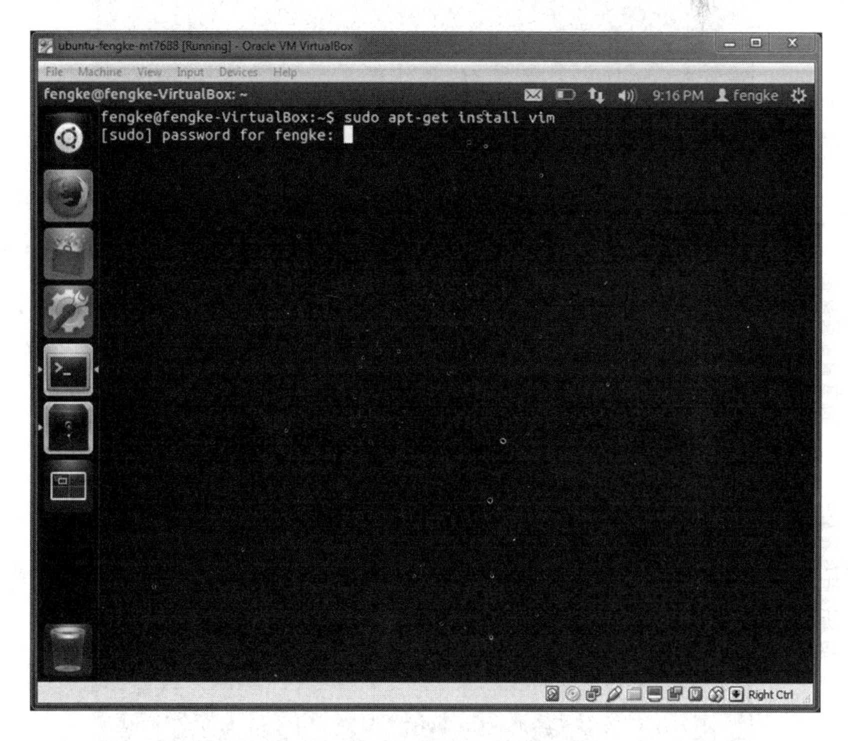

图 1 - 13　输入超级用户密码

2. samba 配置

(1) 用 vim 工具编辑 samba 配置文件/etc/samba/smb. conf，如图 1 - 14 所示。

在文件 smb. conf 的末尾增加如下语句：

```
[fengke]
commet = share directory
path = /home/fengke
writeable = yes
```

创建 samba 用户并重启 smaba 服务：

```
sudo smbpasswd - a fengke - - -此命令要求输入密码(这里输入的密码是 fengke)
sudo service smbd restart - - -重启 samba 服务命令
```

(2) 如果不习惯用 vim 工具，也可以用如下一组命令配置 samba，如图 1 - 15 所示。相应的命令就不一一列举，用户可以分析一下各个命令的作用。如果有不了解的地方，可以参看后面的 shell 脚本讲解。

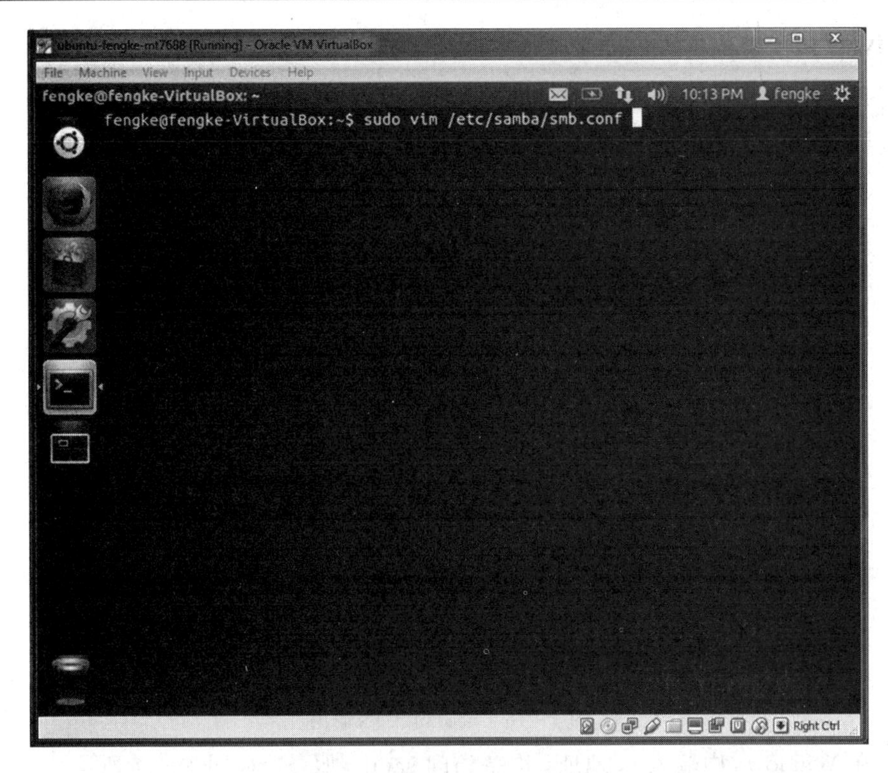

图 1 - 14　编辑 samba 配置文件

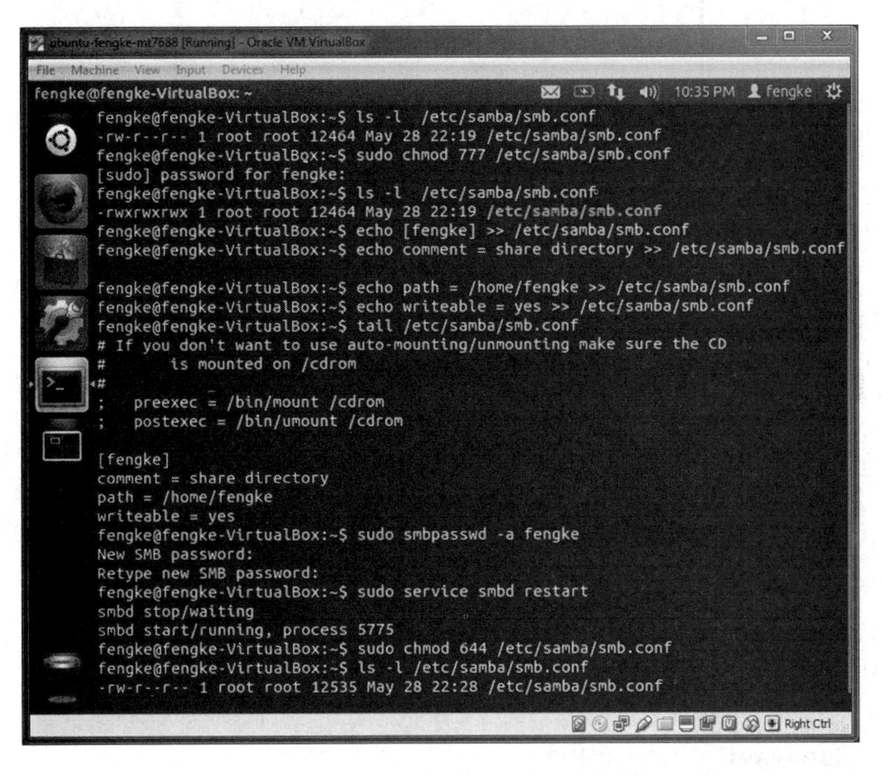

图 1 - 15　命令行编辑 samba 配置文件

3. Win7 映射虚拟机的 samba 目录

(1) 用 ifconfig 命令查询 ip 地址。ifconfig 命令输出 eth1 的 ip 地址是 192.168.0.1.105，如图 1-16 所示。

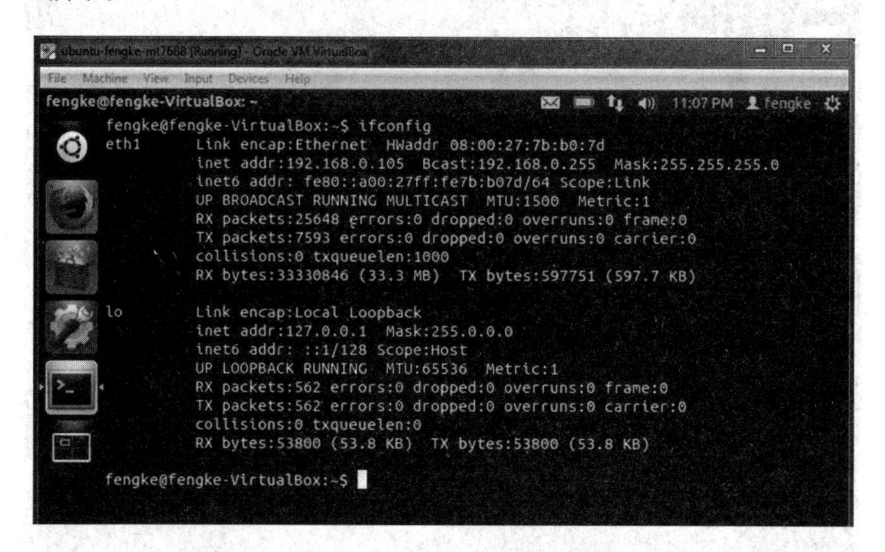

图 1-16 ifconfig 命令输出

(2) 在 Windows 中输入 ip 地址，准备访问 samba 服务，如图 1-17 所示。

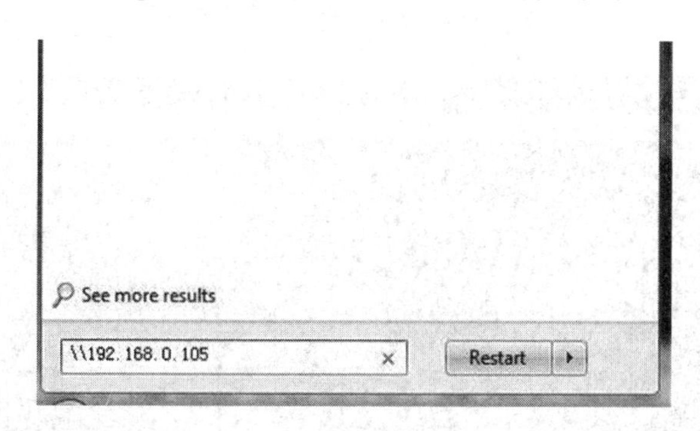

图 1-17 输入 ip 地址，准备访问 samba 服务

(3) 出现如图 1-18 所示的 samba 共享目录 fengke。

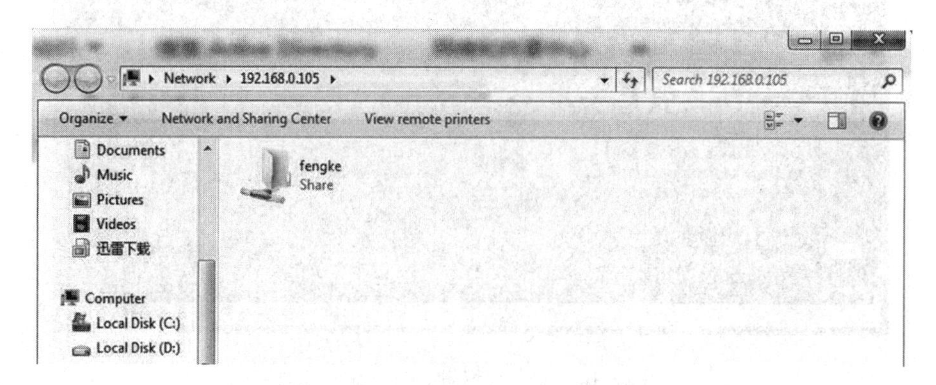

图 1-18 samba 共享目录 fengke

(4) 双击 fengke 目录，输入 samba 访问目录的用户名和密码(fengke/fengke)，如图 1-19 所示。

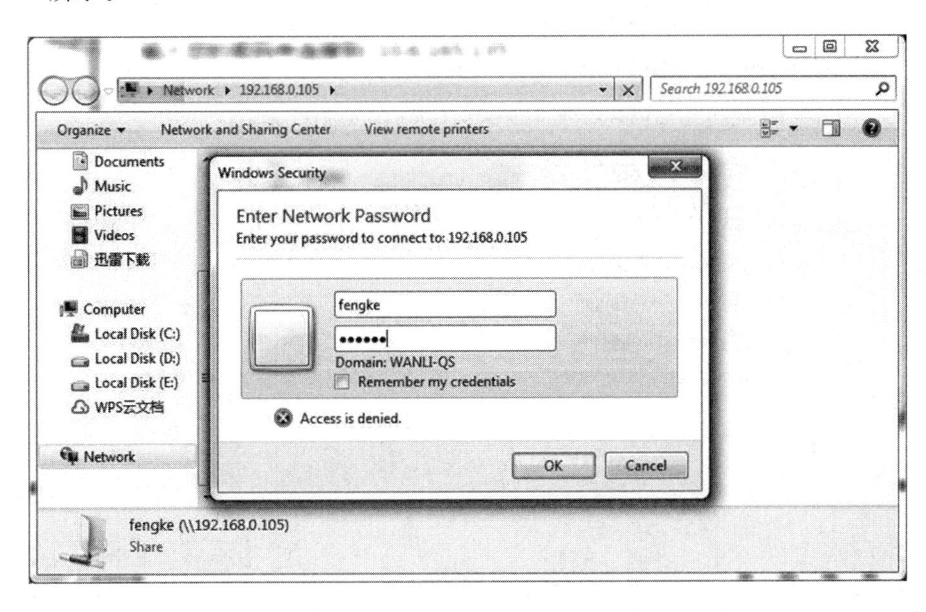

图 1-19　输入 samba 访问目录的用户名和密码

(5) samba 映射访问方式。点击鼠标右键，在弹出菜单(如图 1-20 所示)中点击“Map network drive(映射网络驱动器)”，程序会提示映射成哪一个盘符(本机映射成 Z 盘，如图 1-21 所示)。此时打开“计算机”就可以看到刚才映射的 Z 盘。

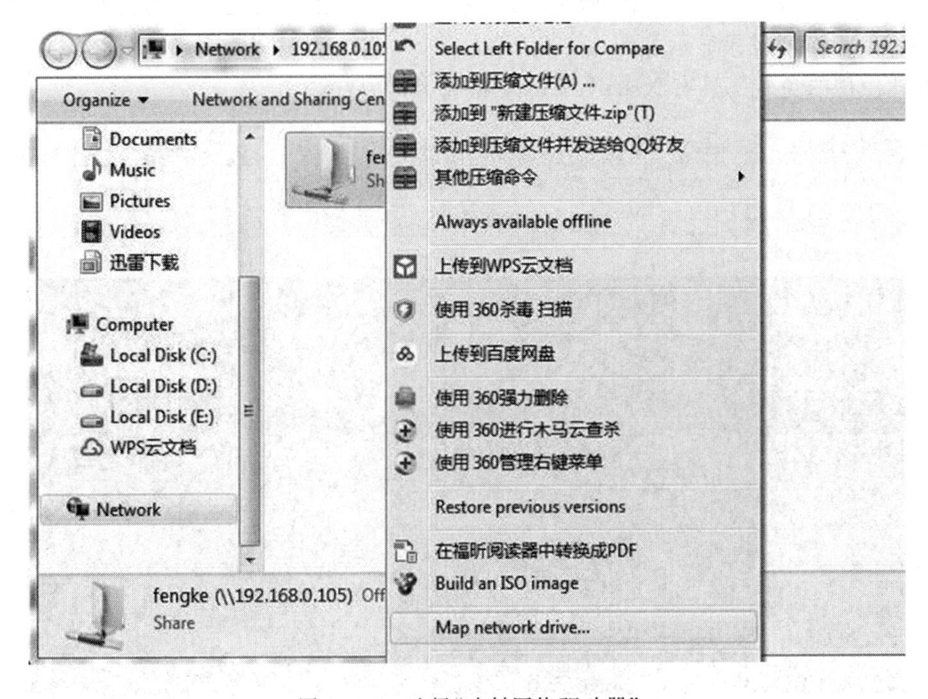

图 1-20　选择“映射网络驱动器”

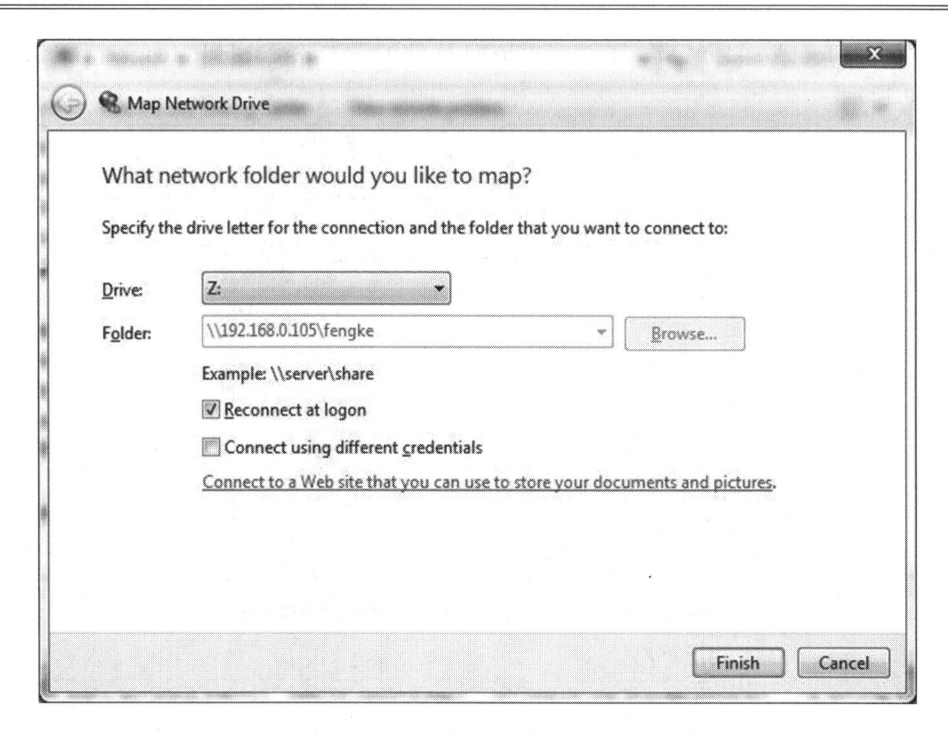

图 1-21　映射网络驱动器为 Z 盘

4. SSH 访问方式

前面已经在虚拟机中安装了工具 openssh-server、SSH 的服务端工具。

相应的 SSH 客户端好用的收费工具是 SecureCRT，该工具也是本书讲解使用的工具。SecureCRT's SSH 登录显示如图 1-22 所示。

推荐使用的免费工具有 Xshell、Putty 和 MobaXterm。

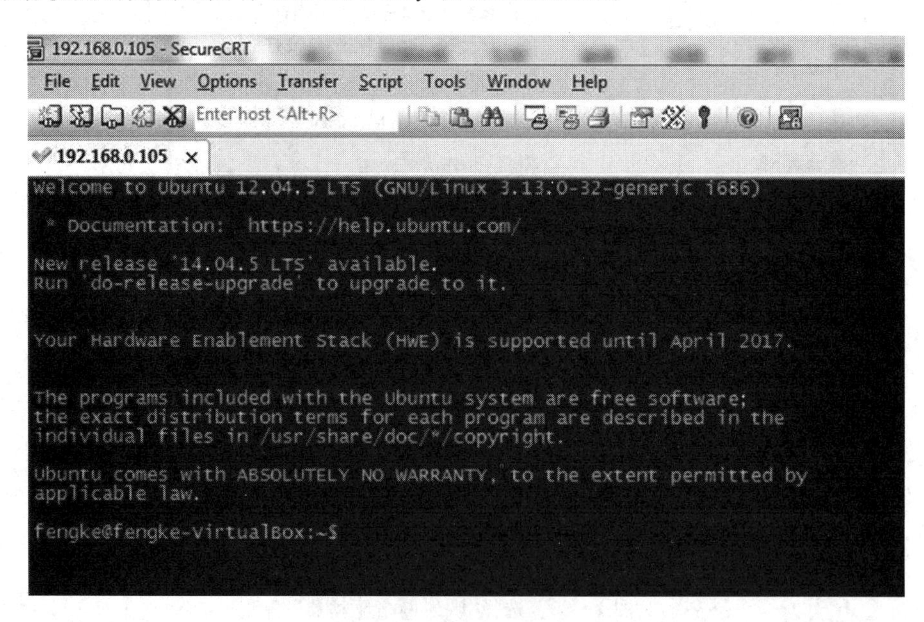

图 1-22　SecureCRT's SSH 登录显示

1.1.3　安装编译工具和源代码

本书所有代码编译环境都基于 ubuntu-12.04.5-desktop-i386 版本。网站已经准备好了编译工具链、联发科官方提供的 SDK、联发科官方提供的 OpenWrt 和制作好的虚拟机，用户可以先自行下载，再进行相应的环境配置练习，或在一个准备好编译环境并已经完全编译过的虚拟机上直接编译源代码。建议在进行开发或学习之前，先进行环境配置和一次完整的编译，这样可以加速对整个开发板软件系统的理解。在虚拟机下编译是一个很耗时的工作，若编译时没有提示任何错误，则只需耐心等待编译结束。

1. 安装交叉编译工具链

(1) 将 buildroot-gcc342.tar.bz2 和 buildroot-gcc463.tar.bz2 拷贝到之前 Win7 映射好的 Ubuntu 的 samba 目录，即对应于 Ubuntu 下的/home/fengke 目录。

(2) 将交叉编译器 buildroot-gcc342.tar.bz2 复制到开发环境下的/opt 目录并解压。

```
fengke@fengke-VirtualBox:~$ ls
buildroot-gcc342.tar.bz2
fengke@fengke-VirtualBox:~$ pwd
/home/fengke
fengke@fengke-VirtualBox:~$ sudo cp ./buildroot-gcc342.tar.bz2 /opt
[sudo] password for fengke:
fengke@fengke-VirtualBox:~$ cd /opt/
fengke@fengke-VirtualBox:/opt$ ls
buildroot-gcc342.tar.bz2    VBoxGuestAdditions-5.1.18
fengke@fengke-VirtualBox:/opt$ sudo tar xjvf buildroot-gcc342.tar.bz2
fengke@fengke-VirtualBox:/opt$ ls
buildroot-gcc342    buildroot-gcc342.tar.bz2    VBoxGuestAdditions-5.1.18
fengke@fengke-VirtualBox:/opt$
```

(3) 将交叉编译器 buildroot-gcc463.tar.bz2 复制到开发环境下的/opt 目录并解压。

```
fengke@fengke-VirtualBox:~$ ls
buildroot-gcc463.tar.bz2
fengke@fengke-VirtualBox:~$ pwd
/home/fengke
fengke@fengke-VirtualBox:~$ sudo cp ./buildroot-gcc463.tar.bz2 /opt
[sudo] password for fengke:
fengke@fengke-VirtualBox:~$ cd /opt/
fengke@fengke-VirtualBox:/opt$ ls
buildroot-gcc342    buildroot-gcc342.tar.bz2    buildroot-gcc463.tar.bz2
VBoxGuestAdditions-5.1.18
fengke@fengke-VirtualBox:/opt$ sudo tar xjvf buildroot-gcc463.tar.bz2
fengke@fengke-VirtualBox:/opt$ ls
buildroot-gcc342buildroot-gcc463
VBoxGuestAdditions-5.1.18
buildroot-gcc342.tar.bz2    buildroot-gcc463.tar.bz2
```

fengke@fengke - VirtualBox:/opt $

2. 安装 lzma 压缩工具

(1) MediaTek RT288x SDK 使用 lzma 来压缩 kernel 镜像。在系统中安装 lzma 压缩工具的命令如下(最后的安装命令必须加上 sudo)。

fengke@fengke - VirtualBox:~/MediaTek_ApSoC_SDK $ ls

RT288x_SDK Uboot

fengke@fengke - VirtualBox:~/MediaTek_ApSoC_SDK $ cd RT288x_SDK/

fengke@fengke - VirtualBox:~/MediaTek_ApSoC_SDK/RT288x_SDK $ ls

doc source toolchain tools

fengke@fengke - VirtualBox:~/MediaTek_ApSoC_SDK/RT288x_SDK $ cd toolchain/

fengke@fengke - VirtualBox:~/MediaTek_ApSoC_SDK/RT288x_SDK/toolchain $ ls

buildroot - gcc342. tar. bz2 buildroot - gcc463 - src. tar. bz2 lzma - 4. 32. 7. tar. gz

mksquash_lzma - 3. 0 README xz - 5. 0. 3. tar. bz2

buildroot - gcc463_32bits. tar. bz2 buildroot - gdb - src - pkt. tar. bz2 mips - 2012. 03. tar. bz2

mksquash_lzma - 3. 2 squashfs4. 2. tar. bz2

fengke@fengke - VirtualBox:~/MediaTek_ApSoC_SDK/RT288x_SDK/toolchain $ tar zxvf lzma - 4. 32. 7. tar. gz

fengke@fengke - VirtualBox:~/MediaTek_ApSoC_SDK/RT288x_SDK/toolchain $ cd lzma - 4. 32. 7/

fengke@fengke - VirtualBox:~/MediaTek_ApSoC_SDK/RT288x_SDK/toolchain/lzma - 4. 32. 7 $. /configure

fengke@fengke - VirtualBox:~/MediaTek_ApSoC_SDK/RT288x_SDK/toolchain/lzma - 4. 32. 7 $ make

fengke@fengke - VirtualBox:~/MediaTek_ApSoC_SDK/RT288x_SDK/toolchain/lzma - 4. 32. 7 $ sudo make install

(2) 用 lzma 或者 gzip 来压缩 kernel 镜像,如图 1 - 23 和图 1 - 24 所示。

修改相应的 Makefile 文件,路径如下:

fengke@fengke - VirtualBox:~/MediaTek_ApSoC_SDK/RT288x_SDK/source/vendors/Ralink/MT7628 $ pwd

/homc/fcngkc/McdiaTck_ApSoC_SDK/RT288x_SDK/source/vendors/Ralink/MT7628

fengke@fengke - VirtualBox:~/MediaTek_ApSoC_SDK/RT288x_SDK/source/vendors/Ralink/MT7628 $ ls - la Makefile

- rw - r - - r - - 1 fengke fengke 6561 Sep 9 2014 Makefile

fengke@fengke - VirtualBox:~/MediaTek_ApSoC_SDK/RT288x_SDK/source/vendors/Ralink/MT7628 $ vi Makefile

```
RAMDISK_SIZE  := $(shell echo $(CONFIG_BLK_DEV_RAM_SIZE))
MKIMAGE_DIR = $(ROOTDIR)/user/mkimage
CUR_DIR = $(shell pwd)
COMP = lzma
```

图 1 - 23 用 lzma 来压缩 kernel 镜像

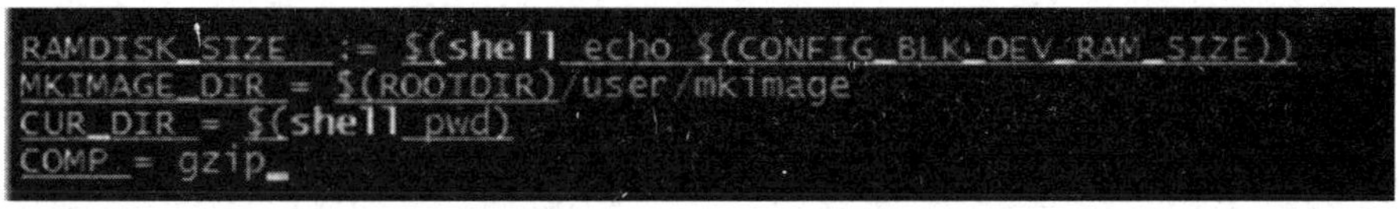

```
RAMDISK_SIZE  := $(shell echo $(CONFIG_BLK_DEV_RAM_SIZE))
MKIMAGE_DIR = $(ROOTDIR)/user/mkimage
CUR_DIR = $(shell pwd)
COMP = gzip
```

图 1 - 24　用 gzip 来压缩 kernel 镜像

3. 安装 mksquashfs 制作文件系统工具

fengke@fengke - VirtualBox:～/MediaTek_ApSoC_SDK/RT288x_SDK/toolchain/mksquash_lzma- 3.2 $　pwd

/home/fengke/MediaTek_ApSoC_SDK/RT288x_SDK/toolchain/mksquash_lzma - 3.2

fengke@fengke - VirtualBox:～/MediaTek_ApSoC_SDK/RT288x_SDK/toolchain/mksquash_lzma- 3.2 $　make

这里直接执行 make 编译的时候会有错误出现。编译 mksquash 时的错误如图 1 - 25 所示。

图 1 - 25　编译 mksquash 时的错误

解决错误的方法如下：

进入目录 cd squashfs3.2 - r2/squashfs - tools/修改 Makefile 文件

fengke@fengke - VirtualBox:～/MediaTek_ApSoC_SDK/RT288x_SDK/toolchain/mksquash_lzma- 3.2/squashfs3.2 - r2/squashfs - tools $　vi Makefile

将 unsquashfs：LDLIBS += - lunlzma

改为 unsquashfs：LDLIBS += - lunlzma - lz

编辑完 Makefile 文件后要再回到 mksquash_lzma - 3.2 目录才能执行 make 命令，命令如下：

fengke@fengke - VirtualBox:～/MediaTek_ApSoC_SDK/RT288x_SDK/toolchain/mksquash_lzma- 3.2/squashfs3.2 - r2/squashfs - tools $　cd../..

fengke@fengke - VirtualBox:～/MediaTek_ApSoC_SDK/RT288x_SDK/toolchain/mksquash_lzma- 3.2 $　make

fengke@fengke - VirtualBox:～/MediaTek_ApSoC_SDK/RT288x_SDK/toolchain/mksquash_lzma- 3.2 $　sudo make install

在执行 make install 的时候会有错误提示，忽略这些错误。

安装 squashfs4.2 的命令如下：

```
# tar jxvf squashfs4.2.tar.bz2
# cd squashfs4.2/squashfs - tools
# make
# sudo cp mksquashfs /opt/buildroot - gcc342/bin/mksquashfs_lzma - 4.2
```

4. 安装编译环境库文件

在 shell 中直接输入如下命令：

sudo apt - get install gcc g++ binutils patch bzip2 flex bison make autoconf gettext texinfo unzip sharutils subversion libncurses5 - dev ncurses - term zlib1g - dev gawk asciidoc libz - dev default - jre libssl - dev zlib1g - dev liblzma - dev

注意，如果安装出错，可以通过以下几个方法先尝试解决。

(1) 更新系统：

sudo apt - get update

sudo apt - get upgrade

(2) 单独安装出错的库文件，而不是用上面提到的全部库一起安装：

sudo apt - getinstall liblzma - dev - - - 举例安装库 liblzma - dev

5. 准备源代码

MediaTek_ApSoC_SDK. tar. bz2 - - -联发科官方提供的 SDK

mtksdk - openwrt - 3. 10. 14. tar. bz2 - - -联发科官方提供的 OpenWrt

将这两个文件拷贝到之前 Win7 映射好的 Ubuntu 的 samba 目录：

fengke@fengke - VirtualBox:~ $ pwd

/home/fengke

fengke@fengke - VirtualBox:~ $ ls

buildroot - gcc342. tar. bz2 MediaTek_ApSoC_SDK. tar. bz2

mtksdk - openwrt - 3. 10. 14. tar. bz2

fengke@fengke - VirtualBox:~ $

(1) 解压联发科官方提供的 SDK：

fengke@fengke - VirtualBox:~ $ mkdir MediaTek_ApSoC_SDK

fengke@fengke - VirtualBox:~ $ tar jxvf MediaTek_ApSoC_SDK. tar. bz2 - C . /MediaTek_ApSoC_SDK

解压后目录中会有 Uboot 和 RT288x_SDK 两个文件：

fengke@fengke - VirtualBox:~ $ pwd

/home/fengke

fengke@fengke - VirtualBox:~ $ ls

buildroot - gcc342. tar. bz2 MediaTek_ApSoC_SDK MediaTek_ApSoC_SDK. tar. bz2mtksdk - openwrt - 3. 10. 14. tar. bz2

fengke@fengke - VirtualBox:~ $ cd MediaTek_ApSoC_SDK/

fengke@fengke - VirtualBox:~/MediaTek_ApSoC_SDK $ ls

RT288x_SDK Uboot

fengke@fengke - VirtualBox:~/MediaTek_ApSoC_SDK $

(2) 解压联发科官方提供的 OpenWrt：

fengke@fengke - VirtualBox:~ $ pwd

/home/fengke

fengke@fengke - VirtualBox:~ $ tar jxvfmtksdk - openwrt - 3. 10. 14. tar. bz2

6. 压缩虚拟机——缩小虚拟机占用的磁盘空间

整个 Uboot、OpenWrt 系统编译完成后，虚拟机会变得很大，这时候会占用大量的空间。因为虚拟机文件只会不断与用新的空间而没有回收机制，所以即使用编译命令 clean 后，空间也不会变小，这时候压缩就显得尤为重要。下面简单讲解虚拟机空间的压缩方法。

(1) 通过 zerofree 置零闲置空间。执行命令 sudo apt - get install zerofree - y，安装 zerofree，如图 1 - 26 所示。

```
fengke@fengke-VirtualBox:~$ sudo apt-get install zerofree -y
[sudo] password for fengke:
Reading package lists... Done
Building dependency tree
Reading state information... Done
The following NEW packages will be installed:
  zerofree
0 upgraded, 1 newly installed, 0 to remove and 319 not upgraded.
Need to get 6,934 B of archives.
After this operation, 57.3 kB of additional disk space will be used.
Get:1 http://cn.archive.ubuntu.com/ubuntu/ precise/universe zerofree i386 1.0.1-2ubuntu1 [6,934 B]
Fetched 6,934 B in 0s (10.4 kB/s)
Selecting previously unselected package zerofree.
(Reading database ... 184962 files and directories currently installed.)
Unpacking zerofree (from .../zerofree_1.0.1-2ubuntu1_i386.deb) ...
Processing triggers for man-db ...
Setting up zerofree (1.0.1-2ubuntu1) ...
fengke@fengke-VirtualBox:~$
```

图 1 - 26　安装 zerofree

(2) 按住 Shift 键重启 Ubuntu 系统，启动后选择 Recovery Mode（如图 1 - 27 所示），然后选择 root（如图 1 - 28 所示），最后就进入 shell 界面。

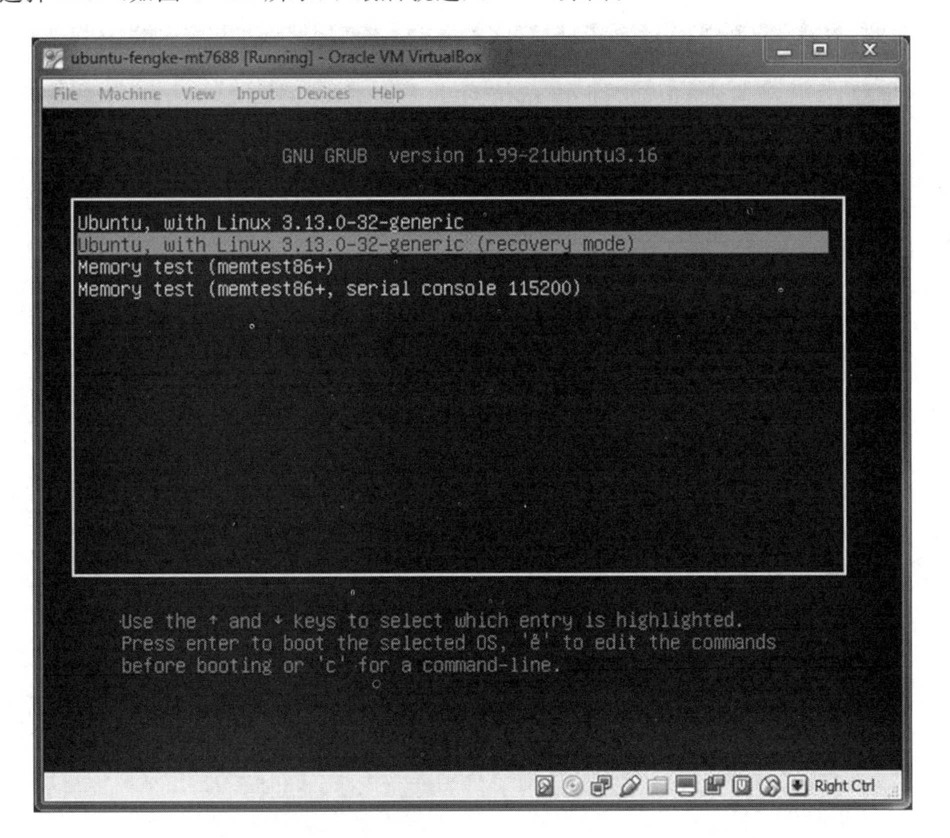

图 1 - 27　选择 Ubuntu 启动模式

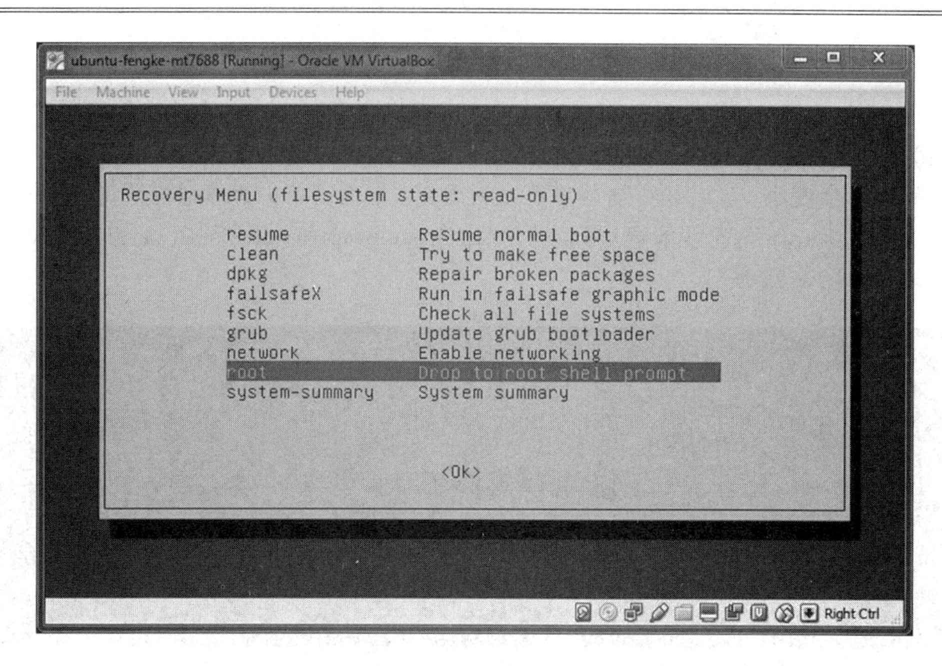

图 1-28 选择 root

(3) 用 df 命令查看磁盘名字，可以看到是/dev/sda1(截图的底部)。df 命令显示如图 1-29所示。

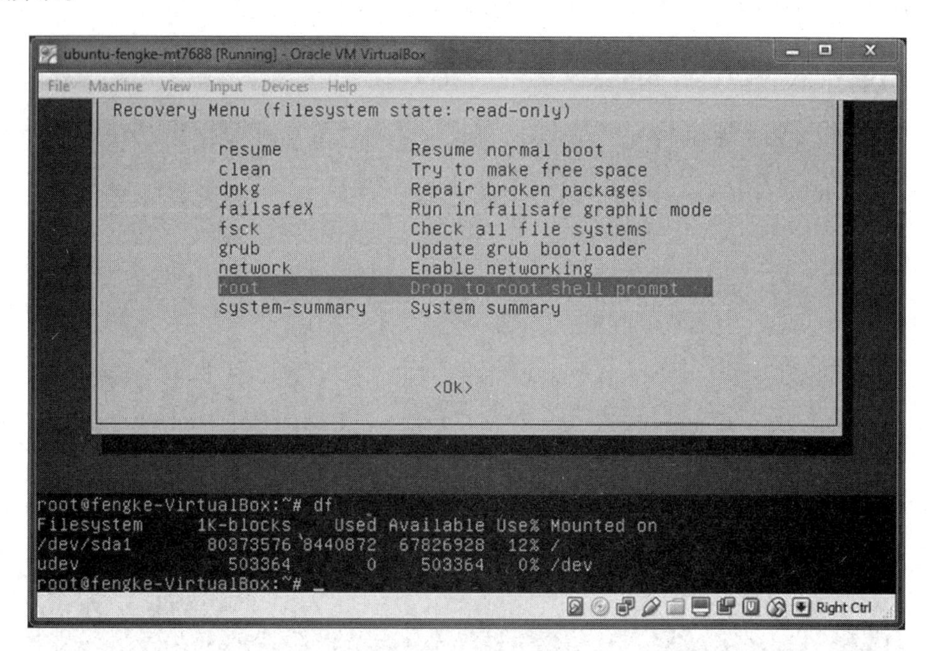

图 1-29 df 命令显示

(4) 执行下面的命令，完成指令后关闭虚拟机。zerofree 命令执行如图 1-30 所示。zerofree /dev/sda1 --- 此命令没有任何提示(截图的底部)。

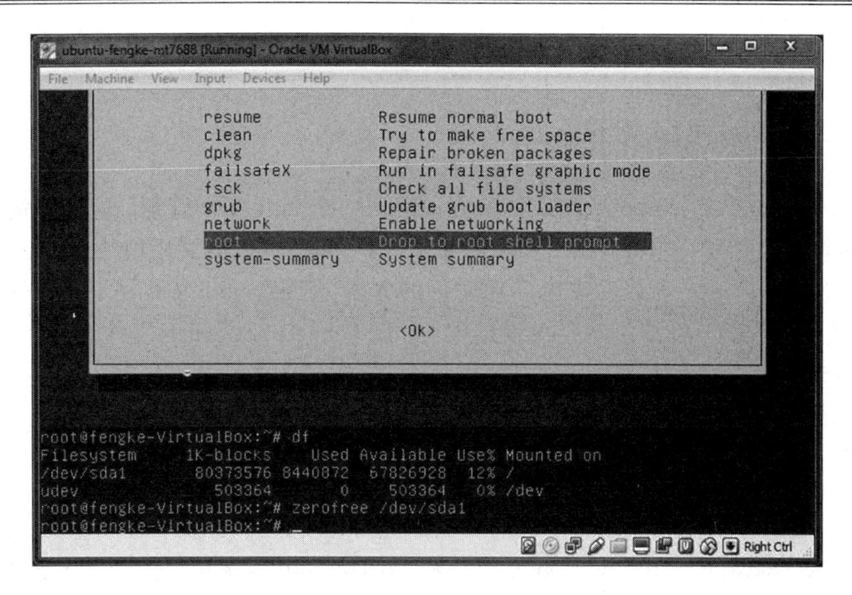

图 1-30　zerofree 命令执行

(5) 关闭虚拟机，然后宿主机以管理员模式打开命令提示符，执行以下压缩磁盘命令，如图 1-31 所示。

```
$(dir)\VBoxManage.exe modifyhd $(dir)\ubuntu-fengke-mt7688.vdi --compact
```

注意：可以先执行 make clean 操作，后执行 zerofree 和压缩命令。

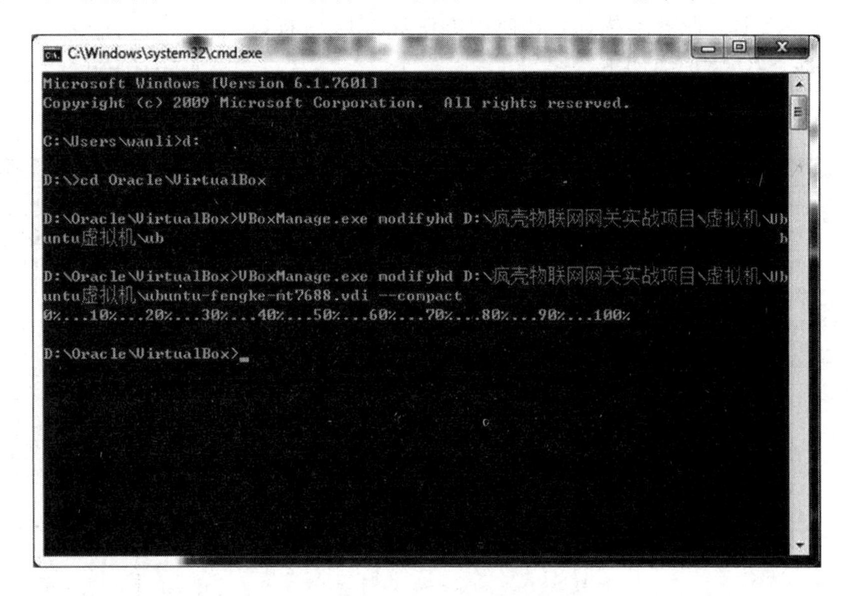

图 1-31　压缩磁盘

1.2　使用 git 管理源代码

增加最新的 git 仓库和安装 git：

```
sudo add-apt-repository ppa:git-core/ppa
sudoapt-get update
```

```
sudo apt - get install git
sudo apt - get install gitk
```

1.2.1 用 git 命令初始化代码

将整个 MediaTek_ApSoC_SDK 的所有代码用一个 .git 库来管理，这样最简单，但是 git 工具在解析的时候会非常耗时。如果对 git 非常了解，可以尝试用模块(module)的方式来管理 SDK 和 Uboot。本节只描述一种简单的方法，使用 module 的方法用户可查询 git 的帮助信息。输入如下命令来第一次初始化 MediaTek_ApSoC_SDK 整个目录。

```
git init
git config user. name fengke
git config user. email fengke@fengke. club
git add - A
git commit - s - m "05 - 29 - 2018 - 23:22, create fengke platform for MTK7688."
```

注意：敲入最后两个命令“git add - A”和“git commit - s - m "05 - 29 - 2018 - 23:22, create fengke platform for MTK7688."”，如果一次需要管理的文件太多，则会非常耗时，此时只要 shell 没有提示错误，需要做的就是耐心等待最后的输出。

1.2.2 用 gitk 工具来图形化管理(可以用 MobaXterm 启动)

在这里推荐尝试用免费的 Smartgit 工具来图形化管理代码(可以用 MobaXterm 启动)。关于这个工具，此处不描述，其使用方法和 gitk 一样。

启动 gitk 工具的步骤如下：

(1) 点击 MobaXterm 左上角 Session 按钮，开始一个新的远程连接，如图 1 - 32 所示。

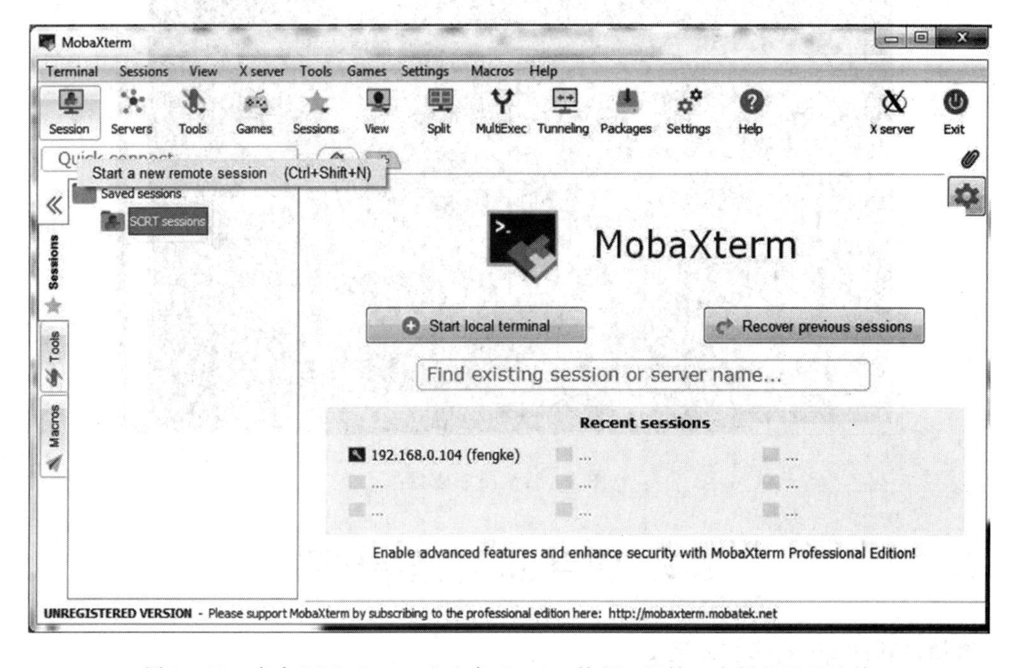

图 1 - 32 点击 MobaXterm 左上角 Session 按钮，开始一个新的远程连接

（2）点击 SSH 按钮，开始一个新的 SSH 远程连接，如图 1－33 所示。

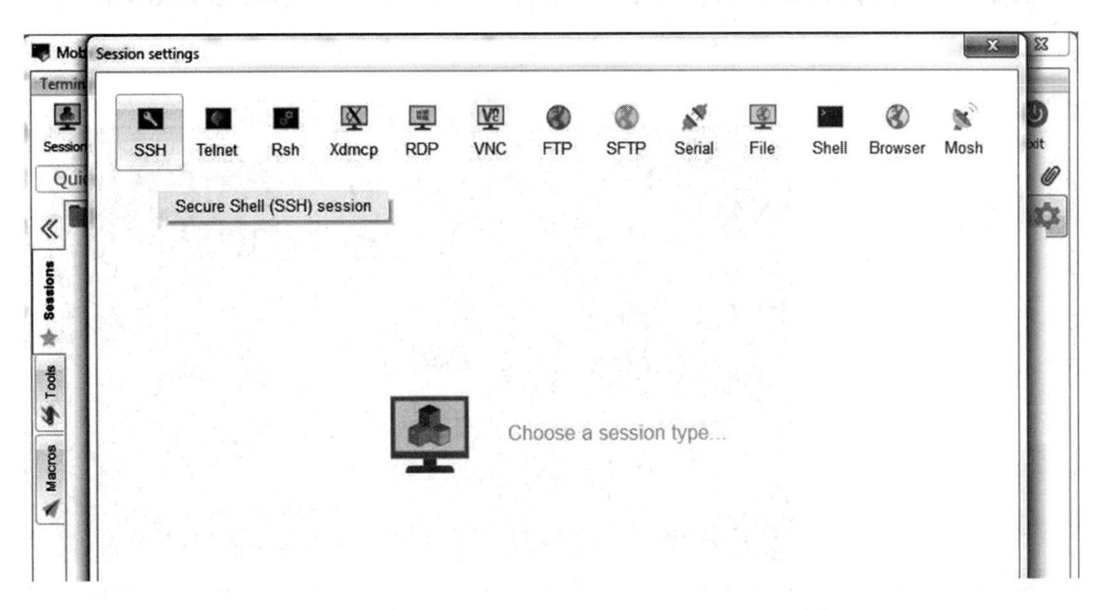

图 1－33　点击 SSH 按钮，开始一个新的 SSH 远程连接

（3）填写远程 SSH 的地址和用户名，如图 1－34 所示。

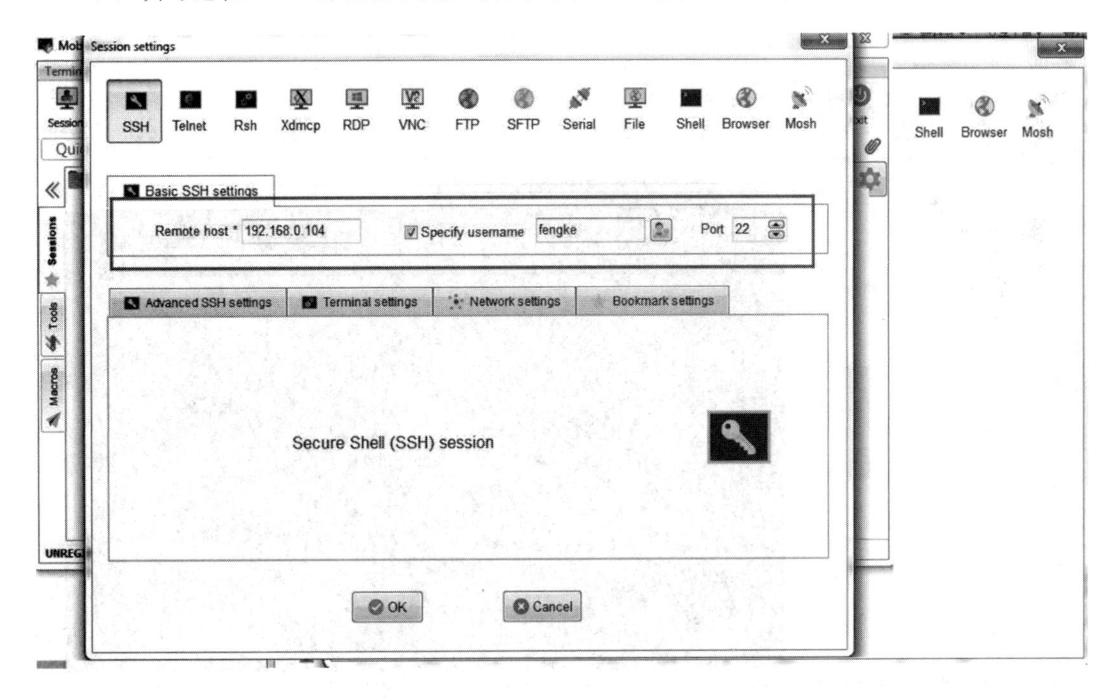

图 1－34　填写远程 SSH 的地址和用户名

（4）第一次连接需要输入密码，以后再次建立连接可以直接双击框内位置，如图 1－35 所示。

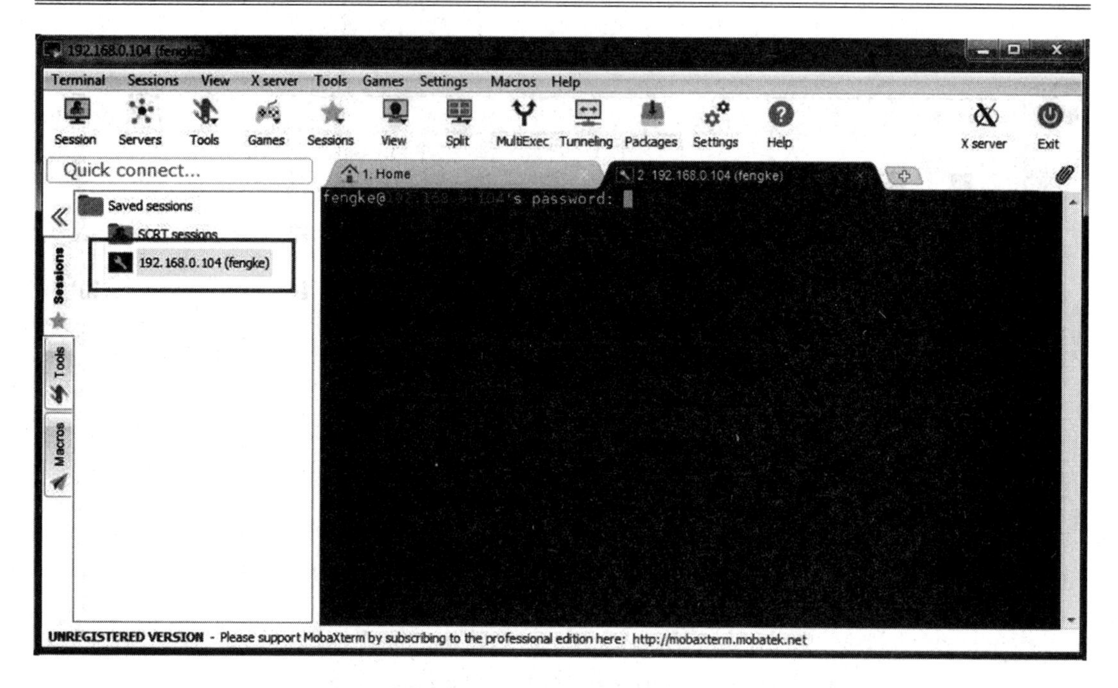

图 1-35 第一次连接需要输入密码，以后再次建立连接可以直接双击框内位置

(5) 在命令行中输入 gitk，如图 1-36 所示。

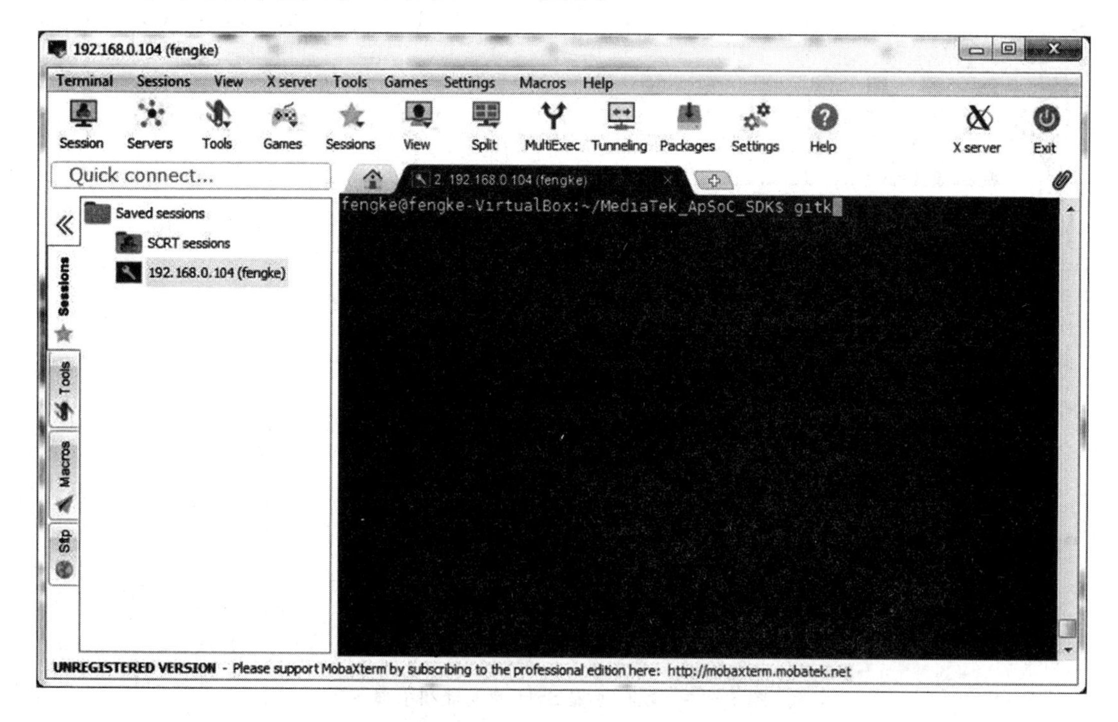

图 1-36 命令行中输入 gitk

(6) gitk 浏览界面，如图 1-37 所示。

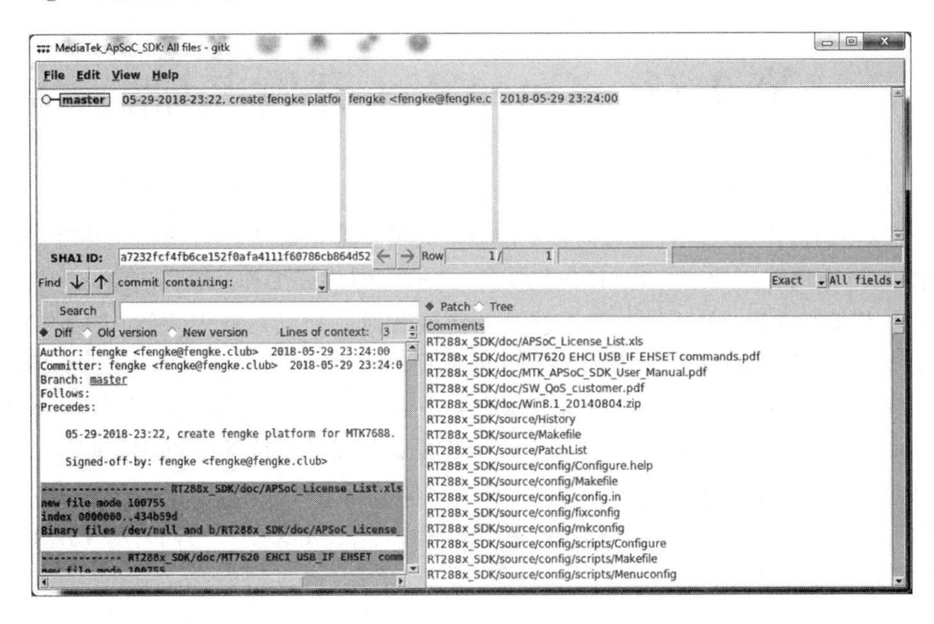

图 1-37　gitk 浏览界面

第2章 OpenWrt开发基础

一个完整的操作底层硬件或者内核驱动模块的程序需要完成shell脚本的编写、Makefile文件的编写、应用程序的编写和相应驱动程序的编写四部分工作，缺一不可。因为不了解相关的shell编程知识，就无法知道系统是如何或者何时加载内核模块的，进程是如何启动和停止的，以及OpenWrt动态安装软件的原理。例如，OpenWrt经常使用的系统升级(源代码在/sbin/sysupgrade)的功能完全就是一个由shell脚本完成的应用程序，如果没有相应的shell脚本知识，就不可能了解OpenWrt是如何完成系统升级的。虽然OpenWrt中的shell是Busybox自带的ash解释器，是一个简单的轻量级的shell，占用资源少，适合运行于低内存环境，但是它与bash完全兼容。Makefile文件定义了一系列自动化规则来指定哪些文件需要先编译，哪些文件需要后编译，哪些文件需要重新编译，甚至进行更复杂的功能操作，因为Makefile文件就像一个shell脚本一样，也可以执行操作系统的命令。这些都是必须掌握的基础知识，没有相应的基础知识辅助，任何人都无法充分理解系统架构。

2.1 shell脚本编程基础

2.1.1 初识OpenWrt shell

在Linux早期开发中，可以用来工作的只有shell。那时，系统管理员、程序员和系统用户都端坐在Linux控制台终端前，输入shell命令，查看文本输出。如今，伴随着图形化桌面环境的应用，想在系统中找到shell提示符来输入命令都变得困难起来。但是嵌入式开发或许没有图形化环境，能和操作者交互的只有shell，操作者只能在shell命令行中敲入一系列命令来查看系统状态。shell无论是在标准Linux或嵌入式Linux中都非常重要，因此不应该轻视它的存在。因为很多问题如果shell可以完成，在不考虑效率的前提下不需要C语言就可以实现。shell在嵌入式开发中还有更多的用处需要发掘，可以肯定的是，shell一定可以简化开发过程。

在嵌入式开发中，通常所谓shell命令行更多的是指系统的标准输入输出serial接口(也叫做串口或控制台)，它默认充当了系统的调试接口，完成系统中所有信息的输出和状态查询。当然，如果系统配置了SSH服务(即启动了dropbear进程)，则在系统正常启动后也可以通过SecureCRT(SSH客户端软件)连接进入shell命令行，但是通过它获取的信息有限。读者可以在系统进入Uboot命令行模式后使用命令printenv查询系统的标准输入输出是什么：

```
stdin=serial
stdout=serial
stderr=serial
```

1. 启动 shell

ash shell 能提供对 Linux 系统的交互式访问。它是作为普通的应用程序运行的，通常是系统启动后直接就进入了 ash 的 root 用户模式，在 serial 口中可以直接看到“root@fengke:/ $”这样的命令提示符。/etc/passwd 文件包含了所有系统用户账户列表及每个用户的基本配置信息。以下是从/etc/passwd 文件中取出的样例条目(通过输入命令 cat /etc/passwd)：

```
root:x:0:0:root:/root:/bin/ash
```

每个条目有七个字段，字段之间用冒号分隔。系统使用字段中的数据来赋予用户账户的某些特性。现在先将注意力放在最后一个字段上，该字段指定了用户使用的 shell 程序。

在前面的/etc/passwd 样例条目中，用户 root 使用/bin/ash 作为自己的默认 shell 程序。这意味着 Linux 系统启动后，ash shell 会自动启动，并以 root 用户登录。启动后 cli 提示符会自动出现，这样就可以输入 shell 命令。

2. shell 提示符

如前所述，一旦启动了 OpenWrt 系统，会默认以 root 用户登录，这样就会看到 shell CLI 提示符。提示符就是进入 shell 世界的大门，是输入 shell 命令的地方。

默认 ash shell 提示符是“井”字形符号(#)，这个符号表明 shell 在等待用户输入。疯壳开发板的 shell 提示符的提示符是 $：

```
root@fengke:/ $
```

除了作为 shell 的入口，提示符还能够提供其他辅助信息。提示符中显示了当前用户 ID 名 root 和系统名 fengke。在本章的后续部分会介绍更多可以在提示符中显示的内容。

shell 提示符并非一成不变，用户可根据自己的需要改变它，可以在系统中输入命令 env 查看当前系统的环境变量：

```
root@fengke:/ $ env
SHLVL=2
HOME=/root
PS1=\u@fengke:\w $
TERM=linux
PATH=/usr/sbin:/usr/bin:/sbin:/bin
PWD=/
```

注意对于 PS1，可以通过敲入命令 echo $PS1 来查看这个变量的值：

```
root@fengke:/ $ echo $PS1
\u@fengke:\w $
```

或者用命令 PS1="\u@fengke:\w\ $"直接修改这个环境变量的值(它是立即生效的)。

因此，可以把 shell CLI 提示符想象成一名助手，它帮助用户使用 Linux 系统，给用户有益的提示：什么时候 shell 可以接受新的命令。shell 中另一个大有帮助的东西是 man 手册。因为 ash shell 的轻量级，ash shell 中并没有将 man 手册集成到系统中(表示在 ash shell 中无法通过输入 man + 命令来显示命令帮助信息)。也因为 ash shell 的轻量级，很多 ash shell 命令和桌面 Linux 系统(如 Ubuntu、CentOS)中相同命令的参数不一样。ash shell 中只保留了命令的基本用法，也许很多桌面 Linux 系统的参数不支持，不过可以通过桌面 Linux 系统中的 man 来学习和查看命令所支持的部分功能。

3. 利用 bash 手册查询命令

通过 bash 去查询命令信息，用户可以更多地获得命令的帮助信息，从而可以更了解命令的用法。假如用户已经有了一些基本的命令知识，可以在 ash 中用命令+“- help”选项来查询 ash 中的简化命令的简单描述。

Linux 发行版自带用以查找 shell 命令及其他 GNU 工具信息的在线手册。熟悉手册对使用各种 Linux 工具大有裨益，尤其是在需要弄清各种命令行参数的时候。编译系统采用的是 Ubuntu，可以通过它查询一些在线命令信息。

man 命令用来访问存储在 Linux 系统上的手册页面。在想要查找的工具的名称前面输入 man 命令，就可以找到那个工具相应的手册条目。图 2-1 展示了查找 ps 命令手册的页面。输入命令 man ps 就可以进入该页面。

注意图 2-1 中 ps 命令的 DESCRIPTION 段落。这些段落排列得并不紧密，字里行间全是技术术语。bash 手册并不是按部就班的学习指南，而是作为快速参考资料来使用的。

如果是初次接触 bash shell，则可能会觉得手册页不太有用。但是，如果养成了阅读手册的习惯，尤其是阅读第一段或 DESCRIPTION 部分的前两段时，能学到各种技术术语，手册页会变得越来越有用。

当使用 man 命令查看命令手册页时，这些手册页是由分页程序(pager)来显示的。分页程序是一种实用工具，能够逐页显示文本，可以通过点击空格键进行翻页，或是使用回车键逐行查看。另外还可以使用箭头键向前、向后滚动手册页的内容(假设使用的终端仿真软件包支持箭头键功能)。读完了手册页，可以点击 q 键退出。退出手册页之后，用户会重新获得 shell CLI 提示符，这表示 shell 正在等待接受下一条命令。

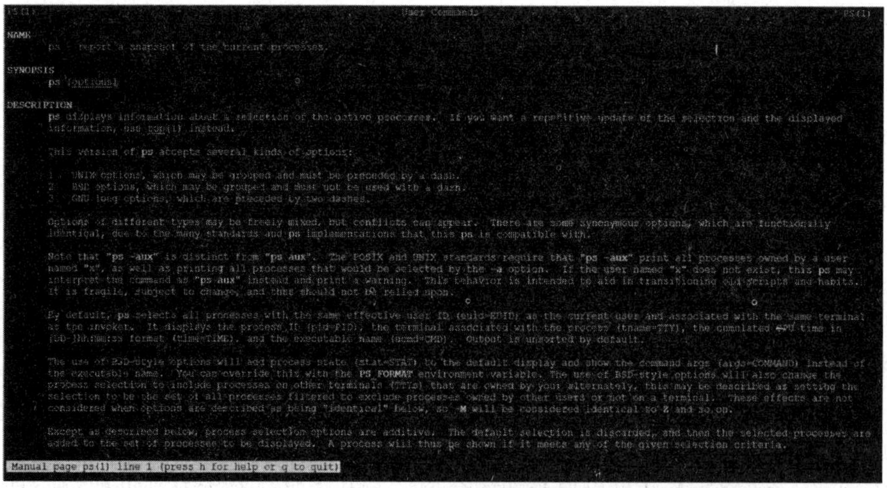

图 2-1　ps 命令手册

手册页将与命令相关的信息分成了不同的节。每一节惯用的命名标准如表 2-1 所示。

表2-1　Linux手册页惯用的命名

节　名	描　　述
Name	显示命令名和一段简短的描述
Synopsis	命令的语法
Configuration	命令配置信息
Description	命令的一般性描述
Options	命令选项描述
Exit Status	命令的退出状态指示
Return Value	命令的返回值
Errors	命令的错误消息
Environment	描述所使用的环境变量
Files	命令用到的文件
Versions	命令的版本信息
Conforming To	命名所遵从的标准
Notes	其他有帮助的资料
Bugs	提供提交bug的途径
Example	展示命令的用法
Authors	命令开发人员的信息
Copyright	命令源代码的版权状况
See Also	与该命令类似的其他命令

不是每一个命令的手册页都包含表2-1中列出的所有节名。注意：有一些命令的节名并没有在上面的节名惯用标准中列出。

Tips：如果不记得命令名，可以使用关键字搜索手册页。语法是：man -k 关键字。例如，要查找与终端相关的命令，可以输入man -k terminal。除了对节按照惯例进行命名外，手册页还有对应的内容区域。每个内容区域都分配了一个数字，从1开始，一直到9，如表2-2所示。

表2-2　Linux手册页的内容区域

区域号	所涵盖的内容
1	可执行程序或shell命令
2	系统调用
3	库调用
4	特殊文件
5	文件格式与约定
6	游戏
7	概览、约定及杂项
8	超级用户和系统管理员命令
9	内核例程

man 工具通常提供的是命令所对应的最低编号的内容。例如，在表 2 - 2 中，我们输入的是命令 man ps。请注意，在现实内容的左上角和右上角，单词 PS 后的括号中有一个数字(1)，这表示所显示的手册页来自内容区域 1(可执行程序或 shell 命令)。

一个命令偶尔会在多个内容区域都有对应的手册页。比如，有个叫作 hostname 的命令，手册页中既包括该命令的相关信息，也包括对系统主机名的概述。要想查看所需要的页面，可以输入 man section# topic。对手册页中的第 1 部分而言，就是输入 man 1 hostname；对于手册页中的第 7 部分，就是输入 man 7 hostname。也可以只看各部分内容的简介：输入 man 1 intro 阅读第 1 部分，输入 man 2 intro 阅读第 2 部分，输入 man 3 intro 阅读第 3 部分，等等。

手册页不是唯一的参考资料。除手册页外，还有另一种叫作 info 页面的信息。可以通过输入 info info 来了解 info 页面的相关内容。另外，大多数命令都可以接受 - help 或 - - help选项。例如，可以输入 hostname - help 来查看帮助。关于帮助的更多信息，可以输入 help help。显然，有不少有用的资源可供参考。不过，很多基本的 shell 概念还是需要详细的解释。

2.1.2 基本的 ash shell 命令

ash 被集成进了 BusyBox，所以可以通过在 shell 中敲入命令“busybox”直接查询现在系统已经支持的所有 shell 命令：

```
root@fengke:/ $ busybox
BusyBox v1.23.2 (2016-04-27 16:42:44 CST) multi-call binary.
BusyBox is copyrighted by many authors between 1998-2012.
Licensedunder GPLv2. See source distribution for detailed
copyright notices.

Usage: busybox [function [arguments]...]
    or: busybox --list
    or: function [arguments]...

        BusyBox is a multi-call binary that combines many common Unix
        utilities into a single executable.  Most people will create a
        link to busybox for each function they wish to use and BusyBox
        will act like whatever it was invoked as.

Currently defined functions:
        [, [[, arping, ash, awk, basename, brctl, bunzip2, bzcat, cat, chgrp,
        chmod, chown, chroot, clear, cmp, cp, crond, crontab, cut, date, dd,
        devmem, df, dirname, dmesg, du, echo, egrep, env, expr, false, fgrep,
        find, free, fsync, grep, gunzip, gzip, halt, head, hexdump, hostid,
        hwclock, id, ifconfig, kill, killall, less, ln, lock, logger, ls,
        md5sum, mkdir, mkfifo, mknod, mkswap, mktemp, mount, mv, nc, netmsg,
        netstat, nice, nslookup, ntpd, passwd, pgrep, pidof, ping, ping6,
```

```
pivot_root, poweroff, printf, ps, pwd, readlink, reboot, reset, rm,
rmdir, route, sed, seq, sh, sleep, sort, start-stop-daemon, strings,
switch_root, sync, sysctl, tail, tar, tee, telnet, telnetd, test, time,
top, touch, tr, traceroute, true, udhcpc, umount, uname, uniq, uptime,
vconfig, vi, wc, wget, which, xargs, yes, zcat
```

可以在 shell 中直接输入相应的命令名字来使用命令或者采用在命令“busybox”后面接命令名的方式(后一种方法将在 BusyBox 的调试中使用，但是这两种输入命令的方式是一模一样的)：

```
root@fengke:/ $ which
BusyBox v1.23.2 (2016-04-27 16:42:44 CST) multi-call binary.

Usage: which [COMMAND]...

Locate a COMMAND

root@fengke:/ $ busybox which
BusyBox v1.23.2 (2016-04-27 16:42:44 CST) multi-call binary.

Usage: which [COMMAND]...

Locate a COMMAND
```

下面我们讲解一些较常用命令的使用方法。

1. 浏览文件系统

当登录系统(这里的登录系统不一定通过串口 serial，有可能是通过 SSH 登录系统)并获得 shell 命令提示符后，用户通常位于自己的主目录中。这时用户可能会想去“逛逛”主目录之外的其他地方。本节将告诉读者如何使用 shell 命令来实现这个目标。在开始前，下面先了解一下 Linux 文件系统，为下一步作铺垫。

如果刚接触 Linux 系统，则可能很难弄清楚 Linux 是如何引用文件和目录的，对已经习惯 Microsoft Windows 操作系统的人来说更是如此。因此，在继续探索 Linux 系统之前，先了解一下 Linux 系统的布局是有好处的。

在 Windows 中，PC 上安装的物理驱动器决定了文件的路径名。Windows 会为每个物理磁盘驱动器分配一个盘符，每个驱动器都会有自己的目录结构，以便访问存储在其中的文件。

例如，在 Windows 中经常看到这样的文件路径：

```
c:\Users\fengke\Documents\fengke.doc
```

这种 Windows 文件路径表明了文件 fengke.doc 究竟位于哪个磁盘分区中。如果将 fengke.doc 保存在闪存(U 盘是一种闪存，也叫 flash)中，该闪存由 J 来标识，那么文件的路径就是 J:\fengke.doc。该路径表明文件位于 J 盘的根目录下。

Linux 则采用了一种不同的方式。Linux 将文件存储在单个目录结构中，这个目录被称为虚拟目录(virtual directory)。虚拟目录将安装在 PC 上的所有存储设备的文件路径纳入单个目录结构中。Linux 虚拟目录结构只包含一个称为根(root)目录的基础目录。根目录下的目录和文件会按照访问它们的目录路径一一列出，这点与 Windows 类似。

Tips：用户将会发现 Linux 使用正斜线(/)而不是反斜线(\)在文件路径中划分目录。在 Linux 中，反斜线用来标识转义字符，用在文件路径中会导致各种问题。如果用户之前用的是 Windows 环境，就需要一点时间来适应。

在 Linux 中会看到下面这种路径：

/home/fengke/Documents/fengke. doc

这表明文件 fengke. doc 位于 Documents 目录中，Documents 又位于 fengke 目录中，fengke 则在 home 目录中。要注意的是，路径本身并没有提供任何有关文件究竟存放在哪个物理磁盘上的信息。

Linux 虚拟目录中比较复杂的是它是如何协调管理各个存储设备的。在 Linux PC 上安装的第一块硬盘称为根驱动器。根驱动器包含了虚拟目录的核心，其他目录都是从这里开始构建的。Linux 会在根驱动器上创建一些特别的目录，我们称之为挂载点(mount point)。挂载点是虚拟目录中用于分配额外存储设备的目录。虚拟目录会让文件和目录出现在这些挂载点目录中，然而实际上它们存储在另外一个驱动器中。这里以 Linux PC 为基础来讲解目录，是希望读者对目录有一个很好的认识，因为嵌入式系统或许有一样的结构。嵌入式系统中或许只有一块 flash(可以理解成只有一个硬盘)，另一个硬盘可能是插入的 u-disk(U 盘)。通常系统文件会存储在根驱动器中，而用户文件则存储在另一驱动器中，如图 2-2 所示。

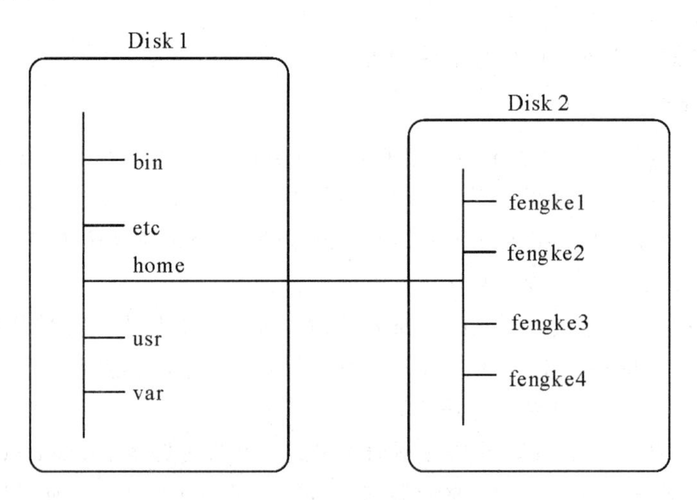

图 2-2　Linux 文件结构

图 2-2 展示了计算机中的两块硬盘(公司里的编译服务器就是这样的环境)。一块硬盘和虚拟目录的根目录(由正斜线"/"表示)关联起来，剩下的硬盘就可以挂载到虚拟目录结构中的任何地方。在这个例子中，第二块硬盘被挂载到了/home 位置，用户目录都位于这个位置。Linux 文件系统结构是从 Unix 文件结构演进而来的。在 Linux 文件系统中，通用的目录名用于表示一些常见的功能。表 2-3 列出了一些较常见的 Linux 顶层虚拟目录名及其内容。

表 2-3 常见 Linux 顶层虚拟目录名及其内容

目录	用途
/	虚拟目录的根目录，通常不会在这里存储文件
/bin	二进制目录，存放许多用户级的 GNU 工具
/boot	启动目录，存放启动文件
/dev	设备目录，Linux 在这里创建设备节点
/etc	系统配置文件目录
/home	主目录，Linux 在这里创建用户目录
/lib	库目录，存放系统和应用程序的库文件
/media	媒体目录，可移动媒体设备的常用挂载点
/mnt	挂载目录，另一个可移动媒体设备的常用挂载点
/opt	可选目录，常用于存放第三方软件包和数据文件
/proc	进程目录，存放现有硬件及当前进程的相关信息
/root	root 用户的主目录
/sbin	系统二进制目录，存放许多 GNU 管理员级工具
/run	运行目录，存放系统运作时的运行时数据
/srv	服务目录，存放本地服务的相关文件
/sys	系统目录，可以在该目录中创建和删除临时工作文件
/tmp	临时目录，可以在该目录中创建和删除临时工作文件
/usr	用户二进制目录，大量用户级的 GNU 工具和数据文件都存储在这里
/var	可变目录，用以存放经常变化的文件，比如日志文件

常见的目录名均基于文件系统层级标准(Filesystem Hierarchy Standard, FHS)。这样就能在任何兼容 FHS 的 Linux 系统中轻而易举地查找文件。

在登录系统并获得一个 shell CLI 提示符后，会话将从主目录开始(开发板中设定的主目录是 /，可以通过环境变量 PWD 来查询)。要想在 CLI 提示符下切换虚拟目录，就需要使用 cd 命令。

2. 遍历目录

在 Linux 文件系统上，可以使用切换目录命令 cd 将 shell 会话切换到另一个目录。cd 命令的格式如下：

```
cd destination
```

cd 命令可接受单个参数 destination，用以指定想切换到的目录名。如果没有为 cd 命令指定目标路径，则它将切换到用户主目录(系统指定的用户是 root，所以会切换到/root 目录)。destination 参数可以用两种方式表示：一种是使用绝对文件路径，另一种是使用相对文件路径。这两者之间的不同对于理解文件系统遍历非常重要。

1) Destination 参数的表示方法

用以表示 Destination 参数的方法有：使用绝对文件路径和使用相对文件路径。

(1) 使用绝对文件路径。用户可在虚拟目录中采用绝对文件路径引用目录名。绝对文件路径定义了在虚拟目录结构中该目录的确切位置，以虚拟目录的根目录开始，相当于目录的全名。

绝对文件路径总是以正斜线(/)作为起始，指明虚拟文件系统的根目录。因此，如果要指向 usr 目录所包含的 sbin 目录下的用户二进制文件，可以使用如下绝对文件路径：

```
/usr/sbin
```

使用绝对文件路径可以清晰地表明用户想切换到的确切位置。要用绝对文件路径来切换到文件系统中的某个特定位置，只需在 cd 命令后指定全路径名：

```
root@fengke:~ $ cd /usr/sbin/
root@fengke:/usr/sbin $
```

注意，在上面的例子中，提示符中一开始有一个波浪号(~)。在切换到另一个目录之后，这个波浪号被/usr/sbin 替代了。CLI 提示符正是用它来帮助用户跟踪当前所在虚拟目录结构中的位置。

波浪号表明 shell 会话位于主目录中(系统主目录是/root)。在切换出主目录之后，如果提示符已经进行了相关配置，则绝对文件路径就会显示在提示符中。如果 shell CLI 提示符中并没有显示 shell 会话的当前位置，那是因为它并没有进行相关的配置。如果希望修改 CLI 提示符，则可以详细了解环境变量的修改(可以在程序里修改或动态用命令修改)。如果没有配置好提示符来显示当前 shell 会话的绝对文件路径，则也可以使用 shell 命令来显示所处的位置。pwd 命令可以显示出 shell 会话的当前目录，这个目录被称为当前工作目录。pwd 命令的用法如下：

```
root@fengke:/usr/sbin $ pwd
/usr/sbin
root@fengke:/usr/sbin $
```

在切换到新的当前工作目录时使用 pwd 命令是一个很好的习惯。因为很多 shell 命令都是在当前工作目录中操作的，因此在发出命令之前，应该始终确保处在正确的目录之中。可以使用绝对文件路径切换到 Linux 虚拟目录结构中的任何一级：

```
root@fengke:/usr/sbin $ cd /tmp/log
root@fengke:/tmp/log $ pwd
/tmp/log
root@fengke:/tmp/log $
```

还可以从 Linux 虚拟目录中的任何一级跳回主目录：

```
root@fengke:/tmp/log $ cd
root@fengke:~ $ pwd
/root
root@fengke:~ $
```

但是，如果只是在主目录中工作，则经常使用绝对文件路径未免太过冗长。例如，若已经位于目录/usr，则再输入下面这样的命令切换到 sbin 目录就有些繁琐：

```
cd /usr/bin
```

幸好还有一种简单的解决方法——使用相对文件路径。

(2) 使用相对文件路径。相对文件路径允许用户指定一个基于当前位置的目标文件路径。相对文件路径不以代表根目录的正斜线(/)开头，而是以目录名(如果用户准备切换到当前工作目录下的一个目录)或一个特殊字符开始。假如位于 usr 目录中，并希望切换到 sbin 子目录，那么可以使用 cd 命令加上一个相对文件路径：

```
root@fengke:/usr $ pwd
/usr
root@fengke:/usr $ cd sbin
root@fengke:/usr/sbin $ pwd
/usr/sbin
root@fengke:/usr/sbin $
```

上面的例子并没有使用正斜线(/)，而是采用了相对文件路径将当前工作目录从/usr 改为/usr/sbin，大大减少了输入内容。如果刚接触命令行和 Linux 目录结构，建议暂时先坚持使用绝对文件路径，等熟悉了目录布局之后，再使用相对文件路径。

在任何包含子目录的目录中可以使用带有相对文件路径的 cd 命令，也可以使用一个特殊字符来表示相对目录位置。有以下两个特殊字符可用于相对文件路径中：

单点符(.)：表示当前目录；

双点符(..)：表示当前目录的父目录。

用户可以使用单点符，不过对 cd 命令来说，这没有什么意义。在本章后面会看到另一个命令是如何有效地在相对文件路径中使用单点符的。双点符在目录层级中移动时非常便利。如果处在主目录下的 sbin 目录中，则需要切换到主目录下的 bin 目录，可输入如下命令：

```
root@fengke:/usr/sbin $ pwd
/usr/sbin
root@fengke:/usr/sbin $ cd../bin
root@fengke:/usr/bin $ pwd
/usr/bin
root@fengke:/usr/bin $
```

双点符先将用户带到上一级目录，也就是用户的主目录，然后/bin 这部分再将用户带到下一级目录，即 bin 目录。必要时用户也可用多个双点符来向上切换目录。假如现在位于主目录(/usr/bin)中，则想切换到/etc 目录，可以输入如下命令：

```
root@fengke:/usr/bin $ cd../../etc
root@fengke:/etc $ pwd
/etc
root@fengke:/etc $
```

当然，在上面这种情况下，采用相对文件路径其实比采用绝对文件路径输入的字符更多，使用绝对文件路径时，用户只需输入/etc。因此，只在必要的时候才使用相对文件路径。在 shell CLI 提示符中加入足够的信息非常方便，本节正是这么做的。不过出于清晰性的考虑，在本书中后面的例子里，我们只使用一个简单的 $ 提示符。

既然已经知道如何遍历文件系统和验证当前工作目录，那么就可以开始探索各种目录中究竟包含些什么了。

2) 文件和目录列表

要想知道系统中有哪些文件，可以使用列表命令(ls)。本节将描述 ls 命令和可用来格式化其输出信息的选项。

(1) 基本列表功能。ls 命令最基本的形式会显示当前目录下的文件和目录：

```
root@fengke:/ $ ls
bin    etc    mnt      proc   root   sys   usr   www
dev    lib    overlay  rom    sbin   tmp   var
```

注意：ls 命令输出的列表是按字母排序的(按列排序而不是按行排序)。可用带 -F 参数的 ls 命令轻松区分目录中的不同文件类型(-F 的意思是对 ls 列出的每一项追加指示符(/=@|)中的一个)。使用 -F 参数可以得到如下输出：

```
$ ls -F
root@fengke:/bin $ ls -F
aps * eth_set_lan * mktemp@ sh@
ash@ eth_set_wan * mount@ sleep@
root@fengke:/bin $
```

上面只列出了 ls -F 输出的部分内容，其中追加 * 的表示是一个可执行的脚步文件，这种文件可以用 cat 命令显示脚本内容(可以学完本节后再理解脚本的内容)。例如：

```
root@fengke:/bin $ cat aps
#!/bin/sh
clear
echo "Widora AP scan."
iwpriv ra0 set SiteSurvey=0
sleep 5
iwpriv ra0 get_site_survey
root@fengke:/bin $
```

另一种用@结尾的表示是一个可执行程序，这是一个 elf 文件(Linux 可执行应用程序)，用 cat 命令无法看到具体内容。

基本的 ls 命令在某种意义上容易让人误解。它可以显示当前目录下的文件和目录，但并不会全部显示出来。Linux 经常采用隐藏文件来保存配置信息。在 Linux 上，隐藏文件通常是文件名以点号开始的文件。这些文件并没有在默认的 ls 命令输出中显示出来，因此称其为隐藏文件。要把隐藏文件和普通文件及目录一起显示出来，就得用到 -a 参数。下面是一个带有 -a 参数的 ls 命令的例子：

```
root@fengke:/tmp $ ls -a
. dnsmasq. dmounts   run
.. etc               mt7628. dat   shm
. jailhosts          nmbd          state
. ucilib             overlay       sysinfo
TZlock               resolv. conf
dhcp. leaseslog      resolv. conf. auto
root@fengke:/tmp $
```

所有以点号开头的隐藏文件现在都显示出来了。

-R 参数是 ls 命令可用的另一个参数，叫作递归选项(基本所有命令的 -R 和 -r 选项都是递归的意思)。它列出了当前目录下包含的子目录中的文件。如果目录很多，这个输出就会很长。以下是 -R 参数输出的简单例子(具体输出内容太多，读者可尝试如下命令)：

```
root@fengke:/ $ ls -F -R
```

注意：-R 参数显示了当前目录下的内容。另外，它还显示出了当前目录下所有子目录及其内容。选项并不一定要像例子中那样分开输入，如 ls -F -R 可以合并为 ls -FR。

(2) 显示长列表。在基本的输出列表中，ls 命令并未输出太多每个文件的相关信息。要显示附加信息，另一个常用的参数是 -l。-l 参数会产生长列表格式的输出，包含了目录中每个文件的更多相关信息。

```
root@fengke:/ $ ls -l
drwxr-xr-x 2 root    root     852 Oct    3 08:45 bin
drwxr-xr-x 6 root    root     1080 Oct   3 09:08 dev
drwxrwxr-x 1 root root        0 Oct      3 08:45 etc
drwxrwxr-x root    root       0 Oct      3 08:45 lib
drwxr-xr-x 2 root    root     3 Oct      3 07:12 mnt
drwxr-xr-x 5 root    root     0 Jan      1  1970 overlay
dr-xr-xr-x 46 root root       0 Jan      1  1970 proc
drwxr-xr-x 16 root root       235 Oct    3 08:46 rom
drwxr-xr-x 2 root    root     3 Oct      3 07:12 root
drwxrwxr-x 2 root    root     749 Oct    3 08:45 sbin
dr-xr-xr-x 11 root root       0 Jan      1  1970 sys
drwxrwxrwt17 rootroot         440 Oct    3 09:08 tmp
drwxr-xr-x 1 root    root     0 Aug      9 12:19 usr
lrwxrwxrwx 1 root    root     4 Oct      3 08:45 var -> /tmp
drwxr-xr-x 5 root    root     93 Aug     9 12:07 www
root@fengke:/ $
```

这种长列表格式的输出在每一行中列出了单个文件或目录。除了文件名，输出中还有其他有用信息。每一行都包含了下列关于文件(或目录)的信息：

① 文件类型，比如目录(d)、文件(-)、字符型文件(c)或块设备(b)；

② 文件的权限；

③ 文件的硬链接总数；

④ 文件属主的用户名；

⑤ 文件属组的组名；

⑥ 文件的大小(以字节为单位)；

⑦ 文件的上次修改时间；

⑧ 文件名或目录名。

-l 参数是一个强大的工具。有了它几乎可以看到系统上任何文件或目录的大部分信息。在进行文件管理时，ls 命令的很多参数都能派上用场。想了解关于 ls 的详细信息，可以用 ls --help 命令查看。或者在 Linux PC 提示符中输入 man ls，就能看到可用来修改 ls 命令输出的参数(有好几页)。

注意：可以将多个参数结合起来使用，用户会不时发现一些参数组合不仅能够显示出所需的内容，而且还容易记忆，如 ls -alF。

(3) 过滤输出列表。由前面的例子可知，默认情况下，ls 命令会输出目录下的所有非隐藏文件。有时这个输出会显得过多，只需要查看单个少数文件信息时更是如此。幸好 ls

命令还支持在命令行中定义过滤器，它会用过滤器来决定应该在输出中显示哪些文件或目录。这个过滤器就是一个进行简单文本匹配的字符串。可以在要用的命令行参数之后添加这个过滤器：

```
root@fengke:/bin $ ls -l aps
-rwxrwxr-x    1 root    root          102 Apr 25 05:47 aps
root@fengke:/bin $
```

当用户指定特定文件的名称作为过滤器时，ls 命令只会显示该文件的信息。有时可能不知道要查找的文件的确切名称，而 ls 命令能够识别标准通配符，并在过滤器中用它们进行模式匹配：

问号(?)：代表一个字符；

星号(*)：代表零个或多个字符。

问号可用于过滤器字符串中替代任意位置的单个字符。例如：

```
root@fengke:/bin $ ls -l a?s
-rwxrwxr-x    1 root    root          102 Apr 25 05:47 aps
root@fengke:/bin $
```

其中，过滤器 a?s 与目录中的一个文件匹配。类似地，星号可匹配零个或多个字符。例如：

```
root@fengke:/bin $ ls -l a*
-rwxrwxr-x    1 root    root          102 Apr 25 05:47 aps
lrwxrwxrwx    1 root    root            7 Oct  3 08:45 ash -> busybox
root@fengke:/bin $
```

使用星号找到了两个名字以 a 开头的文件。和问号一样，可以把星号放在过滤器中的任意位置。

在过滤器中使用星号和问号被称为文件扩展匹配(file globbing)，指的是使用通配符进行模式匹配的过程。通配符正式的名称叫作元字符通配符(metacharacter wildcards)。除了星号和问号之外，还有更多元字符通配符可用于文件扩展匹配。例如：

```
root@fengke:/bin $ ls -l pi[nd]*
lrwxrwxrwx    1 root    root            7 Oct  3 08:45 pidof -> busybox
lrwxrwxrwx    1 root    root            7 Oct  3 08:45 ping -> busybox
lrwxrwxrwx    1 root    root            7 Oct  3 08:45 ping6 -> busybox
root@fengke:/bin $
```

在这个例子中，我们使用了中括号以及在特定位置上可能出现的两种字符：n 或 d。中括号表示一个字符位置并给出多个可能的选择。可以像上面的例子那样将待选的字符列出来，也可以指定字符范围。例如：

```
root@fengke:/bin $ ls -l p[i-s]*
lrwxrwxrwx    1 root    root            7 Oct  3 08:45 pidof -> busybox
lrwxrwxrwx    1 root    root            7 Oct  3 08:45 ping -> busybox
lrwxrwxrwx    1 root    root            7 Oct  3 08:45 ping6 -> busybox
lrwxrwxrwx    1 root    root            7 Oct  3 08:45 ps -> busybox
root@fengke:/bin $
```

另外，可以使用感叹号(!)将不需要的内容排除在外。例如：

```
root@fengke:/bin$ ls -l p[!s]*
lrwxrwxrwx    1 root     root            7 Oct  3 08:45 pidof -> busybox
lrwxrwxrwx    1 root     root            7 Oct  3 08:45 ping -> busybox
lrwxrwxrwx    1 root     root            7 Oct  3 08:45 ping6 -> busybox
lrwxrwxrwx    1 root     root            7 Oct  3 08:45 pwd -> busybox
root@fengke:/bin$
```

在进行文件搜索时，文件扩展匹配是一个功能强大的特性，这可能涉及正则表达式(以后会提到)。文件扩展匹配也可以用于ls以外的其他shell命令。

3) 处理文件

shell提供了很多在Linux文件系统上操作文件的命令。本节将逐步了解到文件处理所需要的一些基本的shell命令。

(1) 创建文件。日常总会遇到要创建空文件的情况。例如，有时应用程序希望在它们写入数据之前，某个日志文件已经存在。这时可用touch命令轻松创建空文件。

```
root@fengke:/tmp$ touch test_one
root@fengke:/tmp$ ls -l test_one
-rw-r--r--    1 root     root0 May 10 13:30 test_one
root@fengke:/tmp$
```

touch命令创建了指定的新文件，并将创建者的用户名作为文件的属主。注意：文件的大小是零，因为touch命令只创建了一个空文件。touch命令还可用来改变文件的修改时间。这个操作并不需要改变文件的内容。

```
root@fengke:/tmp$ ls -l test_one
-rw-r--r--    1 root     root            0 May 10 13:30 test_one
root@fengke:/tmp$ touch test_one
root@fengke:/tmp$ ls -l test_one
-rw-r--r--    1 root     root            0 May 10 13:32 test_one
root@fengke:/tmp$
```

test_one文件的修改时间现在已经从最初的13:30更新到了13:32。

创建空文件和更改文件时间戳算不上在Linux系统中的日常工作，而复制文件却是在使用shell时经常要做的工作。

(2) 复制文件。在文件系统中经常将文件和目录从一个位置复制到另一个位置。cp命令可以完成这个任务。在最基本的用法里，cp命令需要两个参数——源对象和目标对象：

```
cp source destination
```

当source和destination参数都是文件名时，cp命令将源文件复制成一个新文件，并且以destination命名。这个新文件就像全新的文件一样，有新的修改时间。

```
root@fengke:/tmp$ cp test_one test_two
root@fengke:/tmp$ ls -l test_*
-rw-r--r--    1 root     root            0 May 10 13:36 test_one
-rw-r--r--    1 root     root            0 May 10 13:38 test_two
root@fengke:/tmp$
```

新文件test_two和文件test_one的修改时间并不一样。如果目标文件已经存在，则cp命令可能并不会提醒这一点。最好是加上-i选项，强制shell询问是否需要覆盖已有文件。

```
root@fengke:/tmp$ cp test_one test_two
root@fengke:/tmp$ ls -l test_*
-rw-r--r--    1 root    root          0 May 10 13:36 test_one
-rw-r--r--    1 root    root          0 May 10 13:38 test_two
root@fengke:/tmp$ cp -i test_one test_two
cp: overwrite 'test_two'? n
root@fengke:/tmp$
```

如果不回答 y，则文件复制将不会继续。也可以将文件复制到现有目录中：

```
root@fengke:/tmp$ cp -i test_one /root/
root@fengke:/tmp$ ls -l /root/
-rw-r--r--    1 root    root          0 May 10 13:40 test_one
root@fengke:/tmp$
```

新文件现在就在目录/root/中，和源文件同名，说明之前的例子在目标目录名尾部加上了一个正斜线(/)，表明 root 是目录而非文件。这有助于明确目的，而且在复制单个文件时非常重要。如果没有使用正斜线，子目录/root 又不存在，就会有麻烦。在这种情况下，试图将一个文件复制到 root 子目录反而会创建一个名为 root 的文件，连错误消息都不会显示！

在前面介绍了特殊符号可以用在相对文件路径中。其中的单点符(.)就很适合用于 cp 命令。单点符表示当前工作目录。如果需要将一个带有很长源对象名的文件复制到当前工作目录中，则单点符能够简化该任务。例如：

```
root@fengke:~$ cp -i /tmp/test_one ./
cp:overwrite'./test_one'? y
root@fengke:~$
```

若想找到单点符是不容易的，仔细看就会发现它在第一行命令的末尾。如果源对象名很长，则使用单点符要比输入完整的目标对象名省事得多。cp 命令的参数比这里叙述的多得多，用 cp --help 可以看到 cp 命令所有的可用参数。

cp 命令的 -R 参数威力强大，可以用它在一条命令中递归地复制整个目录的内容。例如：

```
root@fengke:/tmp$ ls -Fd run
run/
root@fengke:/tmp$ ls -l run/
-rw-r--r--    1 root    root          5 Mar  5 15:27 crond.pid
-rw-r--r--    1 root    root          5 May 10 12:51 dhcp-br-lan.pid
-rw-r--r--    1 root    root          5 Mar  5 15:27 dnsmasq.pid
...
root@fengke:/tmp$ cp -R run/ run2/
root@fengke:/tmp$ ls -Fd run2
run2/
root@fengke:/tmp$ ls -l run2/
-rw-r--r--    1 root    root          5 May 10 13:49 crond.pid
-rw-r--r--    1 root    root          5 May 10 13:49 dhcp-br-lan.pid
-rw-r--r--    1 root    root          5 May 10 13:49 dnsmasq.pid
```

```
…
root@fengke:/tmp $
```

在执行 cp -R 命令之前，目录 run2 并不存在，它是随着 cp -R 命令被创建的，整个 run 目录中的内容都被复制到其中。注意：在新的 run2 目录中，所有的文件都有对应的新日期。run2 目录现在已经成为了 run 目录的完整副本。在这个例子中，ls 命令加入了 -Fd 选项。-d 选项只列出目录本身的信息，不列出其中的内容，也可以在 cp 命令中使用通配符。例如：

```
root@fengke:/tmp $ cp test_*  ./fengke/
root@fengke:/tmp $ ls -l fengke/
-rw-r--r--    1 root    root            0 May 10 13:56 test_one
-rw-r--r--    1 root    root            0 May 10 13:56 test_two
root@fengke:/tmp $
```

该命令将所有以 test_开头的文件复制到 fengke 目录中。在这里，只复制了两个文件：test_one 和 test_two。在复制文件的时候，除了单点符和通配符之外，另一个 shell 特性也能派上用场，那就是制表键自动补全。

(3) 制表键(Tab 键)自动补全。在使用命令行时，很容易输错命令、目录名或文件名。实际上，对长目录名或文件名来说，输错的几率较高，这时可使用制表键自动补全功能。制表键自动补全允许在输入文件名或目录名时按一下制表键，让 shell 帮忙将内容补充完整。例如：

```
root@fengke:/tmp $ ls resolv. conf *
resolv. conf          resolv. conf. auto
root@fengke:/tmp $ cp r
resolv. conf          resolv. conf. auto    run/
root@fengke:/tmp $ cp resolv. conf
resolv. conf          resolv. conf. auto
root@fengke:/tmp $ cp resolv. conf
```

在上面的例子中，我们输入了命令 cp r，然后按制表键，shell 就可将剩下的文件名自动补充完整。当然，目标目录还是需要输入的，不过仍然可以利用命令补全来避免输入错误。使用制表键自动补全的技巧在于要给 shell 足够的文件名信息，使其能够将需要文件同其他文件区分开。假如有另一个文件名也以 really 开头，那么就算按了制表键，也无法完成文件名的自动补全。要是再按一下制表键，shell 就会列出所有以 really 开头的文件名。这个特性可以用于观察究竟应该输入哪些内容才能完成自动补全。如果输入的是命令 cp re，然后按制表键，shell 会首先显示 resolv. conf，然后再按一次制表键，shell 会显示两个前面字符一样的文件供用户选择。

(4) 链接文件。链接文件是 Linux 文件系统的一个优势。如需要在系统上维护同一文件的两份或多份副本，除了保存多份单独的物理文件副本之外，还可以采用保存一份物理文件副本和多个虚拟副本的方法。这种虚拟的副本就称为链接。链接是目录中指向文件真实位置的占位符。在 Linux 中有以下两种不同类型的文件链接。

① 符号链接；

② 硬链接。

符号链接就是一个实实在在的文件，它指向存放在虚拟目录结构中某个地方的另一个文件。这两个通过符号链接在一起的文件，彼此的内容并不相同。要为一个文件创建符号链接，首先原始文件必须事先存在，其次可以使用 ln 命令以及-s 选项来创建符号链接。

```
root@fengke:/tmp$ ls -l resolv.conf
-rw-r--r--    1 root    root        32 Oct  3 09:08 resolv.conf
root@fengke:/tmp$ ln -s resolv.conf sl_resolv.conf
root@fengke:/tmp$ ls -l *resolv.conf
-rw-r--r--     1 root    root        32 Oct  3 09:08 resolv.conf
lrwxrwxrwx     1 root    root        11 Oct  3 09:22 sl_resolv.conf -> resolv.conf
root@fengke:/tmp$
```

在上面的例子中，需要注意符号链接的名字 sl_resolv.conf 位于 ln 命令中的第二个参数位置上。显示在长列表中符号文件名后的->符号表明该文件是链接到文件 resolv.conf 上的一个符号链接。另外还要注意符号链接的文件大小与数据文件的文件大小，符号链接 sl_resolv.conf 只有 11 个字节，而 resolv.conf 有 32 个字节，它们的内容并不相同，是两个完全不同的文件。这是因为 sl_resolv.conf 仅仅指向 resolv.conf。

另一种证明链接文件是独立文件的方法是查看 inode 编号。文件或目录的 inode 编号是一个用于标识的唯一数字，这个数字由内核分配给文件系统中的每一个对象。要查看文件或目录的 inode 编号，可以给 ls 命令加入 -i 参数。例如：

```
root@fengke:/tmp$ ls -i *resolv.conf
    2107 resolv.conf          2107 sl_resolv.conf
root@fengke:/tmp$ ls -i
    1180 TZ                   873 log                   113 run
    1945 dhcp.leases          1703 mounts               112 shm
    1948 dnsmasq.d            1681 mt7628.dat           2704 sl_resolv.conf
    1685 etc                  1859 nmbd                 115 state
    1947 hosts                172 overlay               130 sysinfo
    1943 lib                  2107 resolv.conf
    114 lock                  880 resolv.conf.auto
```

用第一个命令查看时可以发现两个文件的 inode 是一样的，这可能是一个 bug，这里暂时不深究这个问题。由第二个命令可以看出数据文件的 inode 编号是 2107，而 sl_data_file 的 inode 编号则是 2704。因此，它们是不同的文件。硬链接会创建独立的虚拟文件，其中包含了原始文件的信息及位置。但是，它们从根本上而言是同一个文件，引用硬链接文件等同于引用了源文件。要创建硬链接，原始文件也必须事先存在，只不过这次使用 ln 命令时不再需要加入额外的参数了。例如：

```
rroot@fengke:/tmp$ echo 1 > code_file
root@fengke:/tmp$ ls -l code_file
-rw-r--r--              2 root    root        2 Oct  3 09:37 code_file
root@fengke:/tmp$ ls -li
    3241 -rw-r--r--     2 root    root        2 Oct  3 09:37 code_file
    3241 -rw-r--r--     2 root    root        2 Oct  3 09:37 hl_code_file
root@fengke:/tmp$
```

在上例中，使用 ls -i 命令显示了 * code_files 的 inode 编号以及长列表。注意：带有硬链接的文件共享 inode 编号，这是因为它们终归是同一个文件；链接计数(列表中第三项)显示这两个文件都有两个链接。另外，它们的文件大小也一模一样，只能对处于同一存储媒体的文件创建硬链接，要想在不同存储媒体的文件之间创建链接，只能使用符号链接。

复制链接文件的时候一定要小心。如果使用 cp 命令复制一个文件，而该文件又已经被链接到了另一个源文件上，那么得到的其实是源文件的一个副本。这很容易让人犯晕。不复制链接文件，可以创建原始文件的另一个链接，使同一个文件拥有多个链接，这完全没有问题。但是千万不能创建软链接文件的软链接，否则会形成混乱的链接链，不仅容易断裂，还会造成各种麻烦。

(5) 重命名文件。在 Linux 中，重命名文件称为移动(moving)。mv 命令可以将文件和目录移动到另一个位置或重新命名。

```
root@fengke:/tmp $ echo 1 > fall
root@fengke:/tmp $ echo 1 > fill
root@fengke:/tmp $ echo 1 > fell
root@fengke:/tmp $ echo 1 > fsll
root@fengke:/tmp $ ls -li f? ll
    3534 -rw-r--r--    1 root    root    2 Oct  3 09:41 fall
    3560 -rw-r--r--    1 root    root    2 Oct  3 09:41 fell
    3559 -rw-r--r--    1 root    root    2 Oct  3 09:41 fill
    3561 -rw-r--r--    1 root    root    2 Oct  3 09:41 fsll
root@fengke:/tmp $ mv fall fzll
root@fengke:/tmp $ ls -li f? ll
    3560 -rw-r--r--    1 root    root    2 Oct  3 09:41 fell
    3559 -rw-r--r--    1 root    root    2 Oct  3 09:41 fill
    3561 -rw-r--r--    1 root    root    2 Oct  3 09:41 fsll
    3534 -rw-r--r--    1 root    root    2 Oct  3 09:41 fzll
root@fengke:/tmp $
```

注意：移动文件会将文件名从 fall 更改为 fzll，但 inode 编号和时间戳保持不变。这是因为 mv 只影响文件名。也可以使用 mv 来移动文件的位置。例如：

```
root@fengke:/tmp $ ls -li fzll
    3534 -rw-r--r--    1 root    root            2 Oct  3 09:41 fzll
root@fengke:/tmp $ mv fzll../
root@fengke:/tmp $ ls -li fzll
ls: fzll: No such file or directory
root@fengke:/tmp $
```

在上例中，使用 mv 命令把文件 fzll 从/tmp 移动到了../(上一级目录)。这个操作并没有改变文件的 inode 编号或时间戳。与 cp 命令类似，也可以在 mv 命令中使用 -i 参数。这样，在命令试图覆盖已有的文件时，就会得到提示。唯一变化的就是文件的位置，/tmp 目录下不再有文件 fzll，因为它已经离开了原有的位置，这就是 mv 命令所做的事情。

也可以使用 mv 命令移动文件位置并修改文件名称，这些操作只需一步就能完成。

```
root@fengke:/tmp $ ls -li f?ll
```

```
    3560 -rw-r--r--    1 root     root      2 Oct  3 09:41 fell
    3559 -rw-r--r--    1 root     root      2 Oct  3 09:41 fill
    3561 -rw-r--r--    1 root     root      2 Oct  3 09:41 fsll
root@fengke:/tmp$ mv fell fall
root@fengke:/tmp$ ls -li f? ll
    3560 -rw-r--r--    1 root     root      2 Oct  3 09:41 fall
    3559 -rw-r--r--    1 root     root      2 Oct  3 09:41 fill
    3561 -rw-r--r--    1 root     root      2 Oct  3 09:41 fsll
root@fengke:/tmp$
```

在这个例子中，将文件 fell 名字改为 fall。文件的时间戳和 inode 编号都没有改变，改变的只有位置和名称。

也可以使用 mv 命令移动整个目录及其内容。

```
root@fengke:/tmp$ ls overlay/
root@fengke:/tmp$ ls -la overlay/
drwxr-xr-x     2 root      root          40 Jan  1  1970 .
drwxrwxrwt    17 root      root         560 Oct  3 09:45 ..
root@fengke:/tmp$ mv overlay/ new_overlay
root@fengke:/tmp$ ls -la n(+Tab 键后显示两个目录)
new_overlay/   nmbd/
root@fengke:/tmp$ ls -la new_overlay/
drwxr-xr-x     2 root      root          40 Jan  1  1970.
drwxrwxrwt    17 root      root         560 Oct  3 09:48..
root@fengke:/tmp$
```

目录内容没有变化，只有目录名发生了改变。在了解如何使用 mv 命令进行移动文件之后，会发现这其实是非常容易的。

(6) 删除文件。因为不管是清理文件系统还是删除某个软件包，总有要删除文件的时候。在 Linux 中，删除(deleting)叫作移除(removing)。在 ash shell 中，删除文件的命令是 rm。

rm 命令的基本格式非常简单。例如：

```
root@fengke:/tmp$ rm -i fall
rm: remove'fall'? y
root@fengke:/tmp$ ls -l fall
ls: fall: No such file or directory
root@fengke:/tmp$
```

注意：-i 命令参数提示是否真的删除该文件。ash shell 中没有回收站或垃圾箱，文件一旦删除，就无法再找回。因此，在使用 rm 命令时，要养成总是加入 -i 参数的好习惯。也可以使用通配符删除成组的文件，同样要记得使用 -i 选项保护好自己的文件。

```
root@fengke:/tmp$ rm -i f?ll
rm: remove'fill'? y
rm: remove'fsll'? y
root@fengke:/tmp$ ls -li f?ll
ls: f?ll: No such file or directory
```

```
root@fengke:/tmp $
```

rm命令的另外一个特性是：如果要删除很多文件且不受提示符的打扰，则可以用 -f 参数强制删除。在使用此参数时一定要小心！

4）处理目录

在Linux中，有些命令（比如cp命令）对文件和目录都有效，而有些命令只对目录有效。创建新目录需要使用本节讲到的一个特殊命令。

（1）创建目录。在Linux中创建目录很简单，用mkdir命令即可。例如：

```
root@fengke:/tmp $ mkdir New_Dir
root@fengke:/tmp $ ls -ld New_Dir/
drwxr-xr-x    2 root     root            40 Oct  3 09:56 New_Dir/
```

系统创建了一个名为New_Dir的新目录。新目录长列表是以d开头的，这表示New_Dir并不是文件，而是一个目录，可以根据需要批量地创建目录和子目录。但是，如果想单靠mkdir命令来实现，则会得到如下错误消息：

```
root@fengke:/tmp $ mkdir New_Dir/Fir_Dir/Sec_Dir
mkdir: can't create directory'New_Dir/Fir_Dir/Sec_Dir': No such file or directory
root@fengke:/tmp $
```

要想同时创建多个目录和子目录，需要加入 -p 参数：

```
root@fengke:/tmp $ mkdir -p New_Dir/Fir_Dir/Sec_Dir
root@fengke:/tmp $ ls -R New_Dir/
New_Dir/:
Fir_Dir
New_Dir/Fir_Dir:
Sec_Dir
New_Dir/Fir_Dir/Sec_Dir:
root@fengke:/tmp $
```

mkdir命令的 -p 参数可以根据需要创建缺失的父目录。父目录是包含目录树中下一级目录的目录。

（2）删除目录。删除目录很棘手，因为删除目录时很有可能发生一些不好的事情。shell会尽可能防止出错。删除目录的基本命令是rmdir。例如：

```
root@fengke:/tmp $ touch New_Dir/fengke_file
root@fengke:/tmp $ ls -li New_Dir/
4366 drwxr-xr-x    3 root     root            60 Oct  3 09:59 Fir_Dir
4441 -rw-r--r--    1 root     root             0 Oct  3 10:01 fengke_file
root@fengke:/tmp $ rmdir New_Dir
rmdir: 'New_Dir': Directory not empty
root@fengke:/tmp $
```

在默认情况下，rmdir命令只删除空目录。因为在New_Dir目录下创建了一个文件fengke_file，所以rmdir命令拒绝删除目录。要解决这一问题，需先把目录中的文件删掉，才能在空目录上使用rmdir命令。

```
root@fengke:/tmp $ rm -i New_Dir/fengke_file
rm: remove 'New_Dir/fengke_file'? y
```

```
root@fengke:/tmp$ rmdir New_Dir/
root@fengke:/tmp$ ls -l New_Dir
ls: New_Dir: No such file or directory
root@fengke:/tmp$
```

rmdir 并没有 -i 选项来询问是否要删除目录，因此 rmdir 只能删除空目录还是有好处的。也可以在整个非空目录上使用 rm 命令。使用 -r 选项可使得命令向下进入目录，删除其中的文件，然后删除目录本身。

```
root@fengke:/tmp$ ls -l New_Dir/
drwxr-xr-x    3 root     root            60 Oct  3 09:59 Fir_Dir
root@fengke:/tmp$ cd New_Dir/
root@fengke:/tmp/New_Dir$ ls
Fir_Dir
root@fengke:/tmp/New_Dir$ rm -rf *
root@fengke:/tmp/New_Dir$ ls
root@fengke:/tmp/New_Dir$
```

这种方法同样可以向下进入多个子目录，当需要删除大量目录和文件时，这一点尤为有效。

```
root@fengke:/tmp$ ls -FR New_dir/
New_dir/:
Fir_dir/
New_dir/Fir_dir:
Sec_dir/
New_dir/Fir_dir/Sec_dir:
root@fengke:/tmp$ rm -ir New_dir/
rm: descend into directory 'New_dir'? y
rm: descend into directory 'New_dir/Fir_dir'? y
rm: descend into directory 'New_dir/Fir_dir/Sec_dir'? y
rm: remove directory 'New_dir/Fir_dir/Sec_dir'? y
rm: remove directory 'New_dir/Fir_dir'? y
rm: remove directory 'New_dir'? y
root@fengke:/tmp$ ls -FR New_dir/
ls: New_dir/: No such file or directory
root@fengke:/tmp$
```

这种方法虽然可行，但很难用，因为依然要确认每个文件是否要被删除。如果该目录有很多个文件和子目录，则会非常琐碎。对 rm 命令而言，-r 参数和 -R 参数的效果是一样的。-R 参数同样可以递归删除目录中的文件。shell 命令很少就相同的功能采用不同大小写的参数。一口气删除目录及其所有内容的终极大法就是使用带有 -r 参数和 -f 参数的 rm 命令。rm -rf 命令既没有警告信息，也没有声音提示。这是一个危险的工具，尤其是在拥有超级用户权限的时候，请务必谨慎使用，应再三检查所要进行的操作是否符合预期。tree 命令能够以一种美观的方式展示目录、子目录以及其中的文件(Busybox 不支持这个命令，可以尝试移植这个命令到系统中)。如果需要了解目录结构，尤其是在删除目录之前，则这款工具正好能派上用场。如果这个命令不是 Busybox 中的内置命令，则可以尝试寻找是否有这个命令的软件包，并进行安装。

5）查看文件内容

Linux中有几个命令可以用于查看文件的内容，而不需要调用其他文本编辑器。以下将演示一些可以帮助查看文件内容的命令。

（1）查看文件类型。在显示文件内容之前，应该先了解文件的类型。如果打开了一个二进制文件，则会在屏幕上看到各种乱码，甚至会把终端仿真器挂起。

file命令是一个随手可得的便捷工具(当前的Busybox并不支持这个工具，但是这个命令很重要，需要了解。可以在所搭建的编译环境中测试这个命令)。它能够探测文件的内部，并决定文件是什么类型的。例如：

```
$ file fengke_file
fengke_file: ASCII text
$
```

上例中的文件是一个text(文本)文件。file命令不仅能确定文件中包含的文本信息，还能确定该文本文件的字符编码。下例中的文件就是一个目录。因此，以后可以使用file命令作为另一种区分目录的方法。例如：

```
$ file New_Dir
New_Dir: directory
$
```

下例展示了一个类型为符号链接的文件。注意，file命令甚至能够显示它链接到了哪个文件上。

```
$ file sl_fengke_file
sl_fengke_file: symbolic link to 'data_file'
$
```

下面的例子展示了file命令对脚本文件的返回结果。尽管这个文件是ASCII text，但因为它是一个脚本文件，所以可以在系统上执行(运行)。

```
$ file fengke_script
fengke_script: POSIX shell script, ASCII text executable
$
```

最后这个例子是二进制可执行程序。file命令能够确定该程序编译时所面向的平台以及需要何种类型的库。如果从未知源处获得的二进制文件，这会是个非常有用的特性。

```
$ file /bin/mv
/bin/mv: ELF 32-bit LSB  executable, Intel 80386, version 1 (SYSV), dynamically linked
(uses shared libs), for GNU/Linux 2.6.24, [……], stripped
$
```

学会了如何快速查看文件类型，接着就可以开始学习文件的显示与浏览了。

（2）查看整个文件。如果手头有一个很大的文本文件，则可能会想看里面的内容。在Linux上有以下3个不同的命令可以完成这个任务。

① a. cat命令。cat命令是显示文本文件中所有数据的得力工具。

```
root@fengke:/tmp$ cat fengke
hello
This is a fengke file.
```

```
That we'll use to test the cat command.
root@fengke:/tmp $
```

可以看到没什么特别的，就是文本文件的内容而已。Busybox 的 cat 命令可能不会带有任何参数，这可以通过它的帮助信息看出。

```
root@fengke:/tmp $ cat --help
BusyBox v1.23.2 (2016-04-27 16:42:44 CST) multi-call binary.


Usage: cat [FILE]...
Concatenate FILEs and print them to stdout
root@fengke:/tmp $
```

对大型文件来说，cat 命令有点繁琐，文件的文本会在显示器上一晃而过，用 more 命令可以解决这个问题。

② more 命令。cat 命令的主要缺陷是：一旦运行，就无法控制后面的操作。为了解决这个问题，开发人员编写了 more 命令。more 命令会显示文本文件的内容，但会在显示每页数据之后停止。more 命令没有在嵌入式设备中得到非常好地支持，用户可以去尝试一下，只是在退出时需要用 Ctrl+C 来结束。

more 命令只支持文本文件中的基本移动。如果需要更多高级功能，可以试试 less 命令。

③ less 命令。从名字上看，less 命令并不像 more 命令那样高级。但是，less 命令的命名实际上是个文字游戏(从俗语"less is more"得来)，它实为 more 命令的升级版。它提供了一些极为实用的特性，能够实现在文本文件中前后翻动，并且还有一些高级搜索功能。

less 命令的操作和 more 命令基本一样，一次可显示一屏的文件文本。除了支持和 more 命令相同的命令集外，less 命令还包括更多选项。less 和 more 命令大家只需简单了解即可，嵌入式中这两个命令基本很少用到。

(3) 查看部分文件。通常要查看的数据要么在文本文件的开头，要么在文本文件的末尾。如果这些数据是在大型文件的起始部分，就必须等 cat 或 more 加载完整个文件之后才能看到。如果数据是在文件的末尾(比如日志文件)，可能需要翻过成千上万行文本才能到最后的内容，而 Linux 有解决这两个问题的专用命令。

① tail 命令。tail 命令会显示文件的最后几行内容(文件的"尾部")。默认情况下，它会显示文件的末尾 10 行。出于演示的目的，这里用脚本程序创建了一个包含 20 行文本的文本文件。使用 cat 命令显示该文件的全部内容如下：

```
root@fengke:/tmp $ for j in $(seq 1 20)
> do
> echo fengke$j >> fengke_log
> done
root@fengke:/tmp $ cat fengke_log
fengke1
fengke2
fengke3
fengke4
```

```
fengke5
fengke6
fengke7
fengke8
fengke9
fengke10
fengke11
fengke12
fengke13
fengke14
fengke15
fengke16
fengke17
fengke18
fengke19
fengke20
```

现在已经看到了整个文件，可以再看看使用tail命令浏览文件最后10行的效果：

```
root@fengke:/tmp $ tail fengke_log
fengke11
fengke12
fengke13
fengke14
fengke15
fengke16
fengke17
fengke18
fengke19
fengke20
```

可以向tail命令中加入-n参数来修改所显示的行数。在下例中，通过加入-n 2使tail命令只显示文件的最后两行。

```
root@fengke:/tmp $ tail -n 2 fengke_log
fengke19
fengke20
```

-f参数是tail命令的一个突出特性。它允许在其他进程使用该文件时查看文件的内容。tail命令会保持活动状态，并不断显示添加到文件中的内容。这是实时监测系统日志的绝妙方式(如用命令tail -f /var/log/message)。

② head命令。顾名思义，head命令会显示文件开头那些行的内容。默认情况下，它会显示文件前10行的文本。

```
root@fengke:/tmp $ head fengke_log
fengke1
fengke2
fengke3
```

```
fengke4
fengke5
fengke6
fengke7
fengke8
fengke9
fengke10
```

类似于 tail 命令，head 命令也支持 -n 参数，这样就可以指定想要显示的内容了。这两个命令都允许在破折号后面输入想要显示的行数。

```
root@fengke:/tmp $ head -n 5 fengke_log
fengke1
fengke2
fengke3
fengke4
fengke5
```

文件的开头通常不会改变，因此 head 命令并不像 tail 命令那样支持 -f 参数特性。head 命令是一种查看文件起始部分内容的便捷方法。

2.1.3　更多的 ash shell 命令

前面介绍了 Linux 文件系统上切换目录及处理文件和目录的基本知识。文件管理和目录管理是 Linux shell 的主要功能之一。不过，在开始脚本编程之前，还需要了解其他方面的知识。下面将详细介绍 Linux 系统管理命令，演示如何通过命令行命令来探查 Linux 系统的内部信息，以及一些可以用来操作系统上数据文件的命令。

1. 监测程序

Linux 系统面临的最复杂的任务之一就是跟踪运行在系统中的程序，即使是在嵌入式开发环境中，系统中也总是运行着大量的程序。

有一些命令行工具可以使生活轻松一些。以下介绍一些在 Linux 系统上管理程序的基本工具及其使用方法。这些工具在调试和查看系统状态时会起到相当重要的作用。

1) 探查进程

当程序运行在系统上时，称为进程(process)。监测这些进程，需要熟悉 ps 命令的用法。

ps 命令好比工具中的瑞士军刀，它能输出运行在系统上的所有程序的许多信息。遗憾的是，随之而来的还有复杂性——有数不清的参数。这或许让 ps 命令成了最难掌握的命令。大多数人在掌握了能提供他们需要信息的一组参数之后，就一直坚持只使用这组参数。默认情况下，ps 显示如下：

```
root@fengke:/tmp $ ps
  PID USER       VSZ STAT COMMAND
    1 root      1436 S    /sbin/procd
    2 root         0 SW   [kthreadd]
    3 root         0 SW   [ksoftirqd/0]
```

```
    5 root         0 SW<  [kworker/0:0H]
    6 root         0 SW   [kworker/u2:0]
    7 root         0 SW<  [khelper]
   70 root         0 SW<  [writeback]
   72 root         0 SW<  [bioset]
   74 root         0 SW<  [kblockd]
   77 root         0 SW   [kswapd0]
   78 root         0 SW   [kworker/0:1]
   79 root         0 SW   [fsnotify_mark]
   81 root         0 SW   [spi32766]
  231 root         0 SW<  [deferwq]
  289 root         0 SW   [kworker/0:2]
  291 root         0 SW [kworker/u2:3]
  352 root         0 SWN  [jffs2_gcd_mtd6]
  414 root       900 S    /sbin/ubusd
  453 root      1500 S    /bin/ash --login
  642 root         0 SW<  [ipv6_addrconf]
  827 root         0 SW<  [cfg80211]
  916 root      1056 S    /sbin/logd -S 16
  924 root      1820 S    /sbin/rpcd
  959 root      1576 S    /sbin/netifd
  983 root      1192 S    /usr/sbin/odhcpd
 1014 root      1148 S    /usr/sbin/dropbear -F -P /var/run/dropbear.1.pid -p
 1038 root      1480 S    /usr/sbin/telnetd -F -l /bin/login.sh
 1052 root      1624 S    /usr/sbin/uhttpd -f -h /www -r fengke -x /cgi-bin -u
 1100 root         0 SW   [RtmpCmdQTask]
 1101 root         0 SW   [RtmpWscTask]
 1102 root         0 SW   [RtmpMlmeTask]
 1119 root      3096 S    /usr/sbin/smbd -F
 1120 root      3192 S    /usr/sbin/nmbd -F
 1128 root      1012 S    /sbin/mountd -f
 1182 root      1484 S    /usr/sbin/ntpd -n -S /usr/sbin/ntpd-hotplug -p 0.ope
 1264 nobody     992 S    /usr/sbin/dnsmasq -C /var/etc/dnsmasq.conf -k -x /va
 1451 root      1484 R    ps
```

显然，ps 显示系统运行的所有进程，但是有些进程后面显示的参数好像被截取了，如 ntp 进程后面的参数只显示了一部分。如果想看系统运行时各个命令所带有的所有参数列表信息，可以加入 -w 选项来显示详细的信息：

```
root@fengke:/tmp$ ps -w
  PID USER       VSZ STAT COMMAND
    1 root      1436 S    /sbin/procd
    2 root         0 SW   [kthreadd]
    3 root         0 SW   [ksoftirqd/0]
```

```
    5 root         0 SW<  [kworker/0:0H]
    6 root         0 SW   [kworker/u2:0]
    7 root         0 SW<  [khelper]
   70 root         0 SW<  [writeback]
   72 root         0 SW<  [bioset]
   74 root         0 SW<  [kblockd]
   77 root         0 SW   [kswapd0]
   78 root         0 SW   [kworker/0:1]
   79 root         0 SW   [fsnotify_mark]
   81 root         0 SW   [spi32766]
  231 root         0 SW<  [deferwq]
  289 root         0 SW   [kworker/0:2]
  291 root         0 SW   [kworker/u2:3]
  352 root         0 SWN  [jffs2_gcd_mtd6]
  414 root       900 S    /sbin/ubusd
  453 root      1500 S    /bin/ash --login
  642 root         0 SW<  [ipv6_addrconf]
  827 root         0 SW<  [cfg80211]
  916 root      1056 S    /sbin/logd -S 16
  924 root      1820 S    /sbin/rpcd
  959 root      1576 S    /sbin/netifd
  983 root      1192 S    /usr/sbin/odhcpd
 1014 root      1148 S    /usr/sbin/dropbear -F -P /var/run/dropbear.1.pid -p 22 -K 300
 1038root      1480 S    /usr/sbin/telnetd -F -l /bin/login.sh
 1052 root      1624 S/usr/sbin/uhttpd -f -h /www -r fengke -x /cgi-bin -u /ubus -
                t 60 -T 30 -k 20 -A 1 -n 3 -N 100 -R -p 0.0.0.
 1100 root         0 SW   [RtmpCmdQTask]
 1101 root         0 SW   [RtmpWscTask]
 1102 root         0 SW   [RtmpMlmeTask]
 1119 root      3096 S    /usr/sbin/smbd -F
 1120 root      3192 S    /usr/sbin/nmbd -F
 1128 root      1012 S    /sbin/mountd -f
 1182 root      1484 S    /usr/sbin/ntpd -n -S /usr/sbin/ntpd-hotplug -p 0.openwrt.pool.ntp.
                org -p 1.openwrt.pool.ntp.org -p 2.open
 1264 nobody     992 S    /usr/sbin/dnsmasq -C /var/etc/dnsmasq.conf -k -x /var/run/
                  dnsmasq/dnsmasq.pid
 1452 root      1484 R    ps -w
```

上例中的基本输出显示了程序的进程 ID(Process ID，PID)、运行的用户权限、运行的命令参数、VSZ(进程在内存中的大小，以千字节(KB)为单位)和 STAT(当前进程状态的双字符状态码)。嵌入式开发中 ps 所带有的参数是经过简化的，如果需要更详细的信息，可能需要移植相应的代码。目前 ps 支持的参数如下：

```
root@fengke:/tmp $ ps --help
```

```
BusyBox v1.23.2 (2016-04-27 16:42:44 CST) multi-call binary.
Usage: ps
Show list of processes
        w        Wide output
root@fengke:/tmp $
```

2）实时监测进程

ps 命令虽然在收集运行在系统上的进程信息时非常有用，但也有其不足之处，即它只能显示某个特定时间点的信息。如果想观察那些频繁换进换出的内存的进程趋势，用 ps 命令就不方便了。而 top 命令刚好适用这种情况。top 命令跟 ps 命令相似，能够显示进程信息，但它是实时显示的。图 2-3 是 top 命令运行时输出的截图。

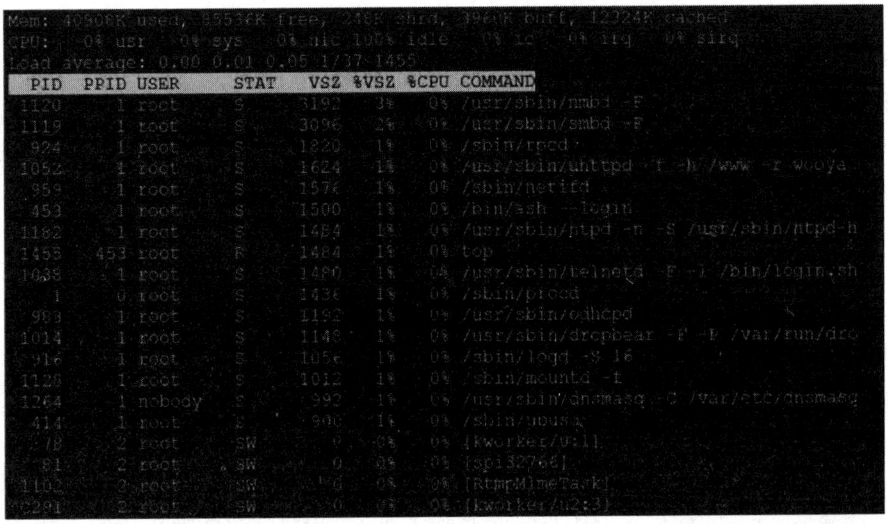

图 2-3　top 命令

由于进程短期的突发性活动，出现最近 1 分钟的高负载值也很常见，但如果近 15 分钟内的平均负载都很高，就说明系统可能有问题。Linux 系统的要点在于定义究竟到什么程度才算是高负载。这个值取决于系统的硬件配置以及系统上通常运行的程序，因为对某个系统来说是高负载的值可能对另一系统来说就是正常值。

第一行显示了系统内存的状态，是系统的物理内存：总共有多少内存，当前用了多少，还有多少空闲。

下一行显示了 CPU 的概要信息。top 根据进程的属主（用户还是系统）和进程的状态（运行、空闲还是等待）将 CPU 利用率分成几类输出。

进程概要信息（top 命令的输出中将进程叫作任务 task）包括有多少进程处在运行、休眠、停止或是僵化状态（僵化状态是指进程完成了，但父进程没有响应）。

最后一部分显示了当前运行中的进程的详细列表，有些列与 ps 命令的输出类似。

PID：进程的 ID。

PPID：进程的父进程。

USER：进程属主的名字。

STAT：进程的状态（D 代表可中断的休眠状态，R 代表在运行状态，S 代表休眠状态，

T代表跟踪状态或停止状态，Z代表僵化状态)。

VSZ：进程在内存中的大小，以千字节(KB)为单位。

%CPU：进程使用的CPU时间比例。

%MEM：进程使用的内存占可用内存的比例。

COMMAND：进程所对应的命令行名称，也就是启动的程序名。

在默认情况下，top命令在启动时会按照%CPU值对进程排序。可以在top运行时使用多种交互命令重新排序。用这个工具就能找出占用系统大部分资源的罪魁祸首。一旦找到，下一步就是结束这些进程。

3) 结束进程

查看系统状态很重要的一个技能就是知道何时以及如何结束一个进程。有时进程挂起了，只需要动动手让进程重新运行或结束即可。但有时有的进程会耗尽CPU且不释放资源，这时就需要能控制进程的命令。Linux沿用了Unix进行进程间通信的方法。在Linux中，进程之间通过信号来通信。进程的信号就是预定义好的一个消息，进程能识别它并决定忽略还是作出反应。进程如何处理信号是由开发人员通过编程来决定的。大多数编写完善的程序都能接收和处理标准Unix进程信号(见表2-4)。

表2-4 标准Unix进程信号

信号	名称	描述
1	HUP	挂起
2	INT	中断
3	QUIT	结束运行
9	KILL	无条件终止
11	SEGV	段错误
15	IERM	尽可能终止
17	STOP	无条件停止运行，但不终止
18	TSTP	停止或暂停，但继续在后台运行
19	CONT	在STOP或TSTP之后恢复执行

在Linux上有两个命令可以向运行中的进程发出进程信号，它们是kill命令和killall命令。

(1) kill命令。kill命令可通过进程ID(PID)给进程发信号。默认情况下，kill命令会向命令行中列出的全部PID发送一个TERM信号。遗憾的是，只能用进程的PID而不能用命令名，所以kill命令有时并不好用。要发送进程信号，必须是进程的属主或登录为root用户。

```
root@fengke:/tmp $ kill 1264
root@fengke:/tmp $
```

TERM信号告诉进程若有可能就停止运行。不过，如果有不服管教的进程，通常就会忽略这个请求。如果要强制终止，-s参数支持指定其他信号(用信号名或信号值)。从下例中可以看出，kill命令不会有任何输出。

```
root@fengke:/tmp $ kill -s HUP 1182
```

```
root@fengke:/tmp $
```

要检查kill命令是否有效，可再运行ps或top命令，查看问题进程是否已停止。

(2) killall命令。killall命令非常强大，它支持通过进程名而不是PID来结束进程。killall命令也支持通配符，这在系统因负载过大而变得很慢时很有用。

```
root@fengke:/tmp $ killall snmpd
root@fengke:/tmp $
```

上例中的命令结束了所有以snmpd开头的进程，或许这个进程启动了多个线程，这样killall会停止所有的线程。警告：以root用户身份登录系统时，使用killall命令要特别小心，因为很容易误用通配符而结束了重要的系统进程，这可能会破坏文件系统。

2. 监测磁盘空间

之所以监测系统磁盘的使用情况，是因为嵌入式系统不间断运行。如果程序写得不好导致log一直输出，则时间长了一定会造成系统空间不足。不管运行的是简单的Linux台式机还是大型的Linux服务器，都要知道还有多少空间可留给应用程序。

在Linux系统上有几个命令行命令可以用来帮助管理存储媒体。以下介绍在日常系统管理中经常用到的核心命令。

1) 挂载存储媒体

Linux文件系统将所有的磁盘都并入一个虚拟目录下。在使用新的存储媒体之前，需要把它放到虚拟目录下。这项工作称为挂载(mounting)。我们的开发板上有两个USB接口，如果插入U盘，会自动挂载到系统中。如果用的软件不支持自动挂载和卸载可移动存储媒体，就必须手动完成。以下是可以管理可移动存储设备的Linux命令行命令。

(1) mount命令。Linux上用来挂载媒体的命令叫作mount。在默认情况下，mount命令会输出当前系统上挂载的设备列表。

```
root@fengke:/ $ mount
rootfs on / type rootfs (rw)
/dev/root on /rom type squashfs (ro, relatime)
proc on /proc type proc (rw, nosuid, nodev, noexec, noatime)
sysfs on /sys type sysfs (rw, nosuid, nodev, noexec, noatime)
tmpfs on /tmptype tmpfs (rw, nosuid, nodev, noatime)
/dev/mtdblock6 on /overlay type jffs2 (rw, noatime)
overlayfs:/overlay on / type overlay (rw, noatime, lowerdir=/, upperdir=/overlay/upper, workdir=/overlay/work)
tmpfs on /dev type tmpfs (rw, nosuid, relatime, size=512k, mode=755)
devpts on /dev/pts type devpts (rw, nosuid, noexec, relatime, mode=600)
debugfs on /sys/kernel/debug type debugfs (rw, noatime)
mountd(pid1128) on /tmp/run/mountd type autofs (rw, relatime, fd=5, pgrp=1127, timeout=60, minproto=5, maxproto=5, indirect)
/dev/sda4 on /tmp/run/mountd/sda4 type vfat (rw, relatime, uid=1000, gid=1000, fmask=0022, dmask=0022, codepage=437, iocharset=iso8859-1, shortname=mixed, errors=remount-ro)
root@fengke:/ $
```

mount命令提供如下四部分信息：

① 媒体的设备文件名；

② 媒体挂载到虚拟目录的挂载点；

③ 文件系统类型；

④ 已挂载媒体的访问状态。

上例中的最后一行输出中，U盘被自动挂载到了挂载点/tmp/run/mountd/sda4。vfat文件系统类型说明它是在Windows机器上被格式化的。要手动在虚拟目录中挂载设备，需要以root用户运行命令。手动挂载媒体设备的基本命令如下：

```
mount -t type device directory
```

其中：type参数指定了磁盘被格式化的文件系统类型。Linux可以识别的文件系统类型非常多。如果是和Windows PC共用这些存储设备，则通常使用下列文件系统类型：

vfat：Windows长文件系统。

ntfs：Windows NT、XP、Vista以及Windows 7中广泛使用的高级文件系统。

q iso9660：标准CD-ROM文件系统。

大多数U盘会被格式化成vfat文件系统，而数据CD则必须使用iso9660文件系统类型。device和directory参数定义了该存储设备的设备文件的位置以及挂载点在虚拟目录中的位置。比如，手动将U盘/dev/sda4挂载到/media/disk，可用下面的命令：

```
mount -t vfat /dev/sda4 /media/disk
```

媒体设备挂载到了虚拟目录后，root用户就有了对该设备的所有访问权限，而其他用户的访问则会被限制。如果要用到mount命令的一些高级功能，可以用mount --help查看参数的描述(见表2-5)。

表2-5 mount参数列表

参 数	描 述
-r	将设备挂载为只读的
-w	将设备挂载为可读写的(默认参数)
-O	和-a参数一起使用，限制命令只作用到特定的一组文件系统上
-o	给文件系统添加特定的选项

-o参数允许在挂载文件系统时添加一些以逗号分隔的额外选项。以下为常用选项(见表2-6)。

表2-6 mount的-o参数列表

参 数	描 述
ro	以只读形式挂载
rw	以读写形式挂载
loop	挂载一个文件

(2) umount命令。从Linux系统上移除一个可移动设备时，不能直接从系统上移除，而应该先卸载。Linux上不能直接弹出已挂载的CD。如果从光驱中移除CD时遇到麻烦，则通常是因为该CD还挂载在虚拟目录里。应先卸载它，然后尝试弹出。卸载设备的命令是umount(命令名中并没有字母n，这一点有时候会让人很困惑)。umount命令的格式非常简单：

```
umount [directory | device ]
```

umount 命令支持通过设备文件或者挂载点来指定要卸载的设备。如果有任何程序正在使用设备上的文件，则系统不允许卸载它：

```
root@fengke:/ $ umount /tmp/run/mountd/sda4
[10257.580000] FAT - fs (sda4): Volume was not properly unmounted. Some data may be corrupt. Please run fsck.
root@fengke:/ $
```

上例中，umount 命令提示了一些错误，但还是正常卸载了 U - Disk。

2) 使用 df 命令

有时需要知道在某个设备上还有多少磁盘空间。用 df 命令可以很方便地查看所有已挂载磁盘的使用情况。

```
root@fengke:/ $ df
Filesystem            1K - blocks   Used    Available   Use%   Mounted on
rootfs                      9600     428        9172      4%   /
/dev/root                   5376    5376           0    100%   /rom
tmpfs                      63220     256       62964      0%   /tmp
/dev/mtdblock6              9600     428        9172      4%   /overlay
overlayfs:/overlay          9600     428        9172      4%   /
tmpfs                        512       0         512      0%   /dev
root@fengke:/ $
```

df 命令会显示每个有数据的已挂载文件系统。如在前例中看到的，有些已挂载设备仅限系统内部使用。命令输出如下：

(1) 设备的设备文件位置；

(2) 能容纳多少个 1024 字节的块；

(3) 已用了多少个 1024 字节的块；

(4) 还有多少个 1024 字节的块可用；

(5) 已用空间所占的比例；

(6) 设备挂载到了哪个挂载点上。

df 命令有一些命令行参数可用，但基本上不会用到。一个常用的参数是 - h(它不是帮助信息，而是 human readability 的意思)。它会把输出中的磁盘空间按照用户易读的形式显示出来，通常用 M 来代替兆字节，用 G 代替吉字节。

```
root@fengke:/ $ df - h
Filesystem            Size      Used      Available   Use%   Mounted on
rootfs                9.4M      428.0K    9.0M        4%     /
/dev/root             5.3M      5.3M      0           100%   /rom
tmpfs                 61.7M     256.0K    61.5M       0%     /tmp
/dev/mtdblock6        9.4M      428.0K    9.0M        4%     /overlay
overlayfs:/overlay    9.4M      428.0K    9.0M        4%     /
tmpfs                 512.0K    0         512.0K      0%     /dev
root@fengke:/ $
```

Linux 系统的后台一直有进程处理文件或使用文件。df 命令的输出值显示的是 Linux

系统认为的当前值。虽然可能系统上运行的进程已经创建或删除了某个文件，但尚未释放文件。这个值是不会算进闲置空间的。

3）使用 du 命令

通过 df 命令很容易发现哪个磁盘的存储空间不足。那么，面临的下一个问题就是：发生这种情况时要怎么办。另一个有用的命令是 du 命令。du 命令可以显示某个特定目录(默认情况下是当前目录)的磁盘使用情况。这一方法可用来快速判断系统中某个目录下是不是有超大文件。

默认情况下，du 命令会显示当前目录下所有的文件、目录和子目录的磁盘使用情况，它会以磁盘块为单位来表明每个文件或目录占用了多少存储空间。对标准大小的目录来说，这个输出会是一个比较长的列表。下面是 du 命令的部分输出：

```
root@fengke:/ $ du
647     ./bin
0       ./dev/net
0       ./dev/snd
0       ./dev/bus/usb/002
0       ./dev/bus/usb/001
0       ./dev/bus/usb
0       ./dev/bus
0       ./dev/pts
0       ./dev
0       ./etc/Wireless/mt7628
4       ./etc/Wireless
16      ./etc/board.d
30      ./etc/config
0       ./etc/crontabs
2       ./etc/dropbear
2       ./etc/hotplug.d/firmware
2       ./etc/hotplug.d/iface
1       ./etc/hotplug.d/net
1       ./etc/hotplug.d/usb
```

每行输出左边的数值是每个文件或目录占用的磁盘块数。注意：这个列表是从目录层级的最底部开始的，然后按文件、子目录、目录逐级向上。这么用 du 命令(不加参数，用默认参数)作用并不大。若想知道每个文件和目录占用了多大的磁盘空间，则逐页查找就没有意义了。下面是能让 du 命令用起来更方便的几个命令行参数：

-c：显示所有已列出文件总的大小。

-h：按用户易读的格式输出大小，即用 K 替代千字节，用 M 替代兆字节，用 G 替代吉字节。

-s：显示每个输出参数的总计。

3. 处理数据文件

系统编译的时候要使用一些文件处理命令来操作大批量数据。当有大量数据时，通常很难处理这些信息并提取有用信息。正如使用 du 命令一样，系统命令很容易输出过量的信息。Linux 系统提供了一些命令行工具来处理大量数据。以下介绍一些 Linux 用户都应该知道的基本命令，这些命令能够让生活变得更加轻松。

1）排序数据

处理大量数据时的一个常用命令是 sort 命令。顾名思义，sort 命令是对数据进行排序的。默认情况下，sort 命令按照会话指定的默认语言的排序规则对文本文件中的数据行排序。

```
root@fengke:/tmp $ for i in $(seq 1 5)
> do
> echo file$i >> ./fengke
> done
root@fengke:/tmp $ cat fengke
file1
file2
file3
file4
file5
root@fengke:/tmp $ sort fengke
file1
file2
file3
file4
file5
root@fengke:/tmp $
```

这似乎相当简单。但事情并非看起来那样容易。例如：

```
root@fengke:/tmp $ cat fengke
1
2
156
74
94
87
5
root@fengke:/tmp $ sort fengke
1
156
2
5
74
87
94
root@fengke:/tmp $
```

如果期望这些数字能按值排序，则要失望了。在默认情况下，sort 命令会把数字当做字符来执行标准的字符排序（shell 脚本也是这样把数字当字符处理的），产生的输出可能根本就不是需要的。解决这个问题可用 -n 参数，它会告诉 sort 命令把数字识别成数字而不是字符，并且按值排序。

```
root@fengke:/tmp $ sort -n fengke
1
2
5
74
87
94
156
root@fengke:/tmp $
```

此外，还有其他一些方便的 sort 参数可用，如表 2-7 所示。

表 2-7 其他 sort 参数

参数	全 称	描 述
-n	--numeric-sort	按字符串数值来排序(并不转换为浮点数)
-r	--reverse	反序排序(升序变成降序)
-u	--unique	仅输出第一例相似的两行

-n 参数在排序数值时非常有用，比如可用于 du 命令的输出。

```
root@fengke:/tmp $ du -sh * | sort -nr
160.0K  lock
40.0K   run
8.0K    sysinfo
8.0K    state
8.0K    etc
4.0K    resolv.conf
4.0K    my_file
4.0K    mt7628.dat
4.0K    log_file
4.0K    hosts
4.0K    hl_code_file
4.0K    fengke
4.0K    code_file
4.0K    TZ
0       sl_resolv.conf
0       shm
0       resolv.conf.auto
0       nmbd
0       new_overlay
0       mounts
```

```
0       log
0       lib
0       dnsmasq.d
0       dhcp.leases
root@fengke:/tmp $
```

注意：-r 参数将结果按降序输出，这样就更容易看到目录下哪些文件占用空间最多。本例中用到的管道命令(|)将 du 命令的输出重定向到 sort 命令。

2）搜索数据

人们经常需要在大文件中找一行数据，而这行数据又埋藏在文件的中间。这时并不需要手动翻看整个文件，用 grep 命令来帮助查找就行了。grep 命令的命令行格式如下：

```
grep [options] pattern [file]
```

grep 命令会在输入或指定的文件中查找包含匹配指定模式的字符的行。grep 的输出就是包含了匹配模式的行。

下面两个简单的例子演示了使用 grep 命令对之前提到的 fengke 文件进行搜索。

```
root@fengke:/tmp $ cat fengke
1
2
156
74
94
87
5
root@fengke:/tmp $ grep 156 fengke
156
root@fengke:/tmp $ grep 1 fengke
1
156
root@fengke:/tmp $
```

第一个例子在文件 fengke 中搜索能匹配模式 156 的文本。grep 命令输出匹配了该模式的行。第二个例子在文件 fengke 中搜索能匹配模式 1 的文本。这个例子里，fengke 中有两行匹配了指定的模式，且两行都输出了。

由于 grep 命令非常流行，因此它经历了大量的更新，有很多功能被加进了 grep 命令。如果查看它的手册页面，会发现它无所不能。

如果要进行反向搜索(输出不匹配该模式的行)，则可加 -v 参数：

```
root@fengke:/tmp $ grep -v 1 fengke
2
74
94
87
5
root@fengke:/tmp $
```

如果要显示匹配模式的行所在的行号，则可加 -n 参数：

```
root@fengke:/tmp$ grep -n 1 fengke
1:1
3:156
root@fengke:/tmp$
```

如果只知道有多少行含有匹配的模式，则可用 -c 参数：

```
root@fengke:/tmp$ grep -c 1 fengke
2
root@fengke:/tmp$
```

如果要指定多个匹配模式，则可用 -e 参数来指定每个模式：

```
root@fengke:/tmp$ grep -e 1 -e 2 fengke
1
2
156
root@fengke:/tmp$
```

这个例子输出了含有字符 1 或字符 2 的所有行。

在默认情况下，grep 命令用基本的 Unix 风格正则表达式来匹配模式。Unix 风格正则表达式采用特殊字符来定义怎样查找匹配的模式。

以下是在 grep 搜索中使用正则表达式的简单例子：

```
root@fengke:/tmp$ grep [12] fengke
1
2
156
root@fengke:/tmp$
```

正则表达式中的方括号表明 grep 应该搜索包含 1 或者 1 字符的匹配。如果不用正则表达式，则 grep 就会搜索匹配字符串 12 的文本。

3) 压缩数据

如果接触过 Microsoft Windows，则必然用过 zip 文件。zip 文件如此流行，以至于微软从 Windows XP 开始，就已经将其集成进了自家的操作系统中。zip 工具可以将大型文件(文本文件和可执行文件)压缩成占用更少空间的小文件。Linux 包含了多种文件压缩工具，但实际上经常会在用户下载文件时造成混淆。表 2-8 列出了 Linux 中的常用文件压缩工具。

表 2-8　Linux 中的常用文件压缩工具

工具	文件扩展名	描　　述
bzip2	.bz2	采用 Burrows-Wheeler 块排序文本压缩算法和霍夫曼编码
gzip	.gzGNU	压缩工具，用 Lempel-Ziv 编码
zip	.zipWindows	上 PKZIP 工具的 Unix 实现

还有一种叫 compress 的文件压缩工具已经很少在 Linux 系统中看到了。如果下载了带 .Z 扩展名的文件，则通常可以用软件包安装方法来安装 compress 包(在很多 Linux 发

行版中叫作 ncompress)，然后用 uncompress 命令来解压文件。

gzip 是 Linux 中最流行的压缩工具。gzip 软件包是 GNU 项目的产物，意在编写一个能够代替原先 Unix 中 compress 工具的免费版本。这个软件包含如下的工具：

gzip：用来压缩文件。

gzcat：用来查看压缩过的文本文件的内容。

gunzip：用来解压文件。

这些工具基本上与 bzip2 工具的用法一样。例如：

```
root@fengke:/tmp $ echo 1 > test_one
root@fengke:/tmp $ gzip test_one
root@fengke:/tmp $ ls test_one *
test_one.gz
root@fengke:/tmp $
```

gzip 命令会压缩在命令行指定的文件。也可以在命令行指定多个文件名，甚至用通配符一次性批量压缩文件。例如：

```
root@fengke:/tmp $ gzip test_ *
root@fengke:/tmp $ ls test_ *
test_one.gz    test_two.gz
root@fengke:/tmp $
```

gzip 命令会压缩该目录中匹配通配符的每个文件。

4) 归档数据

虽然 zip 命令能够很好地将数据压缩和归档进单个文件，但它不是 Unix 和 Linux 中的标准归档工具。目前，Unix 和 Linux 上最广泛使用的归档工具是 tar 命令。

tar 命令最开始用来将文件写到磁带设备上归档，然而它也能把输出写到文件里，这种用法在 Linux 上已经普遍用来归档数据了。

tar 命令的格式如下：

```
tarfunction[options]object1object2...
```

function 参数定义了 tar 命令应该做什么，如表 2-9 所示。

表 2-9　tar 命令的功能参数

功能	全名名称	描　　述
-A	--concatenate	将一个已有 tar 归档文件追加到另一个已有 tar 归档文件
-c	--create	创建一个新的 tar 归档文件
-d	--diff	检查归档文件和文件系统的不同之处
	--delete	从已有 tar 归档文件中删除
-r	--append	追加文件到已有 tar 归档文件末尾
-t	--list	列出已有 tar 归档文件的内容
-u	--update	将此 tar 归档文件中已有的新的同名文件追加到该 tar 归档文件中
-x	--extract	从已有 tar 归档文件中提取文件

每个功能可用选项来针对tar归档文件定义一个特定行为。表2-10中列出了这些选项中能和tar命令一起使用的常见选项。

表2-10 tar命令的常见选项

功能	描　述
-C	切换到指定目录
-f	输出结果到文件或设备file
-j	将输出重定向给bzip2命令来压缩内容
-p	保留所有文件权限
-v	在处理文件时显示文件
-z	将输出重定向给gzip命令来压缩内容

这些选项经常合并到一起使用。首先，可以用下列命令来创建一个归档文件：

```
tar -cvf fengke.tar lock/
```

命令执行如下：

```
root@fengke:/tmp$ tar -cvf fengke.tar lock/
lock/
root@fengke:/tmp$ ls -l fengke.tar
-rw-r--r--    1 root     root          1536 May 11 09:08 fengke.tar
root@fengke:/tmp$
```

上面的命令创建了名为fengke.tar的归档文件，含有lock目录内容。接着，用下列命令：tar -tf fengke.tar

命令执行如下：

```
root@fengke:/tmp$ tar -tf  fengke.tar
lock/
root@fengke:/tmp$
```

列出tar文件fengke.tar的内容(但并不提取文件)。最后，用命令：

```
tar -xvf fengke.tar
```

通过这一命令可从tar文件fengke.tar中提取内容。如果tar文件是从一个目录结构创建的，那么整个目录结构都会在当前目录下重新创建。tar命令是给整个目录结构创建归档文件的简便方法。这是Linux中分发开源程序源码文件所采用的普遍方法。

下载了开源软件之后，一定会经常看到文件名以.tgz结尾，这些是gzip压缩过的tar文件，可以用命令tar -zxvf filename.tgz来解压。

2.1.4 进一步理解ash shell

在学到了一些shell的基础知识(如何进入shell以及初级的shell命令)后，是时候去一探shell进程的究竟了。要想理解shell，需先理解一些CLI。shell不单单是一种CLI，它是一个时刻都在运行的复杂交互式程序。输入命令并利用shell来运行脚本会出现一些既有趣又令人困惑的问题。搞清楚shell进程以及它与系统之间的关系能够帮助解决这些难题，或是完全避开它们。

下面将全面介绍shell进程，包括如何创建子shell以及父shell与子shell之间的关系，探究各种用于创建子进程的命令和内建命令，以及一些shell的窍门和技巧。

1. shell的类型

系统启动什么样的shell程序取决于用户ID配置(嵌入式系统如果用的是Busybox工具集，那启动的一定是ash shell)。在/etc/passwd文件中，在用户ID记录的第7个字段中列出了默认的shell程序。

在下例中，用户root使用Busybox的ash shell作为自己的默认shell程序：

```
root@fengke:/$ cat /etc/passwd
[...]
root:$1$9jy3HhJz$ZRuX7tqJEL6EFQHmSZ9FU.:0:0:root:/root:/bin/ash
root@fengke:/$
```

ash shell程序位于/bin目录内。从长列表中可以看出/bin/ash(ash shell)是一个可执行程序：

```
root@fengke:/$ ls -lF /bin/ash
lrwxrwxrwx    1 root    root        7 May 11 11:10 /bin/ash -> busybox*
root@fengke:/$
```

这里还有另外一个默认shell是/bin/sh，它作为默认的系统shell，用于那些需要在启动时使用的系统shell脚本。这个应用程序通常是软链接，它将默认的系统shell设置成ash shell。例如：

```
root@fengke:/$ ls -lF /bin/sh
lrwxrwxrwx    1 root    root        7 May 11 11:10 /bin/sh -> busybox*
root@fengke:/$
```

并不是必须一直使用默认的交互shell，也可以启动相应的shell程序，只需要输入对应的文件名即可。例如，可以直接输入命令ash或sh来启动新的ash shell。

```
root@fengke:/$ ash
BusyBox v1.15.3 (2018-04-28 16:27:03 CST) built-in shell (ash)
Enter 'help' for a list of built-in commands.
root@fengke:/$ exit
root@fengke:/$ sh
BusyBox v1.15.3 (2018-04-28 16:27:03 CST) built-in shell (ash)
Enter 'help' for a list of built-in commands.
root@fengke:/$ exit
root@fengke:/$
```

这样的命令除启动了ash shell程序之外，看起来似乎什么都没有发生。提示符$是CLI的输入提示，好像看不出有什么变化。可以输入exit，退出ash shell。这一次好像还是什么都没有发生，但是新的ash shell程序已经退出了。为了理解这个过程，将在下面探究登录shell程序与新启动的shell程序之间的关系。

2. shell 的父子关系

系统启动后会直接进入一个默认的交互 shell，这是一个父 shell。(本书到目前为止都是父 shell 提供 CLI 提示符，然后等待命令输入。)

在 CLI 提示符后输入 ash(或输入全路径：/bin/ash)命令会创建一个新的 shell 程序，这个 shell 程序被称为子 shell(child shell)。子 shell 也拥有 CLI 提示符，同样会等待命令输入。当输入 ash、生成子 shell 的时候，会看见一条提示符，好似又创建了一个新的 Busybox 相关的进程，如下所示：

```
root@fengke:/ $ ash
BusyBox v1.23.2 (2016-04-27 16:42:44 CST) built-in shell (ash)
root@fengke:/ $
```

即使有这条提示信息，也无法确认 shell 直接的父子关系，因此需要另一条命令帮助我们搞懂这一切。有些读者可能会想到 ps 命令，但是有些遗憾，嵌入式里的 ps 命令并没有关于 PPID(parent 进程 ID)的任何信息，除非修改 Busybox 代码去支持这些功能。幸好还有一个实时查看进程的 top 命令。top 命令每 5 秒更新一次当前进程列表信息。下例中可能不需要更新列表信息，所以输入 top 命令后再直接敲入 Ctrl+C 即可(注意其中有个“^C”的字符，表示按下了 Ctrl+c)。

```
[…]
PID PPID USERS STAT VSZ% VSZ% CPU COMMAND
[…]
1334 1329 root S    1488 1% 0% ash
1329 1      root S    1488 1% 0% /bin/ash --login
[…]
^C134 2     root SW 0      0% 0% [RtmpMlmeTask]
root@fengke:/ #
```

用 top 命令一下就可以显示进程的 PID 和 PPID，如上述程序启动了两个 ash 进程，分别是 1329 和 1334，其中 1334 进程的 PPID 是 1329(这就表示进程 1334 是由 1329 启动的，或者可以说成进程 1329 就是进程 1334 的父进程)。图 2-4 展示了这种关系。

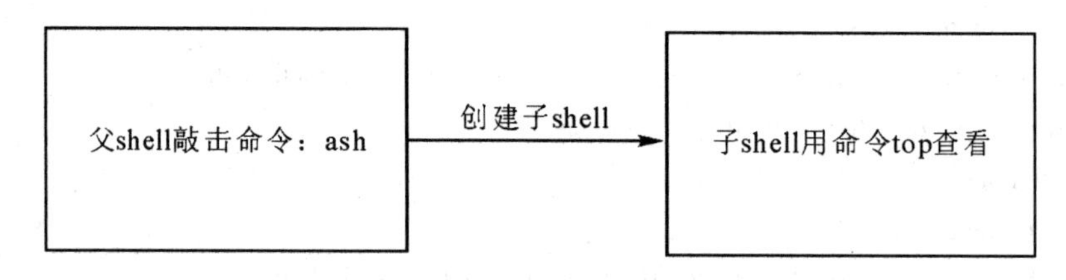

图 2-4　ash shell 进程的父子关系

需要注意的是：在生成子 shell 进程时，只有部分父进程的环境被复制到子 shell 环境中，会对包括变量在内的一些东西造成影响。同时子 shell(child shell，也叫 subshell)可以从父 shell 中创建，也可以从另一个子 shell 中创建。

```
root@fengke:/ $ ash
BusyBox v1.23.2 (2016-04-27 16:42:44 CST) built-in shell (ash)
root@fengke:/ $ ash
```

```
BusyBox v1.23.2 (2016-04-27 16:42:44 CST) built-in shell (ash)
root@fengke:/$ ash
BusyBox v1.23.2 (2016-04-27 16:42:44 CST) built-in shell (ash)
root@fengke:/$ top

PIDPPIDUSERSTATVSZ%VSZ%CPUCOMMAND
[…]
13401rootS14881%0%/bin/ash --login
1347   1346   root   S     1488   1%   0%   ash
1346   1340   root   S     1488   1%   0%   ash
1348   1347   root   S     1488   1%   0%   ash
1349   1348   root   R     1484   1%   0%   top
1038   1      root   S     1480   1%   0%   /usr/sbin/telnetd -F -l /bin/login.sh
[…]
^C 782        root   SW    0      0%   0%   [kworker/0:1]
root@fengke:/$
```

在上例中，ash 命令被输入了三次，实际上创建了三个子 shell。top 命令展示了这些子 shell 间的嵌套关系，如图 2-5 所示。

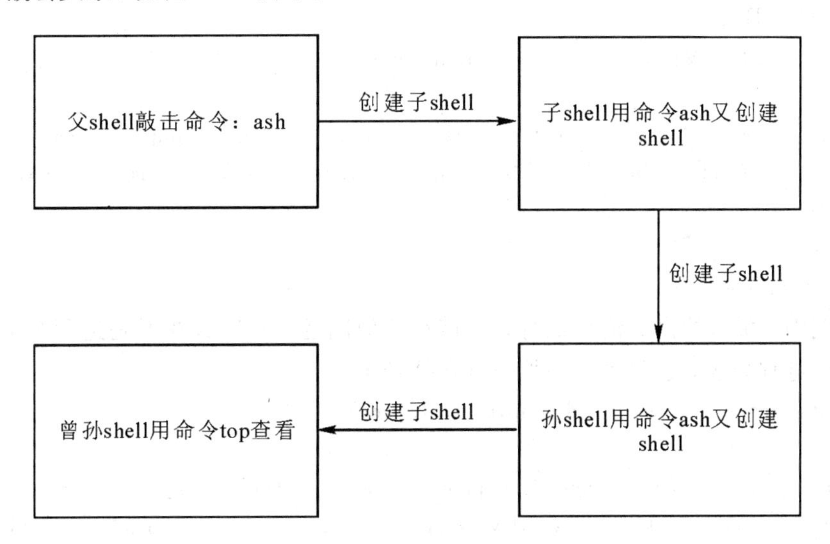

图 2-5　子 shell 的嵌套关系

ash shell 程序可使用命令行参数修改 shell 启动方式。表 2-11 列举了 bash 中可用的命令行参数。

表 2-11　bash 命令行参数

参　数	描　　述
-c string	从 string 中读取命令并进行处理
-i	启动一个能够接收用户输入的交互 shell
-l	以登录 shell 的形式启动
-s	从标准输入中读取命令

如果要退出shell，可以利用exit命令有条不紊地退出子shell。

```
root@fengke:/ $ exit
root@fengke:/ $ exit
root@fengke:/ $ exit
root@fengke:/ $ ps
PID   USER   VSZ   STAT   COMMAND
[…]
1367  root   1488  S      /bin/ash --login
1376  root   1484  R      ps
root@fengke:/ $
```

exit命令不仅能退出子shell，还能用来退出当前的控制台终端，只需要在父shell中输入exit，就能够从容退出CLI了。

运行shell脚本也能够创建出子shell。在以后的shell讲解中，将会学习到相关话题的更多知识。即使不使用ash shell命令或运行shell脚本，也可以生成子shell，方法就是使用进程列表。

1) 进程列表

在一行中指定要依次运行的一系列命令，可以通过命令列表来实现，只需要在命令之间加入分号(;)即可。

```
root@fengke:/ $ pwd;ls;cd /tmp;pwd;cd;pwd;ls
/
bin     etc      fzll   mnt      proc   root   sbin   tmp   var
dev     fengke   lib    overlay  rom    run    sys    usr   www
/tmp
/root
root@fengke:~ $
```

在上例中，所有的命令依次执行，不存在任何问题。不过这并不是进程列表。命令列表要想成为进程列表，这些命令必须包含在括号里。

```
root@fengke:/ $ (pwd;ls;cd /tmp;pwd;cd;pwd;ls;)
/
bin     etc      fzll   mnt      proc   root   sbin   tmp   var
dev     fengke   lib    overlay  rom    run    sys    usr   www
/tmp
/root
root@fengke:/ $
```

尽管多出来的括号看起来没有太大的不同，但起到的效果却非同寻常。括号的加入使命令列表变成了进程列表，生成了一个子shell来执行对应的命令。进程列表是一种命令分组(command grouping)。另一种命令分组是将命令放入花括号中，并在命令列表尾部加上分号(;)，语法为{ command; }。使用花括号进行命令分组并不像进程列表那样创建出子shell。要想知道是否生成了子shell，这里可能需要用ps命令来查看(标准bash会有一个环境变量BASH_SUBSHELL，这个环境变量的值如果不是0就表示存在子shell，不过ash并不支持这个环境变量)。

下面的例子中使用了一个命令列表，列表中间增加了命令 ps。注意：这里是在列表中间插入 ps 命令，如果 ps 命令放在末尾，则或许创建的子 shell 输出命令后就退出了，这样就无法看见一个子 shell 进程。

（1）ps 命令在进程列表的末尾效果，没有看到多出一个 shell 来执行命令。

```
root@fengke:/ $ (pwd;ls;cd /tmp;pwd;cd;pwd;ls;ps;)
/
bin      etc      fzll     mnt      proc     root     sbin     tmp      var
dev      fengke   lib      overlay  rom      run      sys      usr      www
/tmp
/root

PID     USER    VSZ   STAT   COMMAND
[…]
1389    root    1488  S      /bin/ash --login
1428    root    1484  R      ps
root@fengke:/ $
```

（2）ps 命令在进程列表的中间效果，看到多出一个 shell 来执行命令。

```
root@fengke:/ $ (pwd;ls;ps;cd /tmp;pwd;cd;pwd;ls;)
/
bin      etc      fzll     mnt      proc     root     sbin     tmp      var
dev      fengke   lib      overlay  rom      run      sys      usr      www
PID   USER   VSZ   STAT   COMMAND
[…]
1389  root   1488  S      /bin /ash --login
1431  root   1488  S      /bin /ash --login
1433  root   1484  R      ps
/tmp
/root
root@fengke:/ $
```

（3）用{}来执行命令的效果，并不会多出 sh 来执行命令。

```
root@fengke:/ $ {pwd;ls;ps;cd /tmp;pwd;cd;pwd;ls;}
/bin/ash: {pwd: not found
bin      etc      fzll     mnt      proc     root     sbin     tmp      var
dev      fengke   lib overlay  rom  run      sys      usr      www
PID USER        VSZ   STAT   COMMAND
1389 root       1488  S      /bin/ash --login
1435 root       1484  R      ps
/tmp
/root
root@fengke:~ $
```

在 shell 脚本中，经常使用子 shell 进行多进程处理。但是采用子 shell 的成本不菲，会明显拖慢处理速度。在交互式的 shell CLI 中，子 shell 同样存在问题，它并非真正的多进程处理，因为终端控制着子 shell 的 I/O。

2）子 shell 的用法

在交互式的 shell CLI 中，还有很多更富有成效的子 shell 用法。进程列表、协程和管道都利用了子 shell。它们都可以有效地在交互式 shell 中使用。在交互式 shell 中，一个高效的子 shell 的用法就是使用后台模式。在将后台模式与子 shell 搭配使用之前，必须先搞明白什么是后台模式。

(1) 探索后台模式。在后台模式中运行命令可以在处理命令的同时让出 CLI，以供他用。演示后台模式的一个经典命令就是 sleep。

sleep 命令接收一个参数，该参数是希望进程等待(睡眠)的秒数。这个命令在脚本中常用于引入一段时间的暂停。命令 sleep 5 会将会话暂停 5 秒钟，然后返回 shell CLI 提示符。

```
root@fengke:~$ sleep 5
root@fengke:~$ ------脚本无法显示有 5 秒无法输入
```

要想将命令置入后台模式，可以在命令末尾加上字符 &。例如，把 sleep 命令置入后台模式：

```
root@fengke:~$ sleep 20 &
root@fengke:~$ ps
1389 root       1488 S     /bin/ash --login
1439 root       1476 S     sleep 20
1440 root       1484 R     ps
root@fengke:~$
```

sleep 命令会在后台(&)睡眠 20 秒。当它被置入后台时没有任何提示(似乎没有用)。

ps 命令用来显示各种进程，可以注意到命令 sleep 20 已经被列出来了，所显示的 PID 为 1440。

除了 ps 命令，也可以使用 jobs 命令来显示后台作业信息。jobs 命令可以显示出当前运行在后台模式中的所有用户的进程(作业)。

```
root@fengke:~$ jobs
[1]+  Running                    sleep 20
root@fengke:~$
```

jobs 命令在方括号中显示出作业号[1]。它还显示了作业的当前状态(Running)以及对应的命令(sleep 20)。

如果命令运行完成了，则再次输入 jobs 后显示如下，作业号[1]进程目前执行完成(用 Done 表示)。Done 不会一直显示，只是在作业完成的瞬间显示。如果作业完成了，那么 jobs 什么也不显示(如第二个 jobs 命令输出)。

```
root@fengke:~$ jobs
[1]+  Done                       sleep 20
root@fengke:~$ jobs
root@fengke:~$
```

后台模式非常方便，它可以让我们在CLI中创建出有实用价值的子shell。

(2) 将进程列表置入后台。进程列表是运行在子shell中的一条或多条命令。使用包含了sleep命令的进程列表，并在列表中插入ps命令，其结果和期望的一样。

```
root@fengke:/ $ (sleep 2;ps;sleep 2)
PID   USER   VSZ   STAT   COMMAND
[…]
1389  root   1488  S      /bin/ash --login
1446  root   1488  S      /bin/ash --login
1448  root   1484  R      ps
root@fengke:/ $
```

在上例中，有一个2秒钟的暂停，显示ps输出后只看见一个子shell，在返回提示符之前又经历了一个2秒钟的暂停，不显示其他东西。

将相同的进程列表置入后台模式会在命令输出上表现出些许不同。

```
root@fengke:/ $ (sleep 2;ps;sleep 2)&
root@fengke:/ $   PID USER       VSZ STAT COMMAND
[…]
1389 root        1488 S     /bin/ash --login
1449 root        1488 S     /bin/ash --login
1451 root        1484 R     ps

[1]+  Done                          (sleep 2; ps; sleep 2)
root@fengke:/ $
```

把进程列表置入后台会产生一个作业号和进程ID，然后返回到提示符。不过ps命令好像输出到了当前shell中(应该是输出到了当前的标准输出中，这个以后讲解)。此时只需要按下回车键，就会得到另一个提示符。

在CLI中运用子shell的创造性方法之一就是将进程列表置入后台模式。置入后，既可以在子shell中进行繁重的处理工作，也不会让子shell的I/O受制于终端。

当然，sleep和ps命令的进程列表只是作为一个示例而已。使用tar(参见以上描述tar命令的相关章节)创建备份文件是有效利用后台进程列表的一个更实用的例子。

```
root@fengke:/ $ (tar -cf fengke.tar ./fengke;tar -cf fengke2.tar ./fzll)&
root@fengke:/ $ ls
bin          fengke.tar    mnt        root      tmp
dev          fengke2.tar   overlay    run       usr
etc          fzll          proc       sbin      var
fengke       lib           rom        sys       www
[1]+  Done                    (tar -cf fengke.tar ./fengke; tar -cf fengke2.tar ./fzll)
root@fengke:/ $
```

将进程列表置入后台模式并不是子shell在CLI中仅有的创造性用法。协程就是另一种方法。

需要记住，生成子 shell 的成本不低，而且速度慢。创建嵌套子 shell 更是火上浇油！在命令行中使用子 shell 能够获得灵活性和便利。要想获得这些优势，重要的是理解子 shell 的行为方式。对于命令也是如此。

3. 理解 shell 的内建命令

在学习 GNU bash shell 期间，搞明白 shell 的内建命令和非内建(外部)命令非常重要。内建命令和非内建命令的操作方式大不相同。

1) 外部命令

外部命令有时被称为文件系统命令，是存在于 ash shell 之外的程序。它们并不是 shell 程序的一部分。外部命令程序通常位于/bin、/usr/bin、/sbin 或/usr/sbin 中。

ps 就是一个外部命令。可以使用 which 和 type 命令找到它。

```
root@fengke:/ $ which ps
/bin/ps
root@fengke:/ $ type -a ps
/bin/ps
root@fengke:/bin $ type ps
ps is a tracked alias for /bin/ps
root@fengke:/ $ ls -l /bin/ps
lrwxrwxrwx    1 root     root           7 Oct  3 08:45 /bin/ps -> busybox
root@fengke:/ $
```

当外部命令执行时，会创建出一个子进程。这种操作被称为衍生(forking)。外部命令 ps 很方便地显示了当前所有已经启动的进程信息。

```
root@fengke:/bin $ ps
PID USER       VSZ STAT COMMAND
1389 root      1492 S    /bin/ash --login
1469 root      1484 R    ps
root@fengke:/bin $
```

作为外部命令，ps 命令在执行时会创建出一个子进程。在这里，ps 命令的 PID 是 1469，父 PID 是 1389(这个没有实际的显示，可凭经验得知)，表示它是由 ash shell 创建的进程。

当进程必须执行一些衍生操作时，它需要花费时间和精力来设置新子进程的环境。所以，外部命令多少还是有代价的。即使衍生出子进程或是创建了子 shell，仍然可以通过发送信号与其沟通，这一点无论是在命令行还是在脚本编写中都是极其有用的。发送信号(signaling)使得进程间可以通过信号进行通信。

2) 内建命令

内建命令和外部命令的区别在于前者不需要使用子进程来执行。作为 shell 工具的组成部分，它们已经和 shell 编译成了一体，不需要借助外部程序文件来运行。cd 和 exit 命令都内建于 ash shell。可以利用 type 命令来了解某个命令是否是内建的。

```
root@fengke:/bin $ type cd
cd is a shell builtin
root@fengke:/
```

因为既不需要通过衍生出子进程来执行，也不需要打开程序文件，所以内建命令的执行速度更快，效率更高。需要注意，在标准的Linux系统中有些命令有多种实现。例如：echo和pwd既有内建命令也有外部命令，其实现略有不同。要查看命令的不同实现，可使用type命令的-a选项(这里是在OpenWrt的编译环境中输入命令，因为在嵌入式系统中或许很多命令都被内建了)。

```
$ type -a echo
echo is a shell builtin
echo is /bin/echo
$
$ which echo
/bin/echo
$
$ type -a pwd
pwd is a shell builtin
pwd is /bin/pwd
$
$ which pwd
/bin/pwd
$
```

命令type -a显示出了每个命令的两种实现。注意：which命令只显示出了外部命令文件。对于有多种实现的命令，如果想使用其外部命令实现，直接指明对应的文件即可。例如，要使用外部命令pwd，可以输入/bin/pwd。

(1) 使用history命令。一个有用的内建命令是history命令。bash shell会跟踪用户用过的命令，用户可以唤回这些命令并重新使用。

要查看最近用过的命令列表，可以输入不带选项的history命令。

```
root@fengke:/ $ history
 0 env
 1 PS1="\u@fengke:\w\ $"
 2 pwd;ls;cd /tmp;pwd;cd;pwd;ls
 3 {pwd;ls;cd /tmp;pwd;cd;pwd;ls};
 4 (pwd;ls;cd /tmp;pwd;cd;pwd;ls)
 5 (pwd;ls;cd /tmp;pwd;cd;pwd;ls);
 6 (pwd;ls;cd /tmp;pwd;cd;pwd;ls;ps);
 7 pwd;ls;cd /tmp;pwd;cd;pwd;ls;ps
 8 (pwd;ls;cd /tmp;pwd;cd;pwd;ls;ps);
 9 (pwd;ps;cd /tmp;pwd;cd;pwd;ls;)
10 (pwd;cd /tmp;pwd;cd;pwd;ls;)
11 cd /
12 (pwd;cd /tmp;pwd;cd;pwd;ls;)
13 (pwd;ls;cd /tmp;pwd;cd;pwd;ls;)
```

```
14 {pwd;ps;cd /tmp;pwd;cd;pwd;ls;};
15 {pwd;ps;cd /tmp;pwd;cd;pwd;ls;};
16 {pwd;ls;cd /tmp;pwd;cd;pwd;ls;};
17 ash
18 (pwd;ls;cd /tmp;pwd;cd;pwd;ls;ps;)
19 cd /
20 (pwd;ls;cd /tmp;pwd;cd;pwd;ls;ps;)
21 (pwd;ls;ps;cd /tmp;pwd;cd;pwd;ls;)
22 {pwd;ls;ps;cd /tmp;pwd;cd;pwd;ls;}
23 sleep 5
24 sleep 20 &
[…]
```

在这个例子中，只显示了最近的24条命令。通常历史记录中会保存最近的1000条命令。这个数量不少，可以唤回并重用历史列表中最近的命令。这样能够节省时间和击键量。通常用上箭头来选择曾经敲入过的命令。

(2) 命令别名。alias命令是另一个shell的内建命令。命令别名允许为常用的命令(及其参数)创建另一个名称，从而将输入量减少到最低。通常所使用的OpenWrt Linux系统已经设置好了一些常用命令的别名。要查看当前可用的别名，可使用alias命令。

```
root@fengke:/ $ alias
more='less'
vim='vi'
root@fengke:/ $
```

可以使用alias命令创建属于自己的别名。

```
root@fengke:/ $ alias li='ls -li'
root@fengke:/ $ li
     181 drwxr-xr-x    2 root     root       852 Oct  3 08:45 bin
     210 drwxr-xr-x    6 root     root      1080 Oct  3 09:08 dev
     187 drwxrwxr-x    1 root     root         0 Oct  3 08:45 etc
      66 -rw-r--r--    1 root     root        30 Oct  3 12:11 fengke
      68 -rw-r--r--    1 root     root      2048 Oct  3 11:54 fengke.tar
      69 -rw-r--r--    1 root     root      2048 Oct  3 11:54 fengke2.tar
      65 -rw-r--r--    1 root     root         2 Oct  3 09:41 fzll
     184 drwxrwxr-x    1 root     root         0 Oct  3 08:45 lib
    6965 drwxr-xr-x    2 root     root         3 Oct  3 07:12 mnt
       1 drwxr-xr-x    5 root     root         0 Jan  1  1970 overlay
       1 dr-xr-xr-x   46 root     root         0 Jan  1  1970 proc
     120 drwxr-xr-x   16 root     root       235 Oct  3 08:46 rom
    1827 drwxr-xr-x    2 root     root         3 Oct  3 07:12 root
      64 -rw-r--r--    1 root     root        32 Oct  3 09:14 run
     197 drwxrwxr-x    2 root     root       749 Oct  3 08:45 sbin
       1 dr-xr-xr-x   11 root     root         0 Jan  1  1970 sys
```

```
   111 drwxrwxrwt    17 root    root       440 Oct  3 09:08 tmp
   203 drwxr-xr-x     1 root    root         0 Aug  9 12:19 usr
  1516 lrwxrwxrwx     1 root    root         4 Oct  3 08:45 var -> /tmp
  1588 drwxr-xr-x     5 root    root        93 Aug  9 12:07 www
root@fengke:/$
```

在定义好别名之后，随时都可以在 shell 中使用它，就算在 shell 脚本中也没问题。需要注意：因为命令别名属于内部命令，所以一个别名仅在它所被定义的 shell 进程中才有效。

```
root@fengke:/$ ash
BusyBox v1.23.2 (2016-04-27 16:42:44 CST) built-in shell (ash)
root@fengke:/$ li
ash: li: not found
root@fengke:/$ exit
root@fengke:/$
```

不过好在有办法让别名在不同的子 shell 中都奏效。第 3 章中就会讲到具体的做法，另外还会介绍环境变量。

2.1.5　理解 Linux 文件权限

Linux 沿用了 Unix 文件权限的办法，即允许用户和组根据每个文件和目录的安全性设置来访问文件。本节将介绍如何在必要时利用 Linux 文件安全系统保护和共享数据。嵌入式开发中或许对 Linux 用户的文件权限不是限制得特别严格，因为很多时候用户更需要用 root 权限去登录和操控系统，这样好像创建多用户毫无意义。但是实际应用中，有些企业的设备只会对管理员开放超级用户权限，对普通用户只赋予一般用户权限。因此，在这里有必要探讨一下 Linux 文件的权限问题。

1. Linux 的安全性

Linux 安全系统的核心是用户账户。每个能进入 Linux 系统的用户都会被分配唯一的用户账户。用户对系统中各种对象的访问权限取决于他们登录系统时用的账户。

用户权限是通过创建用户时分配的用户 ID(User ID，通常缩写为 UID)来跟踪的。UID 是数值，每个用户都有唯一的 UID，但在登录系统时用的不是 UID，而是登录名。登录名是用户用来登录系统的最长为八字符的字符串(字符可以是数字或字母)，同时会关联一个对应的密码。

Linux 系统使用特定的文件和工具来跟踪和管理系统上的用户账户。在讨论文件权限之前，先要了解 Linux 是怎样处理用户账户的。本节会介绍管理用户账户需要的文件和工具，这样在处理文件权限问题时就知道如何使用它们了。

1) /etc/passwd 文件

Linux 系统使用一个专门的文件来将用户的登录名匹配到对应的 UID 值。这个文件就是/etc/passwd 文件，它包含了一些与用户有关的信息。下面是开发板 OpenWrt 系统上典型的/etc/passwd 文件的一个例子(为原版设计，因为不知道用户需求，所以没有任何改变)。

```
root@fengke:/ $ cat /etc/passwd
root:x:0:0:root:/root:/bin/ash
daemon:*:1:1:daemon:/var:/bin/false
ftp:*:55:55:ftp:/home/ftp:/bin/false
network:*:101:101:network:/var:/bin/false
nobody:*:65534:65534:nobody:/var:/bin/false
root@fengke:/ $
```

root 用户账户是 Linux 系统的管理员，固定分配给它的 UID 是 0。就像上例中显示的，Linux 系统会为各种各样的功能创建不同的用户账户，而这些账户并不是真的用户。这些账户叫作系统账户，是系统上运行的各种服务进程访问资源用的特殊账户。所有运行在后台的服务都需要用一个系统用户账户登录到 Linux 系统上。

在安全成为一个大问题之前，这些服务经常会用 root 账户登录。遗憾的是，如果有非授权的用户攻陷了这些服务中的一个，则该用户立刻就能作为 root 用户进入系统(Android 系统的内核也是 Linux。Android 获取 root 权限，就是利用系统的一些漏洞去攻破系统从而获取 root 权限)。为了防止发生这种情况，现在运行在 Linux 服务器后台的几乎所有的服务都是用自己的账户登录。这样即使有人攻入了某个服务，也无法访问整个系统。

Linux 为系统账户预留了 500 以下的 UID 值。有些服务甚至要用特定的 UID 才能正常工作。为普通用户创建账户时，大多数 Linux 系统会从 500 开始，将第一个可用 UID 分配给这个账户(并非所有的 Linux 发行版都是如此)。

/etc/passwd 文件中还有很多用户登录名和 UID 之外的信息，如/etc/passwd 文件的字段包含了如下信息：登录用户名、用户密码、用户账户的 UID(数字形式)、用户账户的组 ID(GID)(数字形式)、用户账户的文本描述(称为备注字段)、用户 HOME 目录的位置、用户的默认 shell。

/etc/passwd 文件中的密码字段都被设置成了 x，这并不是说所有的用户账户都用相同的密码。

在更早的 Linux 上，/etc/passwd 文件里有加密后的用户密码。但鉴于很多程序都需要访问/etc/passwd 文件获取用户信息，这就成了一个安全隐患。随着用来破解加密密码的工具的不断演进，别有用心的人开始忙于破解存储在/etc/passwd 文件中的密码。Linux 开发人员就需要重新考虑这个策略。

现在，绝大多数 Linux 系统都将用户密码保存在另一个单独的文件(叫作 shadow 文件，位置在/etc/shadow)中。只有特定的程序(比如登录程序)才能访问这个文件。/etc/passwd 是一个标准的文本文件，可以用任何文本编辑器在/etc/password 文件里直接手动进行用户管理(比如添加、修改或删除用户账户)。但这样做极其危险。如果/etc/passwd 文件出现损坏，系统就无法读取它的内容了，这样会导致用户无法正常登录(即便是 root 用户)。用标准的 Linux 用户管理工具去执行这些用户管理功能会更安全。

2) /etc/shadow 文件

/etc/shadow 文件对 Linux 系统密码管理提供了更多的控制。只有 root 用户才能访问/etc/shadow 文件，使其比/etc/passwd 安全许多。

/etc/shadow 文件为系统上的每个用户账户都保存了一条记录。记录如下：

```
root@fengke:/ $ cat /etc/shadow
```

```
root::0:0:99999:7:::
daemon:*:0:0:99999:7:::
ftp:*:0:0:99999:7:::
network:*:0:0:99999:7:::
nobody:*:0:0:99999:7:::
root@fengke:/$
```

在/etc/shadow文件的每条记录中都有以下9个字段：

- 用户名称与/etc/passwd文件的用户名称相对应；
- 与/etc/passwd文件中的登录名字段对应的登录名加密后的密码；
- 自上次修改密码后过去的天数密码(自1970年1月1日开始计算)；
- 多少天后才能更改密码；
- 多少天后必须更改密码；
- 密码过期前提前多少天提醒用户更改密码；
- 密码过期后多少天禁用用户账户；
- 用户账户被禁用的日期(用自1970年1月1日到当天的天数表示)；
- 预留字段给将来使用。

使用shadow密码系统后，Linux系统可以更好地控制用户密码。如果密码未更新，则它可以控制用户多久更改一次密码，以及什么时候禁用该用户账户。嵌入式系统中，用户应了解这些细节，以备不时之需。

嵌入式系统一般不会增加用户或者删除用户，如果有多个用户，则一般都是代码写死(hardcode)的，所以这里不讲解用户的增加和删除。

2. Linux组的概念

用户账户在控制单个用户安全性方面很好用，但在共享资源的一组用户时就捉襟见肘了。为了解决这个问题，Linux系统采用了另外一个安全概念——组(group)。组权限允许多个用户对系统中的对象(比如文件、目录或设备等)共享一组共用的权限。

每个组都有唯一的GID——同UID类似，在系统上这是个唯一的数值。除了GID，每个组还有唯一的组名。Linux系统上有一些组工具可以创建和管理自己的组。本节将细述组信息是如何保存的，以及如何用组工具创建新组和修改已有的组。

与用户账户类似，组信息也保存在系统的一个文件中。/etc/group文件包含系统上用到的每个组的信息。下面是一些来自Linux系统上/etc/group文件中的典型例子。

```
root@fengke:/$ cat /etc/group
root:x:0:
daemon:x:1:
adm:x:4:
mail:x:8:
audio:x:29:
```

```
www-data:x:33:
ftp:x:55:
users:x:100:
network:x:101:
nogroup:x:65534:
root@fengke:/$
```

和UID一样，GID在分配时也采用了特定的格式。系统账户用的组通常会分配低于500的GID值，而用户组的GID则会从500开始分配。/etc/group文件有以下4个字段：

(1) 组名；

(2) 组密码；

(3) GID；

(4) 属于该组的用户列表。

组密码允许非组内成员通过它临时成为该组成员。这个功能并不普遍，但确实存在。千万不能直接修改/etc/group文件来添加用户到一个组，这样会造成混乱。在添加用户到不同的组之前，首先需要创建组。

用户账户列表在某种意义上有些误导。用户会发现，在列表中，有些组并没有列出用户。这并不是说这些组没有成员。当一个用户在/etc/passwd文件中指定某个组作为默认组时，用户账户不会作为该组成员再出现在/etc/group文件中。对于组的概念，简单了解即可，嵌入式开发中对组的概念基本很少涉及。

3. 理解文件权限

现在，已经了解了用户和组，是时候解读ls命令输出时所出现的谜一般的文件权限了。本节将会介绍如何对权限进行分析以及它们的来历。读者或许只需要了解文件的读、写、可执行即可，因为可以用几个常用的命令完成许多工作。但是详细了解一下文件的权限会对系统有更充分的了解，以便解决问题时可以得心应手。

1) 使用文件权限符

ls命令可以用来查看Linux系统上的文件、目录和设备的权限。

```
root@fengke:/$ ls -l
drwxr-xr-x    2 root    root         852 Oct  3 08:45 bin
drwxr-xr-x    6 root    root        1080 Oct  3 09:08 dev
drwxrwxr-x    1 root    root           0 Oct  3 08:45 etc
-rw-r--r--    1 root    root          30 Oct  3  2016 fengke
-rw-r--r--    1 root    root        2048 Oct  3  2016 fengke.tar
-rw-r--r--    1 root    root        2048 Oct  3  2016 fengke2.tar
-rw-r--r--    1 root    root           2 Oct  3 09:41 fzll
drwxrwxr-x    1 root    root           0 Oct  3 08:45 lib
drwxr-xr-x    2 root    root           3 Oct  3 07:12 mnt
drwxr-xr-x    5 root    root           0 Jan  1  1970 overlay
dr-xr-xr-x   46 root    root           0 Jan  1  1970 proc
```

```
drwxr-xr-x    16 root       root             235 Oct   3 08:46 rom
drwxr-xr-x     2 root       root               3 Oct   3 07:12 root
-rw-r--r--     1 root       root              32 Oct   3 09:14 run
drwxrwxr-x     2 root       root             749 Oct3 08:45 sbin
dr-xr-xr-x    11 root       root               0 Jan   1  1970 sys
drwxrwxrwt    17 root       root             440 Oct   3 09:08 tmp
drwxr-xr-x     1 root       root               0 Aug   9 12:19 usr
lrwxrwxrwx     1 root       root               4 Oct   3 08:45 var -> /tmp
drwxr-xr-x     5 root       root              93 Aug   9 12:07 www
root@fengke:/$
```

输出结果的第一个字段就是描述文件和目录权限的编码。这个字段的第一个字符代表了对象的类型：-代表文件；d代表目录；l代表链接；c代表字符型设备；b代表块设备；n代表网络设备。

之后有3组三字符的编码。每一组定义了3种访问权限：r代表对象是可读的；w代表对象是可写的；x代表对象是可执行的。

若没有某种权限，则在该权限位会出现连字符。这3组权限分别对应对象的3个安全级别：对象的属主；对象的属组；系统其他用户。

图2-6所示为Linux文件权限。

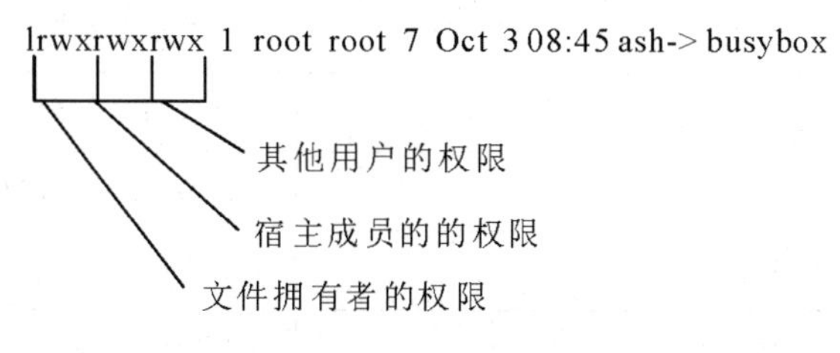

图2-6　Linux文件权限

例如：

```
lrwxrwxrwx     1 root       root               7 Oct   3 08:45 ash -> busybox
```

文件ash有下面3组权限。

rwx：文件的属主(设为登录名root)。

rwx：文件的属组(设为组名root)。

rwx：系统上的其他人(目前系统只有root用户)。

这些权限说明登录名为root的用户可以读取、写入以及执行这个文件(可以看作有全部权限)。类似地，root组的成员也可以读取、写入和执行这个文件。而不属于root组的其他用户也可以读取、写入和执行这个文件(如果没有某个权限，则相应的单词会被连字符取代)。

2) 默认文件权限

这些文件权限从何而来？答案是umask。umask命令用来设置所创建文件和目录的默认权限。

```
root@fengke:/tmp$ touch fengke
root@fengke:/tmp$ ls -la fengke
```

```
-rw-r--r--    1 root    root          0 Oct  3 11:19 fengke
root@fengke:/tmp $
```

touch 命令用分配的用户账户的默认权限创建了这个文件。umask 命令可以显示和设置这个默认权限。

```
root@fengke:/tmp $ umask
0022
root@fengke:/tmp $
```

遗憾的是，umask 命令的设置并不简单明了，其工作原理更是复杂。第 1 位代表了一项特别的安全特性，叫作黏附位(sticky bit)。后面的 3 位表示文件或目录对应的 umask 八进制值。要理解 umask 是怎么工作的，必须先理解八进制模式的安全性设置。

八进制模式的安全性设置是：先获取这 3 个 rwx 权限的值，然后将其转换成 3 位二进制值，用一个八进制值来表示。在这个二进制表示中，每个位置代表一个二进制位。因此，如果读权限是唯一置位的权限，则权限值就是 r--，转换成二进制值就是 100，代表的八进制值是 4。表 2-12 列出了可能会遇到的组合。

表 2-12 Linux 文件权限码

权 限	二进制值	八进制值	描 述
---	000	0	没有任何权限
--x	001	1	只有执行权限
-w-	010	2	只有写入权限
-wx	011	3	有写入和执行权限
r--	100	4	只有读取权限
r-x	101	5	有读取和执行权限
rw-	110	6	有读取和写入权限
rwx	111	7	有全部权限

八进制模式是先取得权限的八进制值，然后再把这三组安全级别(属主、属组和其他用户)的八进制值顺序列出。因此，八进制模式的值 664 代表属主和属组成员都有读取和写入的权限，而其他用户都只有读取权限。

了解八进制模式权限是如何工作的之后，umask 值反而更令人困惑了。Linux 系统默认的八进制的 umask 值是 0022，而我们所创建的文件的八进制权限却是 644，这是如何得来的呢？

umask 值只是个掩码。它会屏蔽掉不想授予该安全级别的权限。接下来需要再多进行一些八进制运算才能搞明白来龙去脉。要把 umask 值从对象的全权限值中减掉。对文件来说，全权限的值是 666(所有用户都有读和写的权限)；而对目录来说，则是 777(所有用户都有读、写、执行权限)。所以在上例中，文件一开始的权限是 666，减去 umask 值 022 之后，剩下的文件权限就成了 644。

可以用 umask 命令为默认 umask 设置指定一个新值。

```
root@fengke:/tmp $ umask 021
```

```
root@fengke:/tmp $ umask
0021
root@fengke:/tmp $
```

在把umask值设成021后，默认的文件权限变成了645，因此新文件现在对组成员来说是只读的，而系统里的其他成员则是读写权限。

umask值同样会作用在创建目录上。例如：

```
root@fengke:/tmp $ mkdir fengke_dir
root@fengke:/tmp $ ls - la fengke_dir/
drwxr - xrw -     2 root    root     40 Oct    3 11:28.
drwxrwxrwt       18 root    root    500 Oct    3 11:28..
root@fengke:/tmp $
```

由于目录的默认权限是777，umask作用后生成的目录权限不同于生成的文件权限，umask值021会从777中减去，留下756作为目录权限设置。

4. 改变文件属性设置

如果已经创建了一个目录或文件，需要改变它的安全性设置，在Linux系统上有一些工具能够完成这项任务。这里将讲述如何更改文件和目录的已有权限、默认文件属主及默认属组。这样的操作在OpenWrt的调试中经常发生，因为重新编译应用程序不可能总是重新编译整个系统，只需编译修改过的应用程序，将文件上传到指定的路径后重新启动，这样就会涉及文件属性的改变。这个问题在以后章节中会用实验来演示。

1）改变权限

chmod命令用来改变文件和目录的安全性设置。该命令的格式如下：

```
Usage: chmod [- R] MODE[, MODE]... FILE...
```

mode参数可以使用八进制模式或符号模式进行安全性设置。八进制模式的设置非常直观，直接用期望赋予文件的标准3位八进制权限码即可。

```
root@fengke:/tmp $ touch fengke
root@fengke:/tmp $ chmod 760 fengke
root@fengke:/tmp $ ls - la fengke
- rwxrw - - -     1 root     root              0 Oct   3 09:31 fengke
root@fengke:/tmp $
```

八进制文件权限会自动应用到指定的文件上。符号模式的权限就没这么简单了，与通常用到的3组三字符权限字符不同，chmod命令采用了另一种方法。下面是在符号模式下指定权限的格式：

```
[ugoa…][[+-=][rwxXstugo…]
```

这样写就非常人性化了，毕竟数字容易犯错。第一组字符定义了权限作用的对象：u代表用户，g代表组，o代表其他，a代表上述所有。

后面跟着的符号表示是在现有权限基础上增加权限（+），还是在现有权限基础上移除权限（-），或是将权限设置成后面的值（=）。

第三个符号代表作用到设置上的权限。这个值比通常的rwx多。额外的设置有以下几项。

X：表示如果对象是目录或者它已有执行权限，则赋予执行权限。

s：表示运行时重新设置 UID 或 GID。

t：表示保留文件或目录。

u：表示将权限设置为同属主一样。

g：表示将权限设置为同属组一样。

o：表示将权限设置为同其他用户一样。

可以像这样使用这些权限：

```
root@fengke:/tmp $ chmod o+r fengke
root@fengke:/tmp $ ls -lF fengke
-rwxrw-r--    1 root    root         0 Oct  3 09:31 fengke*
root@fengke:/tmp $
```

不管其他用户在这一安全级别之前都有什么权限，o+r 都给这一级别添加读取权限。

```
root@fengke:/tmp $ chmod u-x fengke
root@fengke:/tmp $ ls -lF fengke
-rw-rw-r--    1 root    root         0 Oct  3 09:31 fengke
root@fengke:/tmp $
```

u-x 移除了属主已有的执行权限。注意 ls 命令的 -F 选项，它能够在具有执行权限的文件名后加一个 * 号。之前的 ls 命令会有一个 * 号，现在取消了可执行权限后，* 就没有了。

options 为 chmod 命令提供了另外一些功能。-R 选项可以让权限的改变递归地作用到文件和子目录。可以使用通配符指定多个文件，然后利用一条命令将权限更改应用到这些文件上。

2) 改变所属关系

有时需要改变文件的属主，比如有人离职或开发人员创建了一个在产品环境中需要归属在系统账户下的应用。Linux 提供了两个命令来实现这个功能：chown 命令用来改变文件的属主，chgrp 命令用来改变文件的默认属组。

chown 命令的格式如下：

```
chown options owner[.group] file
```

可用登录名或 UID 来指定文件的新属主：

```
root@fengke:/tmp $ chown ftp fengke
root@fengke:/tmp $ ls -lF fengke
-rw-rw-r--    1 ftp     root         0 Oct  3 09:31 fengke
root@fengke:/tmp $
```

chown 命令也支持同时改变文件的属主和属组：

```
root@fengke:/tmp $ chown ftp.ftp fengke
root@fengke:/tmp $ ls -lF fengke
-rw-rw-r--    1 ftp     ftp          0 Oct  3 09:31 fengke
root@fengke:/tmp $
```

如果不嫌麻烦，可以只改变一个目录的默认属组：

```
root@fengke:/tmp $ chown . daemon fengke
root@fengke:/tmp $ ls -lF fengke
-rw-rw-r--    1 ftp      daemon          0 Oct  309:31 fengke
root@fengke:/tmp $
```

如果 Linux 系统采用和用户登录名匹配的组名，则只用一个条目就可以改变二者：

```
root@fengke:/tmp $ chown daemon. fengke
root@fengke:/tmp $ ls -lF fengke
-rw-rw-r--    1 daemon   daemon          0 Oct  3 09:31 fengke
root@fengke:/tmp $
```

chown 命令采用一些不同的选项参数。-R 选项配合通配符可以递归地改变子目录和文件的所属关系。-h 选项可以改变该文件的所有符号链接文件的所属关系。只有 root 用户能够改变文件的属主。任何属主都可以改变文件的属组，但前提是属主必须是原属组和目标属组的成员。

chgrp 命令可以更改文件或目录的默认属组，例如：

```
root@fengke:/tmp $ chgrp ftp fengke
root@fengke:/tmp $ ls -lF fengke
-rw-rw-r--    1 daemon   ftp             0 Oct  3 09:31 fengke
root@fengke:/tmp $
```

用户账户必须是这个文件的属主，除了能够更换属组之外，还必须是新组的成员。现在 ftp 组的任意一个成员都可以写这个文件了。这是 Linux 系统共享文件的一个途径。

2.1.6　使用 Linux 环境变量

Linux 环境变量能提升 Linux shell 体验。很多程序和脚本都通过环境变量来获取系统信息，存储临时数据和配置信息。在 Linux 系统上有很多地方可以设置环境变量，了解去哪里设置相应的环境变量很重要。本节将逐步了解 Linux 环境变量：存储在哪里，怎样使用，以及怎样创建自己的环境变量。

1. 什么是环境变量

ash shell 用一个叫作环境变量（environment variable）的特性来存储有关 shell 会话和工作环境的信息（这也是它们被称作环境变量的原因）。这项特性允许用户在内存中存储数据，以便程序或 shell 中运行的脚本能够轻松访问到它们。这也是存储持久数据的一种简便方法。在 ash shell 中，环境变量分为全局变量和局部变量两类。

本节将描述以上环境变量，并演示如何查看和使用它们。环境变量的内容可以在制作根文件系统时自己指定，这里只写出默认系统配置的环境变量。

1）全局环境变量

全局环境变量对于 shell 会话和所有生成的子 shell 都是可见的。局部变量则只对创建它们的 shell 可见。这使得全局环境变量对那些所创建的子 shell 需要获取父 shell 信息的程序来说非常有用。

Linux 系统在开始 ash 会话时就设置了一些全局环境变量(制作根文件系统时用户可以自己指定相应的环境变量)。系统环境变量基本上都使用全大写字母，以区别于普通用户的环境变量。要查看全局变量，可以使用 env 命令。

```
root@fengke:/tmp $ env
SHLVL=2
OLDPWD=/
HOME=/root
PS1=\u@fengke:\w $
TERM=linux
PATH=/usr/sbin:/usr/bin:/sbin:/bin
PWD=/tmp
root@fengke:/tmp $
```

系统为 ash shell 设置的全局环境变量数目一目了然，因为系统并没有为用户定制相应的需求，所以目前这几个已足够用了。可以使用 echo 显示变量的值。在这种情况下引用某个环境变量的时候，必须在变量前面加上一个美元符($)。

```
root@fengke:/tmp $ echo  $ PS1
\u@fengke:\w $
root@fengke:/tmp $
```

在 echo 命令中，在变量名前加上 $ 可不仅显示变量当前的值，也能够让变量作为命令行参数。

```
root@fengke:/tmp $ env
SHLVL=2
OLDPWD=/
HOME=/root
PS1=\u@fengke:\w $
TERM=linux
PATH=/usr/sbin:/usr/bin:/sbin:/bin
PWD=/tmp
root@fengke:/tmp $ echo  $ OLDPWD
/
root@fengke:/tmp $ ls  $ OLDPWD
bin          fengke.tar   mnt          root         tmp
dev          fengke2.tar  overlay      run          usr
etc          fzll         proc         sbin         var
fengke       lib          rom          sys          www
root@fengke:/tmp $
```

正如前面提到的，全局环境变量可用于进程的所有子 shell。

```
root@fengke:/tmp $ ash
BusyBox v1.23.2 (2016-04-27 16:42:44 CST) built-in shell (ash)
root@fengke:/tmp $ echo  $ OLDPWD
```

```
/
root@fengke:/tmp $ exit
root@fengke:/tmp $
```

在这个例子中，用 ash 命令生成一个子 shell 后，显示了 OLDPWD 环境变量的当前值，这个值和父 shell 中的一模一样，都是 /。

2）局部环境变量

顾名思义，局部环境变量只能在定义它们的进程中可见。尽管它们是局部的，但是和全局环境变量一样重要。事实上，Linux 系统也默认定义了标准的局部环境变量。用户也可以定义自己的局部变量，这些变量被称为用户定义局部变量。

查看局部环境变量的列表有点复杂。遗憾的是，在 Linux 系统并没有一个只显示局部环境变量的命令。set 命令会显示为某个特定进程设置的所有环境变量，包括局部变量、全局变量以及用户定义变量。

```
root@fengke:/tmp $ set
HOME='/root'
HOSTNAME='fengke'
IFS='
'
OLDPWD='/'
OPTIND='1'
PATH='/usr/sbin:/usr/bin:/sbin:/bin'
PPID='1'
PS1='\u@fengke:\w $ '
PS2='>'
PS4='+'
PWD='/tmp'
SHLVL='2'
TERM='linux'
_='ash'
root@fengke:/tmp $
```

可以看到，所有通过 env 命令看到的全局环境变量都出现在了 set 命令的输出中。但在 set 命令的输出中还有其他环境变量，即局部环境变量和用户定义变量。set 命令会显示出全局变量、局部变量以及用户定义变量。它还会按照字母顺序对结果进行排序。env 同 set 命令的区别在于前一个命令不会对变量排序，也不会输出局部变量和用户定义变量。

2. 设置用户定义变量

可以在 ash shell 中直接设置用户自己的变量。下面将介绍怎样在交互式 shell 或 shell 脚本程序中创建自己的变量并引用它们。

1）设置局部用户定义变量

一旦启动了 ash shell（或者执行一个 shell 脚本），就能创建在这个 shell 进程内可见的局部变量了。可以通过等号给环境变量赋值，值可以是数值或字符串(对 shell 来说，只有字符串的概念，即使想输入的是数字，在 shell 里也是按照字符串来存储的)。

```
root@fengke:/ $ echo  $ fengke_variable
---------->这里是个空行，表示这个变量没有被赋值，输出为空
root@fengke:/ $ fengke_variable=FK_Var
root@fengke:/ $ echo  $ fengke_variable
FK_Var
root@fengke:/ $
```

现在每次引用 fengke_variable 环境变量的值，只要通过 $ fengke_variable 引用即可。

如果要给变量赋一个含有空格的字符串值，则必须用引号来界定字符串的首和尾。

```
root@fengke:/ $ fengke_variable=Hello World
/bin/ash: World: not found
root@fengke:/ $ fengke_variable='Hello World'
root@fengke:/ $ echo  $ fengke_variable
Hello World
root@fengke:/ $ fengke_variable="Hello WorldII"
root@fengke:/ $ echo  $ fengke_variable
Hello WorldII
root@fengke:/ $
```

若没有引号，则 ash shell 会以为下一个词是另一个要执行的命令。注意：读者定义的局部环境变量用的是小写字母，到目前为止所看到的系统环境变量都是大写字母。所有的环境变量名均使用大写字母，这是 ash shell 的标准惯例。如果是用户自己创建的局部变量或是 shell 脚本，请使用小写字母。变量名区分大小写。在涉及用户定义的局部变量时坚持使用小写字母，这能够避免重新定义系统环境变量可能带来的灾难。

注意：变量名、等号和值之间没有空格，这一点非常重要。如果在赋值表达式中加上了空格，ash shell 就会把值当成一个单独的命令。

```
root@fengke:/ $ fengke_variable = "Hello World"
/bin/ash: fengke_variable: not found
root@fengke:/ $
```

设置了局部环境变量后，就能在 shell 进程的任何地方使用它了。但是，如果生成了另外一个 shell，它在子 shell 中就不可用。

```
root@fengke:/ $ fengke_variable="Hello Fengke"
root@fengke:/ $ ash
BusyBox v1.23.2 (2016-04-27 16:42:44 CST) built-in shell (ash)
root@fengke:/ $ echo  $ fengke_variable

root@fengke:/ $ exit
root@fengke:/ $ echo  $ fengke_variable
Hello Fengke
root@fengke:/ $
```

在这个例子中生成了一个子 shell。在子 shell 中无法使用用户定义变量 fengke_variable。通过命令 echo $fengke_variable 所返回的空行就能够证明这一点。当读者退出子 shell 并回到原来的 shell 时，这个局部环境变量依然可用。

类似地，如果在子进程中设置了一个局部变量，那么一旦退出了子进程，这个局部环境变量就不可用。

```
root@fengke:/$ echo $fengke_child_variable


root@fengke:/$ ash
BusyBox v1.23.2 (2016-04-27 16:42:44 CST) built-in shell (ash)
root@fengke:/$ fengke_child_variable="Hello Fengke Child"
root@fengke:/$ echo $fengke_child_variable
Hello Fengke Child
root@fengke:/$ exit
root@fengke:/$ echo $fengke_child_variable


root@fengke:/$
```

当子 shell 回到父 shell 时，子 shell 中设置的局部变量就不存在了。可以通过将局部的用户定义变量变成全局变量来改变这种情况。

2）设置全局环境变量

在设定全局环境变量的进程所创建的子进程中，该变量都是可见的。创建全局环境变量的方法是先创建一个局部环境变量，然后再把它导出到全局环境中。

这个过程通过 export 命令来完成，变量名前面不需要加 $。

```
root@fengke:/$ fengke_variable="global fengke var"
root@fengke:/$ export fengke_variable
root@fengke:/$ echo $fengke_variable
global fengke var
root@fengke:/$ ash
BusyBox v1.23.2 (2016-04-27 16:42:44 CST) built-in shell (ash)
root@fengke:/$ echo $fengke_variable
global fengke var
root@fengke:/$ exit
root@fengke:/$ echo $fengke_variable
global fengke var
root@fengke:/$
```

在定义并导出局部环境变量 fengke_variable 后，ash 命令启动了一个子 shell。在这个子 shell 中能够正确地显示出变量 fengke_variable 的值。该变量能够保留住它的值是因为 export 命令使其变成了全局环境变量。

修改子 shell 中的全局环境变量并不会影响到父 shell 中该变量的值。

```
root@fengke:/$ fengke_variable="global fengke var"
```

```
root@fengke:/ $ export fengke_variable
root@fengke:/ $ echo $fengke_variable
global fengke var
root@fengke:/ $ ash
BusyBox v1.23.2 (2016-04-27 16:42:44 CST) built-in shell (ash)
root@fengke:/ $ echo $fengke_variable
global fengke var
root@fengke:/ $ fengke_variable="null"
root@fengke:/ $ echo $fengke_variable
null
root@fengke:/ $ exit
root@fengke:/ $ echo $fengke_variable
global fengke var
root@fengke:/ $
```

在定义并导出变量 fengke_variable 后，ash 命令启动了一个子 shell。在这个子 shell 中能够正确显示出全局环境变量 fengke_variable 的值。子 shell 随后改变了这个变量的值。但是这种改变仅在子 shell 中有效，并不会被反映到父 shell 中，子 shell 甚至无法使用 export命令改变父 shell 中全局环境变量的值。

```
root@fengke:/ $ fengke_variable="global fengke var"
root@fengke:/ $ export fengke_variable
root@fengke:/ $ echo $fengke_variable
global fengke var
root@fengke:/ $ ash
BusyBox v1.23.2 (2016-04-27 16:42:44 CST) built-in shell (ash)
root@fengke:/ $ echo $fengke_variable
global fengke var
root@fengke:/ $ fengke_variable="null"
root@fengke:/ $ echo $fengke_variable
null
root@fengke:/ $ export fengke_variable
root@fengke:/ $ echo $fengke_variable
null
root@fengke:/ $ exit
root@fengke:/ $ echo $fengke_variable
global fengke var
root@fengke:/ $
```

尽管子 shell 重新定义并导出了变量 fengke_variable，但父 shell 中的 fengke_variable 变量依然保留着原先的值。

3. 删除环境变量

既然可以创建新的环境变量，自然也能删除已经存在的环境变量。可以用 unset 命令完成这个操作。在unset命令中引用环境变量时，记住不要使用$。

```
root@fengke:/$ echo $fengke_variable
global fengke var
root@fengke:/$ unset fengke_variable
root@fengke:/$ echo $fengke_variable

root@fengke:/$
```

在涉及环境变量名时，什么时候该使用$，什么时候不该使用$，实在让人摸不着头脑。需要记住一点：如果要用到变量，则使用$；如果要操作变量，则不使用$。

如果在子进程中删除了一个全局环境变量，则只对子进程有效，该全局环境变量在父进程中依然可用。

```
root@fengke:/$ fengke_variable="global fengke var"
root@fengke:/$ export fengke_variable
root@fengke:/$ echo $fengke_variable
global fengke var
root@fengke:/$ ash
BusyBox v1.23.2 (2016-04-27 16:42:44 CST) built-in shell (ash)
root@fengke:/$ echo $fengke_variable
global fengke var
root@fengke:/$ unset fengke_variable
root@fengke:/$ echo $fengke_variable

root@fengke:/$ exit
root@fengke:/$ echo $fengke_variable
global fengke var
root@fengke:/$
```

和修改变量一样，在子shell中删除全局变量后，无法将效果反映到父shell中。这点很重要。这里有一个进程之间继承的概念，因为父进程并不继承子进程的资源。

4. 设置PATH环境变量

在shell命令行界面中输入一个外部命令时，shell必须搜索系统来找到对应的程序。PATH环境变量定义了用于进行命令和程序查找的目录。在系统中，PATH环境变量的内容如下：

```
root@fengke:/$ echo $PATH
/usr/sbin:/usr/bin:/sbin:/bin
root@fengke:/$
```

echo $PATH命令的输出中显示了有3个可供shell用来查找的命令和程序。PATH中的目录使用冒号分隔。如果命令或者程序的位置没有包括在PATH变量中，那么不使用绝对路径，shell是无法找到的。如果shell找不到指定的命令或程序，则它会产生一个错误信息：

```
root@fengke:/$ x
/bin/ash: x: not found
root@fengke:/$
```

问题是应用程序放置可执行文件的目录常常不在 PATH 环境变量所包含的目录中。解决的办法是保证 PATH 环境变量包含了所有存放应用程序的目录。

可以把新的搜索目录添加到现有的 PATH 环境变量中，无需从头定义。PATH 中各个目录之间是用冒号分隔的，只需引用原来的 PATH 值，然后再给这个字符串添加新目录就行了。例如：

```
root@fengke:/tmp $ ls
TZ                  hosts               mt7628.dat          run
dhcp.leases         lib                 nmbd                shm
dnsmasq.d           lock     overlay              state
etc                 log                 resolv.conf         sysinfo
fengke              mounts              resolv.conf.auto
root@fengke:/tmp $ chmod +x fengke
root@fengke:/tmp $ echo "echo 1 > /tmp/fengke_script"> fengke
root@fengke:/tmp $ cat fengke
echo 1 > /tmp/fengke_script
root@fengke:/tmp $ fengke
/bin/ash: fengke: not found
root@fengke:/tmp $ PATH= $PATH:/tmp/
root@fengke:/tmp $ echo  $PATH
/usr/sbin:/usr/bin:/sbin:/bin:/tmp/
root@fengke:/tmp $ fengke
root@fengke:/tmp $ ls -la fengke_script
-rw-r--r--    1 root     root            2 Oct  3 12:38 fengke_script
root@fengke:/tmp $
```

有一个 fengke 文件(以前用 touch 命令创建的)，给这个文件加上一个可执行权限，文件内容是执行一条脚本，脚本的内容是生成一个 fengke_script 文件并且文件内容就是 1。将 fengke 可执行文件的目录加到 PATH 环境变量之后，就可以在虚拟目录结构中的任何位置执行程序。当然，用绝对路径一样可以执行这个脚本程序。例如：

```
root@fengke:/ $ rm /tmp/fengke_script
root@fengke:/ $ /tmp/fengke
root@fengke:/ $ ls -la /tmp/fengke_script
-rw-r--r--    1 root     root            2 Oct  3 12:43 /tmp/fengke_script
root@fengke:/ $
```

先删除之前生成的 fengke_script 文件，再用绝对路径去执行 fengke 程序。如果希望子 shell 也能找到程序的位置，一定要记得把修改后的 PATH 环境变量用 export 导出。对 PATH 变量的修改只能持续到退出或重启系统。

5. 永久生成环境变量

/etc/profile 文件是存储原始环境变量的地方，可以修改或增加相应的变量到这个文件，这样环境变量就永久有效了(除非用户执行恢复出厂设置命令)。/etc/profile 文件的内容如下(用户可以重点关心几个 export 标识的变量，然后修改变量并重启系统试一下)：

```
root@fengke:/ $ cat /etc/profile
```

```
#! /bin/sh
[ -f /etc/banner ] && cat /etc/banner
[ -e /tmp/.failsafe ] && cat /etc/banner.failsafe

export PATH=/usr/sbin:/usr/bin:/sbin:/bin
export HOME=$(grep -e "^${USER:-root}:" /etc/passwd | cut -d ":" -f 6)
export HOME=${HOME:-/root}
export PS1='\u@\h:\w\$'

[ -x /bin/more ] || alias more=less
[ -x /usr/bin/vim ] && alias vi=vim || alias vim=vi

[ -z "$KSH_VERSION" -o \! -s /etc/mkshrc ] || . /etc/mkshrc

[ -x /usr/bin/arp ] || arp() { cat /proc/net/arp; }
[ -x /usr/bin/ldd ] || ldd() { LD_TRACE_LOADED_OBJECTS=1 $*; }

[ -n "$FAILSAFE" ] || {
        for FILE in /etc/profile.d/*.sh; do
                [ -e "$FILE" ] && . "$FILE"
        done
        unset FILE
}
root@fengke:/$
```

2.1.7 使用编辑器 vi(vim)

```
root@fengke:/$ alias
more='less'
vim='vi'
root@fengke:/$
```

alias 命令显示 vi 和 vim 实际是同一个应用程序。Busybox 中的 vi 是一个简化版本，如果使用过标准 Linux 中的 vi 操作命令，或许在这里只有部分有效。本节只是简单提及 vi 的使用，并不完全列出所有的支持命令，并在最后告诉读者其实可以用工具在 Windows 中编辑后拖到 OpenWrt 系统中去，这样也省去了在文本编辑中 vi 命令的记忆。当然，Busybox 中的 vi 是有缺陷的，读者可以自己体会。

1. vim 编辑器

vi 编辑器是 Unix 系统最初的编辑器。它使用控制台图形模式来模拟文本编辑窗口，允许查看文件中的行，允许在文件中移动、插入、编辑和替换文本。

尽管它可能是世界上最复杂的编辑器(至少和 Windows 上的文本编辑器比较)，但其拥有的大量特性使其成为 Unix 用户多年来的支柱性工具。

在 GNU 项目将 vi 编辑器移植到开源世界时，开发人员决定对其做一些改进。由于它不再是以前 Unix 中的那个原始的 vi 编辑器了，因此开发人员将它重命名为 vi improved 或 vim。本节将介绍使用 vim 编辑器编辑 shell 脚本文件的基础知识。

1）检查 vim 软件包

在开始研究 vim 编辑器之前，最好先清楚 vi 软件包的定义，即 vi 是一个 Linux 操作系统下的可执行文件，它的别名是 vim，命令如下所示：

```
root@fengke:/ $ alias
more='less'
vim='vi'
root@fengke:/ $ alias vim
vim='vi'
root@fengke:/ $ which vim
root@fengke:/ $ which vi
/bin/vi
root@fengke:/ $ ls -l /bin/vi
lrwxrwxrwx    1 root     root           7 Oct  3 08:45 /bin/vi -> busybox
root@fengke:/ $
```

注意：上面的程序文件长列表中显示出 vi 是一个链接文件，嵌入式开发中常用的工具基本都已经被集成到了 Busybox 中。

```
root@fengke:/ $ readlink  -f /bin/vi
/bin/busybox
root@fengke:/ $
```

因此，当输入 vi 命令时，执行的是程序 /bin/vi。vi 只提供少量的编辑器功能。在这个例子中，其实不一定非得使用 ls -l 命令来查找列链接文件的最终目标，也可以使用 readlink -f 命令。

2）vi 基础

vi 编辑器在内存缓冲区中处理数据。只要键入 vi 命令(或 vim，如果这个别名或链接文件存在的话)和要编辑的文件的名字就可以启动 vi 编辑器：

```
root@fengke:/tmp $ vim fengke
```

如在启动 vi 时未指定文件名，或者这个文件不存在，则 vi 会开辟一段新的缓冲区域来编辑。如果读者在命令行下指定了一个已有文件的名字，则 vi 会将文件的整个内容都读到一块缓冲区域来准备编辑，如图 2-7 所示。

图 2-7 vi 的主窗口

vi 编辑器会检测会话终端的类型，并用全屏模式将整个控制台窗口作为编辑器区域。最初的 vi 编辑窗口显示了文件的内容(如果有内容的话)，并在窗口的底部显示了一条消息行。如果文件内容并未占据整个屏幕，vi 会在非文件内容行放置一个波浪线(如图 2-4 所示)。底部的消息行根据文件的状态以及 vi 的默认设置显示了所编辑文件的信息。

vim 编辑器有普通模式和插入模式两种操作模式。

当用户打开要编辑的文件时(或新建一个文件时)，vi 编辑器会进入普通模式。在普通模式中，vi 编辑器会将按键解释成命令。

在插入模式下，vi 会将在当前光标位置输入的每个键都插入到缓冲区。按下 i 键就可以进入插入模式。要退出插入模式，回到普通模式，按下键盘上的退出键(Esc 键，也就是 Escape 键)即可。

在普通模式中，可以用方向键在文本区域移动光标(只要 vi 能正确识别用户的终端类型)。如果恰巧在一个古怪的没有定义方向键的终端连接上，也不是完全没有希望。vi 中有如下用来移动光标的命令：

h：左移一个字符。

j：下移一行(文本中的下一行)。

k：上移一行(文本中的上一行)。

l：右移一个字符。

在大的文本文件中一行一行地来回移动会特别麻烦，幸而 vi 提供了如下能够提高移动速度的命令：

PageDown(或 Ctrl+F)：下翻一屏。

PageUp(或 Ctrl+B)：上翻一屏。

G(可以敲入 Shirt+G)：移到缓冲区的最后一行。

num G：移动到缓冲区中的第 num 行。

gg：移到缓冲区的第一行。

vi 编辑器在普通模式下有个特别的功能叫命令行模式。命令行模式提供了一个交互式命令行，可以输入额外的命令来控制 vi 的行为。要进入命令行模式，应在普通模式下按下冒号键。光标会移动到消息行，然后出现冒号，等待输入命令。

在命令行模式下有如下几个命令可以将缓冲区的数据保存到文件中并退出 vi：

q：如果未修改缓冲区数据，则退出。

q!：取消所有对缓冲区数据的修改并退出。

w filename：将文件保存到另一个文件中。

wq(或者 x)：将缓冲区数据保存到文件中并退出。

要想发挥出 vi 的全部威力，必须知道大量晦涩的命令。不过只要了解了一些基本的 vi 命令，无论是什么环境，都能快速在命令行下直接修改文件。

3) 编辑数据

在插入模式下，可以向缓冲区插入数据。然而有时将数据输入到缓冲区中后，需要再对其进行添加或删除。在普通模式下，vi 编辑器提供了一些命令来编辑缓冲区中的数据。下面列出了一些常用的 vi 编辑命令。

命令描述如下：

x：删除当前光标所在位置的字符；

dd：删除当前光标所在行；

dw：删除当前光标所在位置的单词；

d$：删除当前光标所在位置至行尾的内容；

J：删除当前光标所在行行尾的换行符(拼接行)；

u：撤销前一编辑命令；

a：在当前光标后追加数据；

A：在当前光标所在行行尾追加数据；

r char：用 char 替换当前光标所在位置的单个字符；

R text：用 text 覆盖当前光标所在位置的数据，直到按下 Esc 键。

有些编辑命令允许使用数字修饰符来指定重复该命令多少次。比如，命令 2x 会删除从光标当前位置开始的两个字符，命令 5dd 会删除从光标当前所在行开始的 5 行。在 vi 编辑器的普通模式下使用退格键(Backspace 键)和删除键(Delete 键)时要留心。vi 编辑器通常会将删除键识别成 x 命令的功能，删除当前光标所在位置的字符。vi 编辑器在普通模式下通常不识别退格键。

4) 复制和粘贴

现代编辑器的标准功能之一是剪切或复制数据，然后粘贴在文本的其他地方。vi 编辑器也可以这么做。

剪切和粘贴相对容易一些。vi 在删除数据时，实际上会将数据保存在单独的一个寄存器中。可以用 p 命令取回数据。

举例来说，可以用 dd 命令删除一行文本，然后把光标移动到缓冲区的某个要放置该行文本的位置，然后用 p 命令。该命令会将文本插入到当前光标所在行之后。可以将它和任何删除文本的命令一起搭配使用。

复制文本则稍微复杂一些。vi 中复制命令是 y(代表 yank)。可以在 y 后面使用和 d 命令相同的第二字符(yw 表示复制一个单词，y$ 表示复制到行尾)。在复制文本后，把光标移动到想放置文本的地方，输入 p 命令。复制的文本就会出现在该位置。

复制的复杂之处在于：由于不会影响到复制的文本，因此用户无法知道到底发生了什么，无法确定到底复制了什么东西，直到将它粘贴到其他地方才能明白。

5) 查找和替换

可以使用 vi 查找命令来轻松查找缓冲区中的数据。要输入一个查找字符串，就按下斜线(/)键。光标会跑到消息行，然后 vi 会显示出斜线。在输入要查找的文本后，按下回车键。vi 编辑器会采用以下三种回应中的一种。

(1) 如果要查找的文本出现在光标当前位置之后，则光标会跳到该文本出现的第一个位置。

(2) 如果要查找的文本未在光标当前位置之后出现，则光标会绕过文件末尾，出现在该文本所在的第一个位置(并用一条消息指明)。

(3) 输出一条错误消息，说明在文件中没有找到要查找的文本。要继续查找同一个单词，按下斜线键，然后按回车键。或者使用 n 键，表示下一个(next)。替换命令允许快速用另一个单词来替换文本中的某个单词。必须进入命令行模式才能使用替换命令。替换命令的格式是：

:s/old/new/

vi 编辑器会跳到 old 第一次出现的地方，并用 new 来替换。可以对替换命令作一些修改来替换多处文本。

:s/old/new/g：一行命令替换所有 old。

:n，ms/old/new/g：替换行号 n 和 m 之间所有 old。

:%s/old/new/g：替换整个文件中的所有 old。

:%s/old/new/gc：替换整个文件中的所有 old，但在每次出现时提示。

对一个命令行文本编辑器而言，vi 包含了不少高级功能。这样，不管所处的环境如何，总能编辑脚本。

2. vim 编辑器的替代方法

使用免费的 MobaXterm_Portable 工具，并通过网线连接我们的 eth 口，默认 ip 地址是 192.168.1.1(ifconfig 命令查看)。因为默认打开了 SSH 服务(ps 可以看到 drobear 进程)，所以可以通过 MobaXterm_Portable 工具的 SSH 连接开发板。

1）*为系统 root 设置密码——用命令 passwd*

```
root@fengke:/tmp $ passwd root
Changing password for root
New password:
Bad password: too short
Retype password:
Password for root changed by root
root@fengke:/tmp $
```

2）*用 SSH 登录系统——怎么登录系统如果读者不知道就看相关的视频*

SSH 登录后，显示如图 2-8 所示。左边可以看到根目录(/)中的所有文件。如果想改

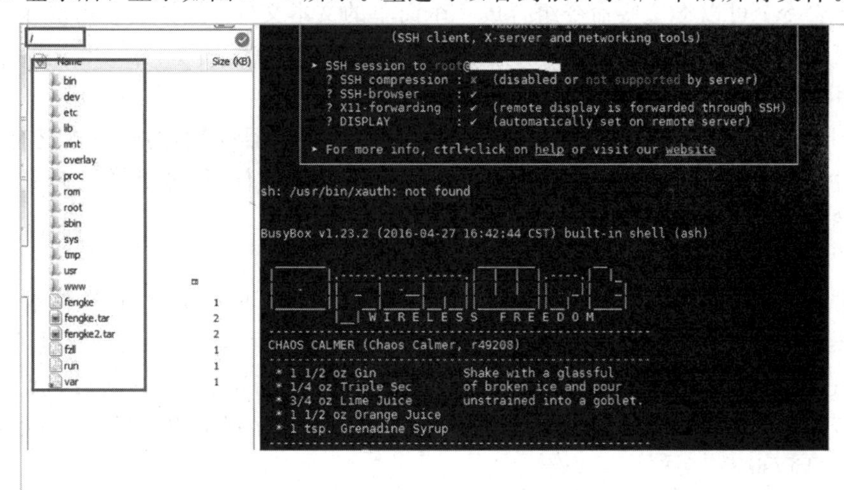

图 2-8　SSH 登录系统

变相关的文件，可以先在左边目录找到相应的文件，然后将文件拖到 Windows 系统中编辑。编辑完成后再将文件拖入到 OpenWrt 系统中。这样可以最大限度的利用 Windows 的图形界面编辑工具。

2.1.8 脚本编程基础

1. 基本脚本编程

如果已经了解前面关于 shell 的介绍，就已经掌握了 Linux 系统和命令行的基础知识，是时候开始编程了。本章讨论编写 shell 脚本的基础知识。在开始编写自己的 shell 脚本前，读者必须了解一些基本概念。

1）使用多个命令

到目前为止，已经了解了如何使用 shell 的命令行界面提示符来输入命令和查看命令的结果。shell 脚本的关键在于输入多个命令并处理每个命令的结果，甚至需要将一个命令的结果传给另一个命令。shell 可以让多个命令串起来，一次执行完成。如果要让两个命令一起运行，可以把它们放在同一行中，彼此间用分号隔开。

```
root@fengke:/ $ date; ls
Mon Oct  3 14:17:00 UTC 2016
bin          fengke.tar   mnt        root      tmp
dev          fengke2.tar  overlay    run       usr
etc          fzll         proc       sbin      var
fengke       lib          rom        sys       www
root@fengke:/ $
```

现在已经写好了一个脚本。这个简单的脚本只用到了两个 bash shell 命令。date 命令先运行，显示了当前日期和时间，后面紧跟着 ls 命令的输出，显示当前目录信息。使用这种办法，只要不超过最大命令行字符数 255，就能将任意多个命令串连在一起使用了。这种技术对于小型脚本尚可，但它有一个很大的缺陷：每次运行之前，都必须在命令提示符下输入整个命令。可以将这些命令组合成一个简单的文本文件，这样就不需要在命令行中手动输入了。在需要运行这些命令时，只运行这个文本文件就行了。

2）创建 shell 脚本文件

要将 shell 命令放到文本文件中，首先需要用文本编辑器(我们的开发板只有 vi)来创建一个文件，然后将命令输入到文件中。在创建 shell 脚本文件时，必须在文件的第一行指定要使用的 shell。其格式为：

```
#! /bin/sh
```

在通常的 shell 脚本中，井号(#)用作注释行。shell 并不会处理 shell 脚本中的注释行。然而，shell 脚本文件的第一行是个例外，#后面的惊叹号会告诉 shell 用哪个 shell 来运行脚本(这里只有唯一的一个 shell，叫 ash 或者 sh)。在指定了 shell 之后，就可以在文件的每一行中输入命令，然后加一个回车符。之前提到过，注释可用#添加。例如：

```
#! /bin/sh
# This script displays the date and information of directory
date
ls
```

这就是脚本的所有内容了。可以根据需要，使用分号将两个命令放在一行上，但在shell脚本中，可以在独立的行中书写命令。shell会按根据命令在文件中出现的顺序进行处理。需要注意：另有一行也以#开头，并添加了一个注释。shell不会解释以#开头的行(除了以#！开头的第一行)。可以留下注释来说明脚本做了什么，这种方法非常好。如果没有注释，或许过几个月再来看自己写的脚本，却不知道为什么写了(这种事经常在程序员中发生)。将这个脚本保存在名为test的文件中，基本就好了。在运行新脚本前，还要做其他一些事。

```
root@fengke:/tmp $ ./test
/bin/ash: ./test: Permission denied
root@fengke:/tmp $
```

shell指明了用户没有执行文件的权限。快速查看文件权限就能找到问题所在，下一步是通过chmod命令赋予文件属主执行文件的权限。

```
root@fengke:/tmp $ chmod +x test
root@fengke:/tmp $
```

现在万事俱备，只待执行新的shell脚本文件了。执行结果如下：

```
root@fengke:/tmp $ ./test
Mon Oct  3 14:28:28 UTC 2016
TZ              lib             nmbd              shm
dhcp.leases     lock            overlay           state
dnsmasq.d       log             resolv.conf       sysinfo
etc             mounts          resolv.conf.auto  test
hosts           mt7628.dat      run
root@fengke:/tmp $
```

3) 显示消息

大多数shell命令都会产生自己的输出，这些输出会显示在脚本所运行的控制台显示器上。很多时候，需要添加自己的文本消息来告诉脚本用户脚本正在做什么，这一点可以通过echo命令来实现。如果在echo命令后面加上一个字符串，该命令就能显示出这个文本字符串。

```
root@fengke:/tmp $ echo "fengke is a company"
fengke is a company
root@fengke:/tmp $ echo fengke is a company
fengke is a company
root@fengke:/tmp $
```

注意：默认情况下，不需要使用引号将要显示的文本字符串划定出来。但有时在字符串中若出现引号就比较麻烦了。echo命令可用单引号或双引号来划定文本字符串。如果在字符串中用到单引号或双引号，需要在文本中使用其中一种引号，而用另外一种来划定字符串。

```
root@fengke:/tmp $ echo "This is a test to see if you're working"
This is a test to see if you're working
root@fengke:/tmp $ echo This is a test to see if you're working
```

```
> '
This is a test to see if youre working

root@fengke:/tmp $
```

如果加了双引号，内容是可以完整输出的。若去掉双引号会出现奇怪的“>”符号，表示这个命令没有输入完整，这时可以输入一个单引号(')来结束输入，但输出的文本不显示这个单引号。因此，如果加入双引号所有的引号都可以正常输出了。可以将 echo 语句添加到 shell 脚本中任何需要显示额外信息的地方。

```
#! /bin/sh
# This script displays the date and information of directory
echo The date is:
date
echo List the info of current directory:
ls
```

当运行这个脚本时，它会产生如下输出。

```
root@fengke:/tmp $ ./test
The date is:
Mon Oct  3 14:42:37 UTC 2016
List the info of current directory:
TZ              lib             nmbd            shm
dhcp.leases     lock            overlaystate
dnsmasq.d       log             resolv.conf     sysinfo
etc             mounts          resolv.conf.auto test
hosts           mt7628.dat      run
root@fengke:/tmp $
```

但如果想把文本字符串和命令输出显示在同一行中，可以用 echo 语句的 -n 参数。只要将第一个 echo 语句修改如下：

```
echo -n "The date is: "
```

需要在字符串的两侧使用引号，保证要显示的字符串尾部有一个空格。命令输出将会在紧接着字符串结束的地方出现。现在的输出如下：

```
root@fengke:/tmp $ ./test
The date is: Mon Oct  3 14:44:39 UTC 2016
root@fengke:/tmp $
```

echo 命令是 shell 脚本中与用户交互的重要工具。用户会发现在很多地方都能用到它，尤其是需要显示脚本中变量的值的时候。

4) 使用变量

运行 shell 脚本中的单个命令自然有用，但却有其自身的限制。通常需要在 shell 命令中使用其他数据来处理信息。这可以通过变量来实现。变量允许临时将信息存储在 shell 脚本中，以便和脚本中的其他命令一起使用。下面将介绍如何在 shell 脚本中使用变量。

(1) 环境变量。用户已经看到过Linux的环境变量在实际中的应用。shell维护着一组环境变量，用来记录特定的系统信息。比如系统的名称、登录到系统上的用户名、用户的系统ID(也称为UID)、用户的默认主目录以及shell查找程序的搜索路径。可以用set命令来显示一份完整的当前环境变量列表。

```
root@fengke:/tmp$ set
HOME='/root'
HOSTNAME='fengke'
IFS='
'
OLDPWD='/etc'
OPTIND='1'
PATH='/usr/sbin:/usr/bin:/sbin:/bin'
PPID='1'
PS1='\u@fengke:\w$'
PS2='>'
PS4='+'
PWD='/tmp'
SHLVL='2'
TERM='linux'
_='test'
```

在脚本中，可以在环境变量名称之前加上美元符($)来使用这些环境变量。下面的脚本演示了这种用法。

```
root@fengke:/tmp$ cat test
#! /bin/sh
# display information from the system.
echo "Hostname info is: $HOSTNAME"
echo PWD: $PWD
echo HOME: $HOME
root@fengke:/tmp$
```

$HOSTNAME、$PWD和$HOME环境变量用来显示一些系统当前的有关信息。脚本输出如下：

```
root@fengke:/tmp$./test
Hostname info is: fengke
PWD: /tmp
HOME: /root
root@fengke:/tmp$
```

注意：echo命令中的环境变量会在脚本运行时替换成当前值。另外，在第一个字符串中可以将$HOSTNAME系统变量放置到双引号中，而shell依然能够知道用户的意图。但采用这种方法也有一个问题。例如：

```
root@fengke:/tmp$ echo "I have $150000"
I have
```

```
root@fengke:/tmp $
```

显然，这不是用户想要的。只要脚本在引号中出现美元符，它就会以为是在引用一个变量。在这个例子中，脚本会尝试显示变量 $150000(但并未定义)，只能显示空字符串。要显示美元符，必须在它前面放置一个反斜线(转义字符)。

```
root@fengke:/tmp $ echo "I have \ $150000"
I have $150000
root@fengke:/tmp $
```

反斜线允许 shell 脚本将美元符解读为实际的美元符，而不是变量。

读者可能还见过通过 ${variable}形式引用的变量。变量名两侧额外的花括号通常用来帮助识别美元符后的变量名。

(2) 用户变量。除了环境变量，shell 脚本还允许在脚本中定义和使用自己的变量。定义变量允许临时存储数据并在整个脚本中使用，从而使 shell 脚本看起来更像一个真正的计算机程序(其实就是一个计算机程序)。用户变量可以是任何由字母、数字或下划线组成的文本字符串，长度不超过 20 个。用户变量区分大小写，所以变量 Var1 和变量 var1 是不同的。这个小规矩经常让脚本编程初学者感觉有难度。

使用等号将值赋给用户变量。在变量、等号和值之间不能出现空格(限制好像有点多，没办法，只能适应或多出错几次就记住了。)。以下是给用户变量赋值的例子。

```
var1=20
var2=-50
var3=fengke
var4="feng ke" ---->字符串中间有个
```

shell 脚本会自动决定变量值的数据类型。在脚本的整个生命周期里(是程序就有生命周期的概率)，shell 脚本中定义的变量会一直保持着它们的值，但在 shell 脚本结束时会被删除掉。与系统变量类似，用户变量可通过美元符引用。

```
root@fengke:/tmp $ cat test
#! /bin/sh
# variables test
days=15
tester="fengke"
echo "$tester checked in $days days ago"
days=10
tester="liu"
echo "$tester checked in $days days ago"
root@fengke:/tmp $
```

运行脚本会有如下输出。

```
root@fengke:/tmp $ ./test
fengke checked in 15 days ago
liu checkedin 10 days ago
root@fengke:/tmp $
```

变量每次被引用时，都会输出当前赋给它的值。重要的是要记住，引用一个变量值时需要使用美元符，而引用变量来对其进行赋值时则不要使用美元符。以下通过实例来说明。

```
root@fengke:/tmp$ cat test
#! /bin/sh
# assigning a variable value to another variable
value1=10
value2= $value1
echo The resulting value is $value2
root@fengke:/tmp$
```

在赋值语句中使用 value1 变量的值时，仍然必须用美元符。这段代码产生如下输出。

```
root@fengke:/tmp$./test
The resulting value is 10
root@fengke:/tmp$
```

若忘记用美元符，会使 value2 的赋值行变为：

```
value2=value1
```

则得到如下输出：

```
root@fengke:/tmp$./test
The resulting value is value1
root@fengke:/tmp$
```

没有美元符，shell 会将变量名解释成普通的文本字符串，通常这并不是想要的结果。

(3) 命令替换。shell 脚本中最有用的特性之一就是可以从命令输出中提取信息，并将其赋给变量。把输出赋给变量之后，就可以随意在脚本中使用了。这个特性在处理脚本数据时尤为方便。有两种方法可以将命令输出赋给变量：

- 反引号字符(`)
- $()格式

注意：反引号字符不是用于字符串的普通的单引号字符，在 shell 脚本之外很少用到(通常和波浪线(～)位于同一键位，是许多 shell 脚本中的重要组件。命令替换允许将 shell 命令的输出赋给变量。

① 用一对反引号把整个命令围起来：

```
fengke=`date`
```

② 使用$()格式：

```
fengke= $(date)
```

shell 会运行命令替换符号中的命令，并将其输出赋给变量 fengke。注意，赋值等号和命令替换字符之间没有空格。下列为使用普通的 shell 命令输出创建变量。

```
root@fengke:/tmp$ cat test
#! /bin/sh
fengke= $(date)
```

```
echo "The date is: " $fengke
root@fengke:/tmp$
```

变量 fengke 获得了 date 命令的输出，然后使用 echo 语句显示出它的值。运行这个 shell 脚本生成如下输出。

```
root@fengke:/tmp$./test
The date is:  Mon Oct 3 15:24:00 UTC 2016
root@fengke:/tmp$
```

下面这个例子很常见，在脚本中通过命令替换来获得当前日期，并用它来生成唯一文件名。

```
root@fengke:/tmp$cat test
#! /bin/sh
# copy the /usr/bin directory listing to a log file
today=$(date +%y%m%d)
ls /usr/bin -al > log.$today
root@fengke:/tmp$
```

today 变量是被赋予格式化后的 date 命令的输出。这是提取日期信息来生成日志文件名常用的一种技术。+%y%m%d 格式告诉 date 命令将日期显示为两位数的年月日的组合。

```
root@fengke:/tmp$date +%y%m%d
161003
root@fengke:/tmp$
```

这个脚本将日期值赋给一个变量，之后再将其作为文件名的一部分。文件自身含有目录列表的重定向输出(重定向的问题以后再讲)。运行该脚本之后，应该能在目录中看到一个新文件。

```
root@fengke:/tmp$./test
root@fengke:/tmp$ls -la log  --->按 Tab 键会输出如下内容
log.161003   log/
root@fengke:/tmp$ls -la log.161003
-rw-r--r--     1 root      root            5695 Oct  3 15:27 log.161003
root@fengke:/tmp$
```

目录中出现的日志文件采用$today 变量的值作为文件名的一部分。日志文件的内容是/usr/bin 目录内容的列表输出。如果脚本在明天运行，日志文件名会是 log.161004，就这样为新的一天创建一个新文件。命令替换会创建一个子 shell 来运行对应的命令。子 shell(subshell)是由运行该脚本的 shell 所创建出来的一个独立的子 shell(child shell)。正因如此，由该子 shell 所执行命令是无法使用脚本中所创建的变量的。

在命令行提示符下使用路径./运行命令，也会创建出子 shell；要是运行命令的时候不加入路径，就不会创建子 shell。如果使用的是内建的 shell 命令，并不会涉及子 shell。在命令行提示符下运行脚本时一定要留心。

5) 重定向输入和输出

有些时候需要保存某个命令的输出而不仅仅只是让它显示在显示器上。ash shell 提供了几个操作符，可以将命令的输出重定向到另一个位置（比如文件）。重定向可以用于输入，也可以用于输出，可以将文件重定向到命令输入。下面介绍如何在 shell 脚本中使用重定向。

（1）输出重定向。最基本的重定向将命令的输出发送到一个文件中。bash shell 用大于号（>）来完成这项功能：

```
command > outputfile
```

之前显示器上出现的命令输出会被保存到指定的输出文件 outputfile 中。

```
root@fengke:/tmp$ date > fengke_test
root@fengke:/tmp$ ls -l fengke_test
-rw-r--r--    1 root     root          29 Oct  3 15:32 fengke_test
root@fengke:/tmp$ cat fengke_test
Mon Oct  3 15:32:13 UTC 2016
root@fengke:/tmp$
```

重定向操作符创建了一个文件 fengke_test，并将 date 命令的输出重定向到该文件中。如果输出文件已经存在了，重定向操作符会用新的文件数据覆盖已有文件。

```
root@fengke:/tmp$ uptime > fengke_test
root@fengke:/tmp$ cat fengke_test
 15:33:51 up  1:19,  load average: 0.00, 0.01, 0.04
root@fengke:/tmp$
```

现在文件 fengke_test 的内容就是 uptime 命令的输出。有时，可能无须覆盖文件原有内容，而是将命令的输出追加到已有文件中，如正在创建一个记录系统上某个操作的日志文件。在这种情况下，可以用双大于号（>>）来追加数据。

```
root@fengke:/tmp$ date >> fengke_test
root@fengke:/tmp$ cat fengke_test
 15:33:51 up  1:19,  load average: 0.00, 0.01, 0.04
Mon Oct  3 15:35:18 UTC 2016
root@fengke:/tmp$
```

fengke_test 文件仍然包含 uptime 命令的数据，只是又加上了来自 date 命令的输出。

（2）输入重定向。输入重定向和输出重定向正好相反。输入重定向将文件的内容重定向到命令，而非将命令的输出重定向到文件。

输入重定向符号是小于号（<）：

```
command < inputfile
```

一个简单的记忆方法就是：在命令行上，命令总是在左侧，而重定向符号“指向”数据流动的方向。小于号说明数据正在从输入文件流向命令。下例为和 wc 命令一起使用输入重定向。

```
root@fengke:/tmp$ wc < fengke_test
        2        14        81
root@fengke:/tmp$
```

wc 命令可以对数据中的文本进行计数。默认情况下，它会输出 3 个值：文本的行数；

文本的词数；文本的字节数。

通过将文本文件重定向到 wc 命令，可以立刻得到文件中的行、词和字节的计数。这个例子说明文件 fengke_test 有 2 行、14 个单词以及 81 个字节。

还有另外一种输入重定向的方法，称为内联输入重定向(inline input redirection)。这种方法无需使用文件进行重定向，只需要在命令行中指定用于输入重定向的数据就可以了。内联输入重定向符号是远小于号(≪)。除了这个符号，必须指定一个文本标记来划分输入数据的开始和结尾。任何字符串都可作为文本标记，但在数据的开始和结尾处文本标记必须一致。

```
command << marker
data
marker
```

在命令行上使用内联输入重定向时，shell 会用 PS2 环境变量中定义的次提示符来提示输入数据。次提示符的使用情况如下：

```
root@fengke:/tmp $ wc << EOF
> test fengke1
> test fengke2
> test fengke3
> EOF
        3        6        39
root@fengke:/tmp $
```

次提示符会持续提示，以获取更多的输入数据，直到输入了作为文本标记的那个字符串。wc 命令会对内联输入重定向提供的数据进行行、词和字节计数。

6）管道

有时需要将一个命令的输出作为另一个命令的输入。这可以用重定向来实现，只是有些笨拙。这种方法或许管用，但仍然是一种比较繁琐的信息生成方式。不用将命令输出重定向到文件中，可以将其直接重定向到另一个命令。这个过程叫作管道连接(piping)。和命令替换所用的反引号(`)一样，管道符号在 shell 编程之外也很少用到。该符号由两个竖线构成，一个在另一个上面。然而管道符号的印刷体通常看起来更像是单个竖线(|)。管道被放在命令之间，将一个命令的输出重定向到另一个命令中：

```
command1 | command2
```

不要以为由管道串起的两个命令会依次执行。Linux 系统实际上会同时运行这两个命令，在系统内部将它们连接起来。在第一个命令产生输出的同时，输出会被立即送给第二个命令。数据传输不会用到任何中间文件或缓冲区。现在，可以利用管道将某一个命令的输出送入其他命令来产生结果。

```
root@fengke:/tmp $ wc < fengke_test
        2        14        81
root@fengke:/tmp $ cat fengke_test | wc
        2        14        81
root@fengke:/tmp $
```

7）执行数学运算

另一个对任何编程语言都很重要的特性是操作数字的能力。遗憾的是，对 shell 脚本来说，这个处理过程会比较麻烦。在 shell 脚本中有两种途径来进行数学运算。

（1）expr 命令。expr 命令允许在命令行上处理数学表达式，但是特别笨拙。

```
root@fengke:/tmp $ expr 1 + 1
2
root@fengke:/tmp $
```

expr 命令能够识别少数的数学和字符串操作符，见表 2-13。

表 2-13 expr 命令操作符

操作符	描述
ARG1 | ARG2	如果 ARG1 既不是 null 也不是零值，返回 ARG1；否则返回 ARG2
ARG1 & ARG2	如果没有参数是 null 或零值，返回 ARG1；否则返回 0
ARG1 < ARG2	如果 ARG1 小于 ARG2，返回 1；否则返回 0
ARG1 <= ARG2	如果 ARG1 小于或等于 ARG2，返回 1；否则返回 0
ARG1 = ARG2	如果 ARG1 等于 ARG2，返回 1；否则返回 0
ARG1 != ARG2	如果 ARG1 不等于 ARG2，返回 1；否则返回 0
ARG1 >= ARG2	如果 ARG1 大于或等于 ARG2，返回 1；否则返回 0
ARG1 > ARG2	如果 ARG1 大于 ARG2，返回 1；否则返回 0
ARG1 + ARG2	返回 ARG1 和 ARG2 的算术运算和
ARG1 - ARG2	返回 ARG1 和 ARG2 的算术运算差
ARG1 * ARG2	返回 ARG1 和 ARG2 的算术乘积
ARG1 / ARG2	返回 ARG1 被 ARG2 除的算术商
ARG1 % ARG2	返回 ARG1 被 ARG2 除的算术余数
STRING : REGEXP	如果 REGEXP 匹配到了 STRING 中的某个模式，返回该模式匹配
match STRING REGEXP	如果 REGEXP 匹配到了 STRING 中的某个模式，返回该模式匹配
substr STRING POS LENGTH	返回起始位置为 POS(从 1 开始计数)、长度为 LENGTH 个字符的子字符串
index STRING GHARS	返回在 STRING 中找到 CHARS 字符串的位置；否则，返回 0
length STRING	返回字符串 STRING 的数值长度
+ TOKEN	将 TOKEN 解释成字符串，即使是个关键字
(EXPRESSION)	返回 EXPRESSION 的值

尽管标准操作符在 expr 命令中工作得很好，但在脚本或命令行上使用它们时仍有问题出现。许多 expr 命令操作符在 shell 中另有含义(比如星号)。当它们出现在在 expr 命令

中时，会得到一些诡异的结果。

```
root@fengke:/tmp$ expr 1 * 2
expr: syntax error
root@fengke:/tmp$
```

要解决这个问题，对于那些容易被 shell 错误解释的字符，在它们传入 expr 命令之前，需要使用 shell 的转义字符(反斜线)将其标出来。

```
root@fengke:/tmp$ expr 1 \* 2
2
root@fengke:/tmp$
```

在 shell 脚本中使用 expr 命令也同样复杂。例如：

```
root@fengke:/tmp$ cat test
#! /bin/sh
# An example of using the expr command
var1=10
var2=20
var3=$(expr $var2 / $var1)
echo The result is $var3
root@fengke:/tmp$
```

要将一个数学算式的结果赋给一个变量，需要使用命令替换来获取 expr 命令的输出：

```
root@fengke:/tmp$./test
The result is 2
root@fengke:/tmp$
```

(2) 使用两个圆括号。ash shell 为了 shell 的兼容而包含了 expr 命令，但它同样也提供了一种更简单的方法来执行数学表达式。在 ash 中，在将一个数学运算结果赋给某个变量时，可以用美元符和两个圆括号“$((4 + 5))”将数学表达式围起来。

```
root@fengke:/tmp$ r=$(( 4 + 5 ))
root@fengke:/tmp$ echo $r
9
root@fengke:/tmp$ r=$(( $r * 2 ))
root@fengke:/tmp$ echo $r
18
root@fengke:/tmp$
```

用两个圆括号执行 shell 数学运算比用 expr 命令方便很多。这种技术也适用于 shell 脚本。

```
root@fengke:/tmp$ cat test
#! /bin/sh
var1=100
var2=50
var3=45
var4=$(($var1 * ($var2 - $var3)))
echo The final result is $var4
```

运行结果输出如下：

```
root@fengke:/tmp$./test
The final result is 500
root@fengke:/tmp$
```

同样，注意在使用两个圆括号来计算公式时，不用担心shell会误解乘号或其他符号，shell知道这些符号不是通配符，因为它们在括号内。在ash shell脚本中进行算术运算会有一个主要的限制。例如：

```
root@fengke:/tmp$cat test
#! /bin/sh
var2=50
var3=45
var4=$(($var2 / $var3))
echo The final result is $var4
```

现在，运行后会看到：

```
root@fengke:/tmp$./test
The final result is 1
root@fengke:/tmp$
```

ash shell数学运算符只支持整数运算。因此，若要进行任何实际的数学计算，这是一个巨大的限制。

8）退出脚本

迄今为止，在所有的示例脚本中，运行完最后一条命令时，脚本就结束了。其实，还有另外一种更优雅的方法可以为脚本划上一个句号。

shell中运行的每个命令都使用退出状态码(exit status)来告诉shell已经运行完毕。退出状态码是一个0～255的整数值，在命令结束运行时由命令传给shell。这个整数值可以捕获并在脚本中使用。

(1) 查看退出状态码。Linux提供了一个专门的变量$?来保存上一个已执行命令的退出状态码。对于需要进行检查的命令，必须在其运行完毕后立刻查看或使用$?变量。它的值会变成由shell所执行的最后一条命令的退出状态码。

```
root@fengke:/tmp$date
Mon Oct  3 16:13:06 UTC 2016
root@fengke:/tmp$echo $?
0
root@fengke:/tmp$
```

按照惯例，一个成功结束的命令的退出状态码是0。如果一个命令结束时有错误，退出状态码就是一个正数值。

```
root@fengke:/tmp$ffff
/bin/ash: ffff: not found
root@fengke:/tmp$echo $?
127
root@fengke:/tmp$
```

无效命令会返回一个退出状态码127。Linux错误退出状态码没有什么标准可循，但有一些可用的参考，如表2-14所示。

表 2-14 Linux 退出状态码

状态码	描述
0	命令成功结束
1	一般性未知错误
2	不适合的 shell 命令
126	命令不可执行
127	没找到命令
128	无效的退出参数
128+x	与 Linux 信号 x 相关的严重错误
130	通过 Ctrl+C 终止的命令
255	正常范围之外的退出状态码

```
root@fengke:/tmp$ chmod -x test
root@fengke:/tmp$ ./test
/bin/ash: ./test: Permission denied
root@fengke:/tmp$ echo $?
126
root@fengke:/tmp$
```

另一个常见错误是给某个命令提供了无效参数，ash shell 会忽略无效参数，然后直接打印出命令的帮助信息。

```
root@fengke:/tmp$ ps -x
ps: invalid option --x
BusyBox v1.23.2 (2016-04-27 16:42:44 CST) multi-call binary.
Usage: ps
Show list of processes
        w       Wide output
root@fengke:/tmp$ echo $?
1
root@fengke:/tmp$
```

这会产生一般性的退出状态码 1，表明在命令中发生了未知错误。

(2) exit 命令。默认情况下，shell 脚本会以脚本中的最后一个命令的退出状态码退出。

```
root@fengke:/tmp$ ./test
The final result is 1
root@fengke:/tmp$ echo $?
0
root@fengke:/tmp$
```

可以改变这种默认行为，返回退出状态码。exit 命令允许在脚本结束时指定一个退出状态码。

```
root@fengke:/tmp $ cat test
#! /bin/sh
var2=50
var3=45
var4=$(( $var2 / $var3))
echo The final result is $var4

exit 7
```

当查看脚本的退出码时，会得到作为参数传给 exit 命令的值。

```
root@fengke:/tmp $ ./test
The final result is 1
root@fengke:/tmp $ echo $?
7
root@fengke:/tmp $
```

也可以在 exit 命令的参数中使用变量。

```
root@fengke:/tmp $ cat test
#! /bin/sh
var2=50
var3=45

exit $var2
root@fengke:/tmp $
```

当运行这个命令时，它会产生如下退出状态。

```
root@fengke:/tmp $ ./test
root@fengke:/tmp $ echo $?
50
root@fengke:/tmp $
```

需要注意这个功能，因为退出状态码的最大值只能是 255。在下面例子中会看到：

```
root@fengke:/tmp $ cat test
#! /bin/sh
var2=500
var3=45

exit $var2
root@fengke:/tmp $
```

现在运行会得到如下输出。

```
root@fengke:/tmp $ ./test
root@fengke:/tmp $ echo $?
244
root@fengke:/tmp $
```

退出状态码被缩减到了 0～255 的区间值。shell 通过模运算得到这个结果。一个值的模就是被除后的余数。最终的结果是指定的数值除以 256 后得到的余数。在这个例子中，指定的值是 500(返回值)，余数是 244，因此这个余数就成了最后的状态退出码。

2. 使用结构化命令

上一节给出的 shell 脚本里，shell 按照命令在脚本中出现的顺序依次进行处理。对顺序操作来(程序就是这样执行的)说，这已经足够了，因为在这种操作环境下，想要的就是所有的命令按照正确的顺序执行。然而，并非所有程序都如此操作，许多程序要求对 shell 脚本中的命令施加一些逻辑流程控制。有一类命令会根据条件使脚本跳过某些命令，这样的命令通常称为结构化命令(structured command)。

结构化命令允许程序员改变程序执行的顺序。在 ash shell 中有不少结构化命令，包括 if - then 和 case 语句。下面了解如何用 if - then 语句来检查某个命令返回的错误状态，以便知道命令是否成功。

1) 使用 if - then 语句

最基本的结构化命令就是 if - then 语句。if - then 语句有如下格式：

```
if command
then
commands
fi
```

如果用其他编程语言的 if - then 语句，这种形式可能令人困惑。在其他编程语言中，if 语句之后的对象是一个等式，这个等式的求值结果为 TRUE 或 FALSE。但 ash shell 的 if 语句并不是这么做的(这一点初学者容易搞混淆，所以要特别注意)。

ash shell 的 if 语句会运行 if 后面的命令。如果该命令的退出状态码是 0(该命令成功运行)，位于 then 部分的命令就会被执行。如果该命令的退出状态码是其他值，then 所在部分的命令就不会被执行，ash shell 会继续执行脚本中的下一个命令。fi 语句用来表示 if - then语句到此结束。

这里有个简单的例子可解释这个概念。

```
root@fengke:/tmp $ cat test
#! /bin/sh
# if statement
if pwd
then
echo "It worked well"
fi
root@fengke:/tmp $
```

这个脚本在 if 行采用了 pwd 命令。如果命令成功结束，echo 语句就会显示该文本字符串。在命令行运行该脚本时，会得到如下结果。

```
root@fengke:/tmp $ . /test
/tmp
It worked well
root@fengke:/tmp $
```

shell 执行了 if 行中的 pwd 命令。由于退出状态码是 0，就又执行了 then 部分的 echo 语句。例如：

```
root@fengke:/tmp $ cat test
#! /bin/sh
# if statement
if noSuchCmd
then
echo "It worked well"
fi
echo "We are the last line of the script!"
root@fengke:/tmp $ ./test
./test: line 6: noSuchCmd: not found
We are the last line of the script!
root@fengke:/tmp $
```

其中，在if语句行故意放了一个不能工作的命令。由于这是个错误的命令，因此它会产生一个非零的退出状态码，且ash shell会跳过then部分的echo语句。需要注意，运行if语句中的错误命令所生成的错误消息依然会显示在脚本的输出中。有时若不想看到错误信息，只想知道其返回值，可以将错误输出(2)重定向到/dev/null设备。如下所示：

```
root@fengke:/tmp $ ddssf 2>/dev/null
root@fengke:/tmp $ cat test
#! /bin/sh
# if statement
if noSuchCmd 2>/dev/null
then
echo "It worked well"
fi
echo "We are the last line of the script!"
root@fengke:/tmp $ ./test
We are the last line of the script!
root@fengke:/tmp $
```

或许，在有些脚本中会看到if-then语句的另一种形式：

```
if command; then
commands
fi
```

通过把分号放在待求值的命令尾部，就可以将then语句放在同一行上了，这样看起来更像其他编程语言中的if-then语句。目前ash shell支持这两种写法，读者可以根据喜好自己选择。在then部分，可以使用不止一条命令。可以像在脚本中的其他地方一样在这里列出多条命令。ash shell会将这些命令当成一个块，如果if语句行的命令的退出状态值为0，所有的命令都会被执行；如果if语句行的命令的退出状态不为0，所有的命令都会被跳过。

```
root@fengke:/tmp $ cat test
#! /bin/sh
testuser=Fengke
#
if grep $testuser /etc/passwd
```

```
then
echo "Fengke user 1"
echo "Fengke user 10000"
echo "List all fengke's user:"
ls -a /root > /dev/null
fi
root@fengke:/tmp $
```

if 语句行使用 grep 命令在/etc/passwd 文件中查找某个用户名当前是否在系统上使用。如果有用户使用了登录名，脚本会显示一些文本信息(可以尝试将用户名 Fengke 改成 root 并执行这个脚本看看输出信息)。但是，如果将 testuser 变量设置成一个系统上不存在的用户，则什么都不会显示。在本例中就什么也不显示，执行如下：

```
root@fengke:/tmp $ ./test
root@fengke:/tmp $
```

显然，只要弄懂命令的输出结果是什么就可以了。如果在这里显示的一些信息说明这个用户名在系统中未找到，这样就会显得更友好，也可以用 if - then 语句的另外一个特性来做到这一点。

2) if - then - else 语句

在 if - then 语句中，不管命令是否成功执行，都只有一种选择。如果命令返回一个非零退出状态码，ash shell 会继续执行脚本中的下一条命令。在这种情况下，最好能够执行另一组命令，这正是 if - then - else 语句的作用。if - then - else 语句在语句中提供了另外一组命令。

```
if command
then
commands
else
commands
fi
```

当 if 语句中的命令返回退出状态码 0 时，与普通的 if - then 语句一样，then 部分中的命令会被执行。当 if 语句中的命令返回非零退出状态码时，bash shell 会执行 else 部分中的命令。现在可以复制并修改测试脚本来加入 else 部分。

```
root@SUPERWIFI:/tmp# cat test
#! /bin/sh
# testing the else section
#
testuser=Fengke
#
if grep $testuser /etc/passwd
then
echo "The bash files for user $testuser are root"
echo
else
```

```
echo "The user $testuser does not exist on this system."
echo
fi
root@SUPERWIFI:/tmp#
```

这样就更好了。与then部分一样，else部分可以包含多条命令。fi语句说明else部分结束了。

3）嵌套if

有时需要检查脚本代码中的多种条件。对此，可以使用嵌套的if-then语句。要检查/etc/passwd文件中是否存在某个用户名及其目录，可以使用嵌套的if-then语句。嵌套的if-then语句位于主if-then-else语句的else代码块中。

```
root@fengke:/tmp$ ls -la /root
drwxr-xr-x    2 root    root         3 May 14 09:26.
drwxr-xr-x    6 root    root         0 Jan  1  1970..
root@fengke:/tmp$ cat test
#! /bin/sh
#
# Testing nested ifs
#
testuser=Fengke
#
if grep $testuser /etc/passwd
then
echo "The user $testuser exists on this system."
else
echo "The user $testuser does not exist on this system."
if ls -d /root
then
echo "However, there has a root directory."
fi
fi
root@fengke:/tmp$./test
The user Fengke does not exist on this system.
/root
However, there has a root directory.
root@fengke:/tmp$
```

在脚本中使用这种嵌套if-then语句的问题在于代码不易阅读，很难理清逻辑流程。可以使用else部分的另一种形式：elif，这样就不用再书写多个if-then语句了。elif使用另一个if-then语句延续else部分。

```
if command1
then
commands
```

```
elif command2
then
more commands
fi
```

elif 语句行提供了另一个要测试的命令，这类似于原始的 if 语句行。如果 elif 后命令的退出状态码是 0，则 ash 会执行第二个 then 语句部分的命令。使用这种嵌套方法，代码更清晰，逻辑更易懂。

```
root@fengke:/tmp $ cat test
#! /bin/sh
#
# Testing nested ifs
#
testuser=Fengke
#
if grep $testuser /etc/passwd
then
echo "The user $testuser exists on this system."
elif ls -d /root
then
echo "The user $testuser does not exist on this system."
echo "However, there has a root directory."
fi
root@fengke:/tmp $ ./test
/root
The user Fengke does not exist on this system.
However, there has a root directory.
root@fengke:/tmp $
```

甚至可以更进一步通过在嵌套 elif 中加入一个 else 语句(它们并不属于之前的 if-then 代码块)，也可以继续将多个 elif 语句串起来，形成一个大的 if-then-elif 嵌套组合。

```
if command1
then
command set 1
elif command2
then
command set 2
elif command3
then
command set 3
elif command4
then
command set 4
```

```
fi
```

每块命令都会根据命令是否会返回退出状态码0来执行。需要记住，ash shell 会依次执行 if 语句，只有第一个返回退出状态码0的语句中的 then 部分会被执行。尽管使用了 elif 语句的代码看起来更清晰，但是脚本的逻辑仍然会让人困惑。接下来会看到如何使用 case 命令代替 if - then 语句的大量嵌套。

4）case 命令

通常，在尝试计算一个变量的值时，会在一组可能的值中寻找特定值。在这种情形下，不得不写出很长的 if - then - else 语句，如下：

```
root@fengke:/tmp $ cat test
#! /bin/sh
# looking for a possible value
#
if [ $1 = "fengke1" ]
then
echo "Welcome $1"
elif [ $1 = "fengke2" ]
then
echo "Welcome $1"
elif [ $1 = "fengke3" ]
then
echo "Special fengke3 account"
elif [ $1 = "fengke4" ]
then
echo "It's here"
else
echo "Sorry, you are not allowed here"
fi
root@fengke:/tmp $. /testfengke1
Welcome fengke1
root@fengke:/tmp $
```

elif 语句继续 if - then 检查，为比较变量寻找特定的值。有了 case 命令，就不需要再写出所有的 elif 语句来不停地检查同一个变量的值了。case 命令会采用列表格式来检查单个变量的多个值。

```
case variable in
pattern1 | pattern2) commands1;;
pattern3) commands2;;
*) default commands;;
esac
```

case 命令会将指定的变量与不同模式进行比较。如果变量和模式是匹配的，那么，shell 会执行为该模式指定的命令。可以通过竖线操作符在一行中分隔出多个模式。星号（*）会捕获所有与已知模式不匹配的值。这里有个将 if - then - else 程序转换成用 case 命令的例子。case 命令提供了一个更清晰的方法来为变量每个可能的值指定不同的选项。

```
root@fengke:/tmp $ cat test
#! /bin/sh
# using the case command
#
case $1 in
fengke1 | fengke2)
echo "Welcome, $1"
echo "It's a test for fengke";;
testing)
echo "Special testing account";;
fengke3)
echo "It's here";;
*)
echo "Sorry, you are not allowed here";;
esac
root@fengke:/tmp $ ./test fengke2
Welcome, fengke2
It's a test for fengke
root@fengke:/tmp $
```

5) for 循环命令

在编程中，重复执行一系列命令很常见。通常需要重复一组命令直至达到某个特定条件，比如处理某个目录下的所有文件、系统上的所有用户或是某个文本文件中的所有行。ash shell 提供了 for 命令，允许创建一个遍历一系列值的循环。每次迭代都使用其中一个值来执行已定义好的一组命令。下面是 ash shell 中 for 命令的基本格式。

```
for var in list
do
commands
done
```

在 list 参数中，需要提供迭代中要用到的一系列值，可以通过几种不同的方法指定列表中的值。在每次迭代中，变量 var 会包含列表中的当前值。第一次迭代会使用列表中的第一个值，第二次迭代使用第二个值，以此类推，直到列表中的所有值都过一遍。在 do 和 done 语句之间输入的命令可以是一条或多条标准的 ash shell 命令。在这些命令中，$var 变量包含着这次迭代对应的当前列表项中的值。但是只要愿意，也可以将 do 语句和 for 语句放在同一行，但必须用分号将其同列表中的值分开：for var in list; do。

```
root@fengke:/tmp $ cat test
#! /bin/sh
# using for command
#
for tester in $(seq 1 5)
do
    echo "the tester is fengke$tester"
done
```

```
root@fengke:/tmp$./test
the tester is fengke1
the tester is fengke2
the tester is fengke3
the tester is fengke4
the tester is fengke5
root@fengke:/tmp$
```

$(seq 1 5)表示产生 5 个连续的数字，从 1 到 5。每次 for 命令遍历值列表，它都会将列表中的下个值赋给 $tester 变量。$test 变量可以像 for 命令语句中的其他脚本变量一样使用。在最后一次迭代后，$test 变量的值会在 shell 脚本的剩余部分一直保持有效。它会一直保持最后一次迭代的值(除非有人修改了它)。

6) while 循环命令

while 命令的格式是：

```
while test command
do
other commands
done
```

while 命令中定义的 test command 和 if-then 语句中的格式一模一样。可以使用任何普通的 ash shell 命令，或者用 test 命令进行条件测试，比如测试变量值。while 命令的关键在于所指定的 test command 的退出状态码必须随着循环中运行的命令而改变。如果退出状态码不发生变化，while 循环就将一直不停地进行下去(这就是死循环)。最常见的 test command 的用法是用方括号来检查循环命令中用到的 shell 变量的值。

```
root@fengke:/tmp$ cat test
#! /bin/sh
# while command test
var1=5
while [ $var1 -gt 0 ]
do
echo $var1
var1=$(( $var1 - 1 ))
done
root@fengke:/tmp$./test
5
4
3
2
1
root@fengke:/tmp$
```

while 命令定义了每次迭代时检查的测试条件：while [$var1 -gt 0]。只要测试条件成立，while 命令就会不停地循环执行定义好的命令。在这些命令中，测试条件中用到的变量必须修改，否则就会陷入无限循环。在本例中，用 shell 算术来将变量值减一：var1=$(($var1 - 1))。while 循环会在测试条件不再成立时停止。

3. 脚本参数讲解

目前为止，读者已经看到了如何编写脚本，处理数据、变量和 Linux 系统上的文件。有时，编写的脚本还得能够与使用者进行交互。ash shell 提供了一些不同的方法来从用户处获得数据，包括命令行参数(添加在命令后的数据)、命令行选项(可修改命令行为的单个字母)以及直接从键盘读取输入的能力。下面讨论如何在 ash shell 脚本运用这些方法来从脚本用户处获得数据。

向 shell 脚本传递数据的最基本方法是使用命令行参数。命令行参数允许在运行脚本时向命令行添加数据。

```
root@fengke:/tmp $./test fengke2
```

本例向脚本 test 传递了一个命令行参数(fengke2)。脚本会通过特殊的变量来处理命令行参数。

(1) 读取参数。ash shell 会将一些称为位置参数(positional parameter)的特殊变量分配给输入到命令行中的所有参数，也包括 shell 所执行的脚本名称。位置参数变量是标准的数字：$0 是程序名，$1 是第一个参数，$2 是第二个参数，依次类推，直到第九个参数 $9。下例是在 shell 脚本中使用单个命令行参数的简单例子。

```
root@fengke:/tmp $ cat test
#! /bin/sh
# show all parameters
if [ $# -eq 2 ]
then
    echo "The cmd is $0"
    echo "The first parameter is $1"
    echo "The second parameter is $2"
else
    echo "only two paramters is needed"
fi
root@fengke:/tmp $./test 2 5
The cmd is ./test
The first parameter is 2
The second parameter is 5
root@fengke:/tmp $
```

可以在 shell 脚本中像使用其他变量一样使用 $1 变量。shell 脚本会自动将命令行参数的值分配给变量，不需要作任何处理。如果需要输入更多的命令行参数，则每个参数都必须用空格分开。上例输入了两个参数并用空格隔开，shell 将每个参数分配给了对应的变量。在前面的例子中，用到的命令行参数都是数值，也可以在命令行上用文本字符串。因为每个参数都是用空格分隔的，所以 shell 会将空格当成两个值的分隔符。在参数值中包含空格，必须要用引号(单引号或双引号均可)。但是将文本字符串作为参数传递时，引号并非数据的一部分，它们只是表明数据的起止位置。如果脚本需要的命令行参数不止 9 个，shell 仍然可以处理，但是需要稍微修改一下变量名。在第 9 个变量之后，必须在变量数字周围加上花括号，比如 ${10}。这项技术允许读者根据需要向脚本添加任意多的命令行参数。

(2) 读取脚本名。用 $0 参数获取 shell 在命令行启动的脚本名。这样在编写多功能工具时很方便，但是这里存在一个潜在的问题：如果使用另一个命令来运行 shell 脚本，命令会和脚本名混在一起出现在 $0 参数中(注意，上例中命令名显示的是：./test)。这并不是唯一的问题。当传给 $0 变量的实际字符串不仅仅是脚本名，而是完整的脚本路径时，变量 $0 就会使用整个路径。如果要编写一个根据脚本名来执行不同功能的脚本，就得做点额外工作，必须把脚本的运行路径剥离掉。另外，还要删除与脚本名混杂在一起的命令。幸好有个方便的小命令可以帮到我们，basename 命令会返回不包含路径的脚本名。这里只演示 basename 的用法，不另举例说明，若感兴趣，读者可以写一个测试脚本。

```
root@fengke:/tmp$ basename /tmp/test
test
root@fengke:/tmp$
```

(3) 参数统计。在脚本中使用命令行参数之前应该检查一下命令行参数。这对于使用多个命令行参数的脚本有点麻烦，可以统计命令行中输入了多少个参数，无需测试每个参数。ash shell 为此提供了一个特殊变量，特殊变量 $# 含有脚本运行时携带的命令行参数的个数，与普通变量一样，可以在脚本中任何地方使用这个特殊变量。如上例中输入三个参数，就会提示一个错误信息：

```
root@fengke:/tmp$./test 2 5 5
only two paramters is needed
root@fengke:/tmp$
```

(4) 抓取所有的数据。有时候需要抓取命令行上提供的所有参数。这时候不需要先用 $# 变量来判断命令行上有多少参数，然后再进行遍历，可以使用一组其他的特殊变量来解决这个问题。$* 和 $@ 变量可以用来轻松访问所有的参数。这两个变量都能够在单个变量中存储所有的命令行参数。

$* 变量会将命令行上提供的所有参数当作一个单词保存。这个单词包含了命令行中出现的每一个参数值。基本上 $* 变量会将这些参数视为一个整体，而不是多个个体。$@ 变量会将命令行上提供的所有参数当作同一字符串中的多个独立的单词。这样就能够遍历所有的参数值，得到每个参数，通常是通过 for 命令来完成的。

这两个变量的工作方式不太容易理解。从下例中，可理解二者之间的区别。

```
root@fengke:/tmp$ cat test
#! /bin/sh
# testing $* and $@
#
echo
echo "Using the \$* method: $*"
echo
echo "Using the \$@ method: $@"
root@fengke:/tmp$./test 2 3 6

Using the $* method: 2 3 6

Using the $@ method: 2 3 6
```

```
root@fengke:/tmp $
```

从表面上看，两个变量产生的是同样的输出，都显示出了所有命令行参数。在下例给出了二者的差异。

```
root@fengke:/tmp $ cat test
#! /bin/sh
# testing $ * and $@
#
echo
count=1
#
for param in "$ *"
do
echo "\$ * Parameter# $count = $param"
count= $(( $count + 1 ))
done
#
echo
count=1
#
for param in "$@"
do
echo "\$@ Parameter # $count = $param"
count= $(( $count + 1 ))
done
root@fengke:/tmp $./test 1 5 7

$ * Parameter #1 = 1 5 7

$@ Parameter #1 = 1
$@ Parameter #2 = 5
$@Parameter #3 = 7
root@fengke:/tmp $
```

现在可以清楚，通过使用 for 命令遍历 $ * 变量和 $@变量这两个特殊变量，就能看到它们处理命令行参数的差异。$ * 变量会将所有参数当成单个参数，而 $@变量会单独处理每个参数。这是遍历命令行参数的一个绝妙方法。

脚本编程到这里就告一段落了，但是在脚本编程中还有些很好的命令或文本工具，如 grep，awk，sed，这些都是 Linux 下脚本编程的必备知识。了解这些高级编程知识，会有助于快速开发文本相关的 Linux 脚本程序。现在，可以根据所学的知识去阅读一下 OpenWrt 里面的各种脚本，看看是否可以读懂。如下目录列出了系统启动各个进程的方法，它们被放置不同脚本中，可以用 cat 命令去查阅。脚本在嵌入式开发中非常有用，如果有机会接触到自动化测试，可以发现 Linux 脚本可以完成很多自动化的测试功能。

```
root@fengke:/etc $ cd /etc/rc.d/
root@fengke:/etc/rc.d $ ls
K10mjpg-streamerS00sysfixtimeS35odhcpd       S90mjpg-streamer
K10openvpnS10boot          S50cron          S90openvpn
K50dropbearS10system          S50dropbear    S95done
K85odhcpdS11sysctl         S50telnet          S96led
K89logS12log          S50uhttpd          S98sysntpd
K90networkS12rpcd               S60dnsmasq
K98bootS19firewall          S60samba
K99umountS20network          S80mountd
root@fengke:/etc/rc.d $
```

2.2 Makefile 简介

Makefile 文件保存了编译器和连接器的参数选项，表述了所有源文件之间的关系(源代码需要的特定的包含文件，可执行文件要求包含的目标文件模块及库等)。如果读者已使用集成开发环境(IDE，Integrated Development Environment)进行开发工作，就不需要了解 Makefile 的工作原理，因为 IDE 后台会自动帮助开发者完成相关工作。在嵌入式开发中因为没有集成开发环境，所以读懂 Makefile 成了一项必备的技能。Makefile 的一些基本知识，仅限于让读者读懂或者看到 Makefile 不会感到迷惑，要真正了解 Makefile 或自动化编译，最好在官网上看最新的文档。特别是在 Linix 下的软件编译，就不能不自己写 Makefile 了，会不会写 Makefile，从一个侧面说明了一个人是否具备完成大型工程的能力。

Makefile 关系到整个工程的编译规则。一个工程中的源文件不计数，其按类型、功能、模块分别放在若干个目录中，Makefile 定义了一系列的规则来指定哪些文件需要先编译，哪些文件需要后编译，哪些文件需要重新编译，甚至于进行更复杂的功能操作，因为 Makefile 就像一个 shell 脚本一样，其中也可以执行操作系统的命令(这就要用到前面 shell 脚本的知识)。Makefile 带来的好处就是——“自动化编译”，一旦写好，只需要一个 make 命令，整个工程可完全自动编译，极大提高了软件开发的效率。make 是一个命令工具，是一个解释 Makefile 中指令的命令工具。一般来说 IDE 都有这个命令，比如：Visual C++ 的 nmake，Linux 下的 GNU make。因此在工程方面 Makefile 已经成为一种编译方法。

现在讲述如何编写 Makefile 的文章比较少(很多只是片面的介绍 Makefile 的某一部分功能)。这里，作者仅对 GNU make(make 的版本是 3.81)进行讲述(更多是涉及到 OpenWrt的 Makefile 阅读和编写)，相应的环境请参看第 1 章开发前的准备——如何搭建编译环境。所有 OpenWrt 的开发中，基本是以 C/C++(C 语言更多)的源码作为基础，因此必然涉及一些关于C/C++的编译的知识，相关于这方面的内容，还请各位查看相关的编译器的文档。这里所默认的编译器是buildroot-gcc342.tar(可以参考第1篇中的交叉编译器安装方法查看相应的编译器)。

2.2.1 GNU make介绍

make在执行时，需要一个命名为Makefile的文件。这个文件将告诉make以何种方式编译源代码和链接程序，可执行文件可由一些.o文件按照一定的顺序生成或者更新。如果在一个工程中已经存在一个或者多个正确的Makefile，当对工程中的若干源文件修改以后，需要根据修改结果来更新可执行文件或者库文件，只需要在shell下执行“make”。make会自动根据修改情况完成源文件的对应.o文件的更新、库文件的更新，以及最终的可执行程序的更新。

make通过比较对应文件(规则的目标和依赖)的最后修改时间，来决定哪些文件需要更新、哪些文件不需要更新。对需要更新的文件make执行数据库中所记录的相应命令(在make读取Makefile以后会建立一个编译过程的描述数据库。此数据库中记录了所有各个文件之间的相互关系，以及它们的关系描述)来重建它，对于不需要重建的文件，make命令什么也不做，并且可以通过make的命令行选项来指定需要重新编译的文件。

一般来说，关于程序编译的一些规范和方法，无论是C或是C++，首先要把源文件编译成中间代码文件，Linux下是.o文件，即Object File，这个动作叫做编译(compile)。然后再把大量的Object File合成执行文件，这个动作叫做链接(link)。

在编译时，编译器需要的是语法正确，函数与变量的声明正确。后者通常需要告诉编译器头文件的所在位置(头文件中应该只是声明，而定义应该放在C/C++文件中)，只要所有的语法正确，编译器就可以编译出中间目标文件。一般来说，每个源文件都应该对应一个中间目标文件(.o文件)。

在链接时，主要是链接函数和全局变量，可以使用这些中间目标文件(.o文件)来链接应用程序。链接器并不管函数所在的源文件，只管函数的中间目标文件(Object File)。在大多数时候，由于源文件及编译生成的中间目标文件太多，而在链接时需要明显指出中间目标文件名，这对于编译很不方便。因此涉及要给中间目标文件打包，这种包叫“库文件”(Library File，会分为静态库和动态库)。在Linux下，是Archive File，也就是.a文件。

总之，源文件首先会生成中间目标文件，再由中间目标文件生成执行文件。在编译时，编译器只检测程序语法、函数及变量是否被声明。如果函数未被声明，编译器会给出一个警告，但可以生成Object File。在链接程序时，链接器会在所有的Object File中找寻函数的实现，如果找不到，就会报链接错误码(Linker Error)。因为需要指定函数的Object File。

言归正传，GNU的make有许多的内容，下面开始我们的神奇之旅吧！

1. Makefile简介

通常，make工具主要被用来进行工程编译和程序链接。本节将分析一个简单的Makefile示例，它来源于GNU manual(http://www.gnu.org/software/make/manual/make.html)，推荐读者阅读英文原版手册(如果链接失效，可以通过https://www.fengke.club/GeekMart/

su_fRTZ3qKY0.jsp 社区论坛获取)。这个示例是对一个包含 8 个 C 语言源代码和 3 个头文件的工程进行编译和链接。这个 Makefile 提供给了 make 必要的信息，make 程序根据 Makefile 中的规则描述执行相关的命令来完成指定的任务(如编译、链接和清除编译过程文件等)。关于 OpenWrt 里的 Makefile 将会在下文以实例讲解，下面以实例来加深对 Makefile 的理解。

当使用 make 工具进行编译时，工程中以下几种文件在执行 make 时将会被编译(或重新编译)。

(1) 若所有的源文件没有被编译过，则对各个 c 源文件进行编译并进行链接，生成最后的可执行程序。

(2) 每一个在上次执行 make 之后修改过的 c 源代码文件在本次执行 make 时将会被重新编译。

(3) 若头文件在上一次执行 make 之后被修改，则所有包含此头文件的 c 源文件在本次执行 make 时将会被重新编译。

以上后两种情况是 make 只将修改过的 c 源文件重新编译生成 .o 文件，对于没有修改的文件不进行任何工作。在重新编译过程中，任何一个源文件的修改将产生新的对应的 .o 文件。新的 .o 文件将和以前的已经存在且此次没有重新编译的 .o 文件重新连接，生成最后的可执行程序。

2. Makefile 规则介绍

一个简单的 Makefile 描述规则组成：

```
target... : prerequisites...
command
...
...
```

(1) 规则的目标(target)：通常是程序中间或者最后需要生成的文件名。可以是 .o 文件，也可以是最后的可执行程序的文件名。另外，目标也可以是一个 make 命令执行的动作的名称。如目标“clean”，这样的目标称为“伪目标”。

(2) 规则的依赖(prerequisites)：生成规则目标所需要的文件名列表。通常一个目标依赖于一个或者多个文件。

(3) 规则的命令行(command)：它是 make 程序所有执行的动作(任意的 shell 命令或者可在 shell 下执行的程序)。一个规则可以有多个命令行，每一条命令占一行。注意：每一个命令行必须以[Tab]字符开始，[Tab]字符告诉 make 此行是一个命令行，make 按照命令完成相应的动作。这也是书写 Makefile 中容易产生且比较隐蔽的错误。

命令就是在任何一个目标的依赖文件发生变化后重建目标的动作描述。一个目标可以没有依赖而只有动作(指定的命令)。比如，Makefile 中的目标“clean”，此目标没有依赖，只有命令，它所指定的命令用来删除 make 过程产生的中间文件(清理工作)。

在 Makefile 中“规则”就是描述在什么情况下、如何重建规则的目标文件，通常规则中包括了目标的依赖关系(目标的依赖文件)和重建目标的命令。make 负责执行重建目标的命令，并创建或者重建规则的目标(此目标文件也可以是触发这个规则的上一个规则中的依赖文件)。规则包含了目标和依赖的关系，以及更新目标所要求的命令。

Makefile 中可以包含除规则以外的部分。一个最简单的 Makefile 可能只包含规则描述。规则在有些 Makefile 中可能看起来非常复杂，但是无论规则的书写多么复杂，它都符合规则的基本格式。

3. 简单的示例

写一个简单的 Makefile，来描述如何创建最终的可执行文件“edit”，此可执行文件依赖于 8 个 c 源文件和 3 个头文件。Makefile 文件的内容如下：

```
#sample Makefile
edit : main.o kbd.o command.o display.o \
    insert.o search.o files.o utils.o
cc -oedit main.o kbd.o command.o display.o \
        insert.o search.o files.o utils.o
main.o : main.c defs.h
cc -c main.c
kbd.o : kbd.c defs.h command.h
cc -c kbd.c
command.o : command.c defs.h command.h
cc -c command.c
display.o : display.c defs.h buffer.h
cc -c display.c
insert.o : insert.c defs.h buffer.h
cc -c insert.c
search.o : search.c defs.h buffer.h
cc -c search.c
files.o : files.c defs.h buffer.h command.h
cc -c files.c
utils.o : utils.c defs.h
cc -c utils.c
clean :
rm edit main.o kbd.o command.o display.o \
  insert.o search.o files.o utils.o
```

在书写时，一个较长行可以使用反斜线(\)分解为多行，这样做可以使 Makefile 更清晰、容易阅读。注意：反斜线之后不能有空格(这是大家最容易犯的错误，而且错误比较隐蔽)。

在书写 Makefile 时，推荐使用将较长行分解为使用反斜线连接的多个行的方式。当完成了这个 Maekfile 以后，创建了一个可执行程序“edit”，剩下的工作就是在包含此 Makefile 的目录(当然也在代码所在的目录)下输入命令“make”。如果想重新编译整个工程，可以先删除已经在本目录下生成的文件和所有的 .o 文件，这时只需要输入命令“make clean”就可以了。

在这个 Makefile 中，目标(target)包含：可执行文件“edit”和 .o 文件(main.o，kbd.o….)，依赖(prerequisites)冒号后面的 .c 文件和 .h 文件。所有的 .o 文件既是依赖(相对于可执行程序 edit)又是目标(相对于 .c 和 .h 文件)。命令包括“cc -c maic.c”、 "cc - c kbd. c"……

如果目标是一个文件时，当它的任何一个依赖文件被修改后，这个目标文件将会被重新编译或者重新连接。当然，此目标的任何一个依赖文件如果有必要则首先会被重新编译。在本例中，"edit"的依赖为 8 个 .o 文件；而"main. o"的依赖文件为"main. c"和"defs. h"。当"main. c"或者"defs. h"被修改后，再次执行"make"时，"main. o"就会被更新（其他的 .o 文件不会被更新），同时"main. o"的更新将会导致"edit"被更新。

对于目标和依赖之下的 shell 命令行，它描述了如何更新目标文件。命令行必须以[Tab]键开始，这是在 Makefile 中和其他行区别的地方。也就是说，所有的命令行必须以[Tab]字符开始，但并不是所有的以[Tab]键出现行都是命令行。但 make 程序会把出现在第一条规则之后的所有的以[Tab]字符开始的行都作为命令行来处理。(需要记住：make 程序不关心命令是如何工作的，对目标文件的更新需要 Makefile 作者在规则的描述中提供正确的命令。make 程序所做的就是当目标程序需要更新时执行规则所定义的命令)。

目标"clean"不是一个文件，它仅仅代表了执行一个动作的标识。通常情况下，不需要执行这个规则所定义的动作，因此目标"clean"没有出现在其他规则的依赖列表中。在执行 make 时，它所指定的动作不会被执行。除非在执行 make 时明确指定它作为重建目标，且目标"clean"没有任何依赖文件，它只有一个目的，就是通过这个目标名来执行它所定义的命令。Makefile 中把那些没有任何依赖只有执行动作的目标称为"伪目标"(phony targets)。如果要执行"clean"目标所定义的命令，可在 shell 下输入：make clean。

4. make 如何工作

在默认的情况下，make 执行 Makefile 中的第一个规则，此规则的第一个目标称之为"最终目的"或"终极目标"(就是一个 Makefile 最终需要更新或者创建的目标)。

上述的 Makefile，目标"edit"在 Makefile 中是第一个目标，因此它就是 make 的"终极目标"。当修改了任何 c 源文件或者头文件后，执行 make 将会重建终极目标"edit"。当在 shell 提示符下输入"make"命令后，make 读取当前目录下的 Makefile 文件，并将 Makefile 文件中的第一个目标作为其"终极目标"，开始处理第一个规则(终极目标所在的规则)。

第一个规则就是目标"edit"所在的规则。规则描述了"edit"的依赖关系，并定义了链接 .o 文件生成目标"edit"的命令；make 在处理这个规则之前，首先将处理目标"edit"的所有的依赖文件(例子中的那些 .o 文件)的更新规则；对包含这些 .o 文件的规则进行处理。

对 .o 文件所在的规则的处理有下列三种情况。

(1) 目标 .o 文件不存在，使用其描述规则创建它。

(2) 目标 .o 文件存在，若目标 .o 文件所依赖的 .c 源文件和 .h 文件中的任何一个比目标 .o 文件"更新"(在上一次 make 之后被修改)，则可根据规则重新编译生成它。

(3) 目标 .o 文件存在，若目标 .o 文件比它的任何一个依赖文件(.c 源文件、.h 文件)"更新"(它的依赖文件在上一次 make 之后没有被修改)，则什么也不必做。

这些 .o 文件所在的规则之所以会被执行，是因为这些 .o 文件出现在"终极目标"的依赖列表中。如果在 Makefile 中一个规则所描述的目标不是"终极目标"所依赖的，或者不是"终极目标"的依赖文件所依赖的，那么这个规则将不会被执行。除非明确指定这个规则(可以通过 make 的命令行指定重建目标)，这个目标所在的规则就会被执行(例如："make clean")。在编译或者重新编译生成一个 .o 文件时，make 同样会去寻找它的依赖文件的重建规则(规则是：这个依赖文件在规则中作为目标出现)，就是 .c 和 .h 文件的重建规则。在上例的 Makefile 中没有哪个规则的目标是 .c 或者 .h 文件，所以没有重建 .c 和 .h 文件的规则。完成了对 .o 文件的创建(第一次编译)或者更新之后，make 程序将处理终极目标“edit”所在的规则，分为以下三种情况。

(1) 目标文件“edit”不存在，则执行规则创建目标“edit”。

(2) 目标文件“edit”存在，其依赖文件中有一个或者多个文件比它“更新”，则根据规则重新链接生成“edit”。

(3) 目标文件“edit”存在且比它的任何一个依赖文件都“更新”，则什么也不必做。

上例中，如果更改了源文件“insert. c”后执行 make，“insert. o”将被更新，之后终极目标“edit”将会被重生成；如果修改了头文件“command. h”之后运行“make”，那么“kbd. o”、“command. o”和“files. o”将会被重新编译，同样终极目标“edit”也将被重新生成。

以上通过一个简单的例子介绍了 Makefile 中目标和依赖的关系。对于 Makefile 中的目标，在执行“make”时首先执行终极目标所在的规则，然后逐层寻找并执行终极目标的依赖文件所在的规则。当终极目标的规则被完全的展开以后，make 将从最后一个被展开的规则处开始执行，之后处理倒数第二个规则，……依次回退。最后一步执行的就是终极目标所在的规则。

整个过程类似于 C 语言中的递归实现一样。在更新(或者创建)终极目标的过程中，如果出现错误 make 就立即报错并退出。在整个过程中 make 只是负责执行规则，而对具体规则所描述的依赖关系和规则所定义的命令的正确性不做任何判断。就是说，对一个规则的依赖关系和描述重建目标的规则命令行是否正确，make 不做任何错误检查。

因此，正确的编译一个工程，需要在提供给 make 程序的 Makefile 中来保证其依赖关系的和执行命令的正确性。

5. 指定变量

通过上例，可看到终极目标“edit”所在的规则：

```
edit :main. o kbd. o command. o display. o \
        insert. o search. o files. o utils. o
cc - o edit main. o kbd. o command. o display. o \
        insert. o search. o files. o utils. o
```

在这个规则中，.o 文件列表出现了两次：第一次，它作为目标“edit”的依赖文件列表出现；第二次，在规则命令行中作为“cc”的参数列表。这样做所带来的问题是：如果需要为目标“edit”增加一个的依赖文件，就需要在两个地方添加(依赖文件列表和规则的命令中)，添加时若在“edit”的依赖列表中加入了，但却忘记给命令行中添加，或者情况相反，则会给后期的维护和修改带来很多不便，而且容易出现修改遗漏。为了避免这个问题，在实际工作中大家都比较认同的方法是，使用一个变量“objects”、“OBJECTS”、“objs”、“OBJS”、“obj”或者“OBJ”来替代所有 .o 文件的列表。在使用到这些文件列表的地方，使用此变量来代替。在上例的 Makefile 中可以添加这样一行：

```
objects = main. o kbd. o command. o display. o \
                insert. o search. o files. o utils. o
```

“objects”作为一个变量，它代表所有的 .o 文件的列表。在定义了此变量后，我们就可

以在需要使用这些 .o 文件列表的地方使用“$(objects)”来表示它，而不需要罗列所有的 .o 文件列表(关于变量这里只是提及，后面会有更详细的描述)。因此上例的规则就可以写为：

```
objects = main.o kbd.o command.o display.o \
          insert.o search.o files.o utils.o
edit : $(objects)
cc -o edit $(objects)
……
……
clean :
rm edit $(objects)
```

在增加或者去掉一个 .o 文件时，只需要改变“objects”的定义(加入或者去掉若干个 .o 文件)。这样做不但能减少维护的工作量，而且可以避免由于遗漏而产生错误的可能性。

6. 自动推导规则

在使用 make 编译 .c 源文件时，可以省略编译一个 .c 文件所使用的命令。这是因为 make 存在一个默认的规则，能够自动完成对 .c 文件的编译并生成对应的 .o 文件。它执行命令“cc -c”来编译 .c 源文件。对于上例，此默认规则就使用命令“cc -c main.c -o main.o”来创建文件“main.o”。因此对一个目标文件是“N.o”，倚赖文件是“N.c”的规则。可以省略其规则的命令行，使用 make 的默认命令，默认规则称为 make 的隐含规则。

在书写 Makefile 时，对于一个 .c 文件如果使用 make 的隐含规则，那么它会被自动作为对应 .o 文件的一个依赖文件(对应是指文件名除后缀外，其余都相同的两个文件)。因此也可以在规则中省略目标的依赖 .c 文件。

上例就可以更加简单的方式书写，使用了变量“objects”，简化版本的 Makefile 如下：

```
# sample Makefile
objects = main.o kbd.o command.o display.o \
          insert.o search.o files.o utils.o
edit : $(objects)
cc -o edit $(objects)
main.o : defs.h
kbd.o : defs.h command.h
command.o : defs.h command.h
display.o : defs.h buffer.h
insert.o : defs.h buffer.h
search.o : defs.h buffer.h
files.o : defs.h buffer.h command.h
utils.o : defs.h
.PHONY : clean
clean :
rm edit $(objects)
```

这种格式的 Makefile 更接近于实际的应用(如果再次看见这样写 Makefile 就不会迷惑了，因为 OpenWrt 里很多这样的省略写法)。

make 的隐含规则在实际工程的 make 中会经常使用，它使得编译过程变得方便。几乎在所有的 Makefile 中都用到了 make 的隐含规则，make 的隐含规则是非常重要的一个概念。后续我们会专门讨论 make 的隐含规则。

7. 另类风格的 Makefile

Makefile 中的目标使用隐含规则生成，就可以书写另外一种风格的 Makefile。在这个 Makefile 中，根据依赖而不是目标对规则进行分组。上例的 Makefile 就可以这样来实现：

```
#sample Makefile
objects = main.o kbd.o command.o display.o \
          insert.o search.o files.o utils.o
edit : $(objects)
cc -o edit $(objects)
$(objects) : defs.h
kbd.o command.o files.o : command.h
display.o insert.o search.o files.o : buffer.h
```

上例中头文件“defs.h”作为所有 .o 件的依赖文件，其他两个头文件作为其对应规则的目标中所列举的所有 .o 文件的依赖文件，但是这种风格的 Makefile 并不值得借鉴。问题在于同时把多个目标文件的依赖放在同一个规则中进行描述(一个规则中含有多个目标文件)，这样导致规则定义不明了，比较混乱，但是代码却很简洁，不排除 OpenWrt 的开源代码有这样的写法。建议不要在 Makefile 中采用这种方式书写，否则后期维护将会是一件非常痛苦的事情。

书写规则建议的方式是：单目标，多依赖。就是说尽量要做到一个规则中只存在一个目标文件，可以有多个依赖文件。尽量避免多目标、单依赖的方式，这样后期维护会非常方便，而且 Makefile 会更清晰、明了。

8. 清除工作目录过程文件

在 Makefile 中的规则可以完成除编译以外的任务。例如，前边提到的实现清除当前目录中在编译过程中生成的文件(edit 和 .o 文件)的规则：

```
clean :
rm edit $(objects)
```

在实际应用时会把这个规则写得稍微复杂一些，以防止出现始料未及的情况。

```
.PHONY : clean
clean :
-rm edit $(objects)
```

这两个实现有两点不同：

(1) 通过“.PHONY”特殊目标将“clean”目标声明为伪目标，防止当磁盘上存在一个名为“clean”文件时，“clean”所在规则的命令无法执行。

(2) 在命令行之前使用“-”，意思是忽略命令“rm”的执行错误。

这样的一个目标在 Makefile 中不能作为终极目标(Makefile 的第一个目标)。因为我们的初衷并不是在命令行上输入 make 以后执行删除动作，而是要创建或者更新程序，就是在输入 make 以后要需要对目标“edit”进行创建或者重建。上例中因为目标“clean”没有出现在终极目标“edit”依赖关系中，所以执行“make”时，目标“clean”所在的规则将不会被处理。如果需要执行此规则，需要在make的命令行选项中明确指定这个目标即执行“make clean”。

2.2.2 Makefile基础

在一个完整的Makefile中，包含了五个内容：显式规则、隐含规则、变量的定义、指示符和注释。关于“规则”、“变量”和“Makefile指示符”将在后续章节中进行详细的讨论。这里只讨论一些基本概念。

1. 显式规则

显式规则描述了在何种情况下如何更新一个或者多个被称为目标的文件(Makefile的目标文件)。在书写Makefile时需要明确给出目标文件、目标的依赖文件列表及更新目标文件所需要的命令(这些是Makefile的三要素)。

2. 隐含规则

隐含规则是make根据此类目标文件的命名(典型的是文件名的后缀)而自动推导出来的规则。make根据目标文件的名字，自动产生目标的依赖文件并使用默认的命令来对目标进行更新(前面见过的编译.o文件的自动推导)。

3. 变量定义

变量定义就是使用一个字符串代表一段文本串，当定义了变量以后，Makefile后续在需要使用此文本串的地方，通过引用这个变量来实现对文本串的使用。第1章的示例中，就定义了一个变量“objects”来表示一个.o文件列表。

4. Makefile指示符

指示符指明在make程序读取Makefile文件过程中所要执行的一个动作。其中包括：

(1) 读取一个文件，读取给定文件名的文件。

(2) 决定(通常是根据一个变量的得值)处理或者忽略Makefile中的某一特定部分。

(3) 定义一个多行变量。

(4) 注释：Makefile中“#”字符后的内容被作为注释内容(和shell脚本一样)处理。如果此行的第一个非空字符为“#”，那么此行为注释行。注释行的结尾如果存在反斜线(\)，那么下一行也被作为注释行。一般在书写Makefile时推荐将注释作为一个独立的行，而不要和Makefile的有效行放在一行中书写。当在Makefile中需要使用字符“#”时，可以使用反斜线加“#”(\#，转义字符和shell脚本也是一样的)来实现，其表示将“#”作为一字符而不是注释的开始标志。

需要注意的是：Makefile中第一个规则之后的所有以[Tab]字符开始的行，make程序都会将其交给系统的shell(这里的shell不是上文中提到的ash shell，而是OpenWrt系统中Busybox自带的shell。这里的shell是指编译环境Ubuntu中带的标准bash shell)程序去解释执行。因此以[Tab]字符开始的注释行会被交给shell来处理，此命令行是否需要被执行(shell执行或者忽略)是由系统shell程序来判决的。

另外，在使用指示符“define”定义一个多行的变量或者命令包时，其定义体(“define”和“endef”之间的内容)会被完整地展开到Makefile中引用此变量的地方(包含定义体中的注释行，和C语言的宏定义是一个意思)；make在引用此变量的地方对所有的定义体进行处理，以决定是注释还是有效内容。Makefile 中的变量可以作为 C 语言中的宏(实质一样)来理解。对一个变量引用的地方 make 所做的就是将这个变量根据定义进行基于文本的展开，展开变量的过程不涉及任何变量的具体含义和功能分析。

1) makefile 文件的命名

在默认的情况下，make 会在工作目录(执行 make 的目录)下按照文件名顺序寻找 makefile。

文件读取并执行，查找的文件名顺序为："GNUmakefile"、"makefile"、"Makefile"。通常应该使用"makefile"或者"Makefile"作为一个 makefile 的文件名(这里推荐使用"Makefile "，首字母大写可以比较显著，在寻找时会比较容易发现)。而"GNUmakefile"是不推荐使用的文件名，因为以此命名的文件只有"GNU make"才可以识别，而其他版本的 make 程序只会在工作目录下查找"makefile"和"Makefile"这两个文件。

如果 make 程序在工作目录下无法找到以上三个文件中的任何一个，它将不读取任何其他的文件作为解析对象。但是根据 make 隐含规则的特性，可以通过命令行指定一个目标。如果当前目录下存在符合此目标的依赖文件，那么这个命令行所指定的目标将会被创建或者更新。当 makefile 文件的命名不是上述三个中任何一个时，需要通过 make 的"-f"或者"--file"选项来指定 make 读取的 makefile 文件。给 make 指定 makefile 文件的格式为"-f NAME"或者"--file=NAME"，它指定文件"NAME"作为执行 make 时读取的 makefile 文件。也可以通过多个"-f"或者"--file"选项来指定多个需要读取的 makefile 文件，多个 makefile 文件将会被按照指定的顺序进行连接并被 make 解析执行。当通过"-f"或者"--file"指定 make 读取 makefile 的文件时，make 就不再自动查找这三个标准命名的 makefile 文件。

需要注意：通过命令指定目标使用 make 的隐含规则(当前目录下不存在以"GNUmakefile"、"makefile"、"Makefile"命名的任何文件)。

(1) 当前目录下存在一个源文件 foo.c 的，可以使用"make foo.o"来使用 make 的隐含规则自动生成 foo.o。当执行"make foo.o"时。可以看到其执行的命令为：

```
cc -c -o foo.o foo.c
```

之后，foo.o 将会被创建或者更新。

(2) 如果当前目录下没有 foo.c 文件，就是 make 对 .o 文件目标的隐含规则中依赖文件不存在。如果使用命令"make foo.o"，将会得到如下提示：

```
make: *** No rule to make target 'foo.o'. Stop.
```

(3) 如果直接使用命令"make"，得到的提示信息如下：

```
make: *** No targets specified and no makefile found. Stop.
```

2) 包含其他的 makefile 文件

本节讨论如何在一个 Makefile 中包含其他的 makefile 文件。Makefile 中包含其他文件的关键字是"include"，和 C 语言对头文件的包含方式一致。"include"指示符告诉 make 暂停读取当前的 Makefile，而转去读取"include"指定的一个或者多个文件，完成以后再继续当前 Makefile 的读取。Makefile 中指示符"include"书写在独立的一行，其形式如下：

```
include FILENAMES...
```

FILENAMES 是 shell 所支持的文件名(可以使用通配符)。

指示符“include”所在的行可以由一个或者多个空格(make 程序在处理时将忽略这些空格)开始，切忌不能以[Tab]字符开始(如果一行以[Tab]字符开始 make 程序将此行作为一个命令行来处理)。指示符“include”和文件名之间、多个文件之间使用空格或者[Tab]键隔开。行尾的空白字符在处理时被忽略。使用指示符包含进来的 Makefile 中，如果存在变量或者函数的引用，将会在包含它们的 Makefile 中被展开。

例如，存在三个 .mk 文件，“$(bar)”被扩展为“bish bash”，则 include foo *.mk $(bar)等价于 include foo a.mk b.mk c.mk bish bash。make 程序在处理指示符 include 时，将暂停对当前使用指示符“include”的 makefile 文件的读取，而转去依次读取由“include”指示符指定的文件列表，直到完成所有这些文件以后再回头继续读取指示符“include”所在的 Makefile 文件。

通常指示符“include”用在以下场合。

(1) 多个不同的程序，由不同目录下的几个独立的 Makefile 来描述其创建或者更新规则。它们需要使用一组通用的变量定义或者模式规则，通用的做法是将这些共同使用的变量或模式规则定义在一个文件中(没有具体的文件命名限制)，在需要使用的 Makefile 中使用指示符“include”来包含此文件。

(2) 当根据源文件自动产生依赖文件时，可以将自动产生的依赖关系保存在另外一个文件中，主 Makefile 使用指示符“include”包含这些文件。这样的做法比直接在主 Makefile 中追加依赖文件的方法要明智。其他版本的 make 已经使用这种方式来处理。如果指示符“include”指定的文件不是以斜线开始(绝对路径，如/usr/src/Makefile...)，而且当前目录下也不存在此文件，make 将根据文件名试图在以下几个目录下查找。首先，查找使用命令行选项“-I”或者“--include-dir”指定的目录，如果找到指定的文件，则使用这个文件；否则依次搜索以下几个目录(如果其存在)：“/usr/gnu/include”、“/usr/local/include”和“/usr/include”。当在这些目录下都没有找到“include”指定的文件时，make 将会提示一个包含文件未找到的告警提示，且不会立刻退出，而是继续处理 Makefile 的内容。当完成读取所有的 makefile 文件后，make 将试图使用规则来创建通过指示符“include”指定但未找到的文件，若不能创建(没有创建这个文件的规则)，make 将提示致命错误并退出，会输出类似如下错误提示：

```
Makefile:错误的行数：未找到文件名：提示信息(No such file or directory)
Make：*** No rule to make target '<filename>'. Stop
```

也可使用“-include”来代替“include”，忽略由于包含文件不存在或者无法创建时的错误提示(“-”的意思是告诉 make，忽略此操作的错误，make 继续执行)，如下所示：

```
-include FILENAMES...
```

使用这种方式时，当所要包含的文件不存在时不会有错误提示，make 也不会退出；除此之外，和第一种方式效果相同。以下是这两种方式的比较：

使用“include FILENAMES...”，make 程序处理时，如果“FILENAMES”列表中的任何一个文件不能正常读取并且不存在一个创建此文件的规则时，make 程序将会提示错误并退出。使用“-include FILENAMES...”的情况是，当所包含的文件不存在，或者不存在一个规则去创建它，make 程序会继续执行，只有在因为 makefile 的目标的规则不存在时，才会提示致命错误并退出。为了和其他的 make 程序进行兼容，也可以使用“sinclude”来代替“- include”。

3）变量 MAKEFILES

如果当前环境定义了一个“MAKEFILES”的环境变量，make 执行时首先将此变量的值作为需要读入的 Makefile 文件，多个文件之间使用空格分开。类似使用指示符“include”包含其他 Makefile 文件一样，如果文件名非绝对路径且当前目录也不存在此文件，make 会在一些默认的目录去寻找。此情况和使用“include”的区别如下：

(1) 环境变量指定的 makefile 文件中的“目标”不会被作为 make 执行的“终极目标”。也就是说，这些文件中所定义规则的目标，make 不会将其作为“终极目标”来看待。如果在 make 的工作目录下没有一个名为“Makefile”、“makefile”或者“GNUmakefile”的文件，make 同样会提示“make：＊＊＊ No targets specified and no makefile found. Stop.”；而在 make 的工作目录下存在这样一个文件，如“Makefile ”、“makefile ”或“GNUmakefile”，那么 make 执行时的“终极目标”就是当前目录下这个文件中所定义的“终极目标”。

(2) 环境变量所定义的文件列表，在执行 make 时，如果不能找到其中某一个文件(不存在或者无法创建)，make 不会提示错误，也不退出。就是说，环境变量“MAKEFILES”定义的包含文件是否存在不会导致 make 错误(这是比较隐蔽的地方)。

(3) make 在执行时，首先读取的是环境变量“MAKEFILES”所指定的文件列表，之后才是工作目录下的 makefile 文件，“include”所指定的文件是在 make 发现此关键字时暂停正在读取的文件而转去读取“include”所指定的文件。

变量“MAKEFILES”主要用在“make”的递归调用过程中的通信，实际应用中很少设置此变量。一旦设置了此变量，在多层 make 调用时，由于每一级 make 都会读取“MAKEFILES”变量所指定的文件，可能导致执行的混乱。不过，可以使用此环境变量来指定一个通用的“隐含规则”和有用的变量的文件，如设置默认搜索路径；通过这种方式设置的“隐含规则”和定义的变量可以被任何 make 进程使用(有点像 C 语言中的全局变量)。推荐的做法是，在需要包含其他 makefile 文件时使用指示符“include”来实现。

4）变量 MAKEFILE_LIST

make 程序在读取多个 Makefile 文件时，包括由环境变量“MAKEFILES”指定、命令行指定、当前工作目录下的默认的文件，以及使用指示符“include”指定包含的文件。在对这些文件进行解析执行之前，Make 读取的文件名将会被自动追加到变量“MAKEFILE_LIST”的定义域中。这样就可以通过测试此变量的最后一个字来得知当前 Make 程序正在处理的是具体的 Makefile 文件，具体地说就是一个 Makefile 文件中当使用指示符“include”包含另外一个文件之后，变量“MAKEFILE_LIST”的最后一个只可能是指示符“include”指定所要包含的那个文件的名字。如果一个 Makefile 的内容如下：

```
name1 := $(word $(words $(MAKEFILE_LIST)), $(MAKEFILE_LIST))
include inc.mk
name2 := $(word $(words $(MAKEFILE_LIST)), $(MAKEFILE_LIST))
all:
@echo name1 = $(name1)
@echo name2 = $(name2)
```

执行 make，则看到的将是如下的结果：

```
name1 = Makefile
name2 = inc.mk
```

这其中涉及了make的函数调用和变量定义的方式，这些将在后续章节中详细讲述。

5）其他特殊变量

GNU make还支持一些特殊的变量，这些变量不能通过任何途径给它们赋值，或者说这些变量都是只读的。如.VARIABLES环境变量，它是Makefile文件中所定义的所有全局变量列表。

6）Makefile文件的重建

有时，Makefile可由其他文件生成，比如RCS或SCCS文件。如果Makefile由其他文件重建，那么在make开始解析Makefile时需要读取的是更新后的Makefile，而不是没有更新的Makefile。

make的处理过程是：make在读入所有Makefile文件之后，首先将所读取的每个Makefile作为一个目标，试着去更新它。如果存在一个更新特定Makefile文件的明确规则或隐含规则，则去更新这个Makefile文件。在完成对所有的Makefile文件的更新检查动作之后，如果之前所读取的makefile文件已经被更新，那么make就清除本次执行的状态，重新读取一遍所有的Makefile文件(此过程中，同样在读取完成以后也会去试图更新所有已经读取的Makefile文件，但是一般这些文件不会再次被重建，因为它们在时间戳上已经是最新的)。

实际应用中，会很明确哪些Makefile文件不需要重建。出于make效率的考虑，可以采用一些办法来避免make在执行过程时查找重建Makefile的隐含规则。例如，可以书写一个明确的规则，将Makefile文件作为目标，命令为空。Makefile规则中，如果使用一个没有依赖只有命令行的双冒号规则去更新一个文件，那么每次执行make时，此规则的目标文件将会被无条件地更新。而假如此规则的目标文件是一个Makefile文件，那么在执行make时，将会导致这个Makefile文件被无条件更新，make的执行陷入到一个死循环中(此Makefile文件被不断的更新、重新读取、更新再重新读取的过程)。为了防止进入死循环，make在遇到一个目标是Makefile文件的双冒号规则时，将忽略对这个规则的执行(其中包括了使用“MAKEFILES”指定、命令行选项指定、指示符“include”指定的需要make读取的所有Makefile文件中定义的这一类双冒号规则)。

执行make时，如果没有使用“-f(--file)”选项指定一个文件，make程序将读取缺省的文件。和使用“-f(--file)”选项不同，make无法确定工作目录下是否存在缺省名称的Makefile文件。如果缺省Makefile文件不存在，但可以通过一个隐含规则来创建它，在自动创建缺省Makefile文件之后，重新读取它并开始执行。因此，如果不存在缺省Makefile文件，make将按照搜索Makefile文件的名称顺序去创建它，直到创建成功或超越其缺省的命名顺序。需要明确的一点是：执行make时，如果不能成功创建其缺省的Makefile文件，不一定会导致错误。运行make时一个Makefile文件并不是必需的。

当使用“-t(--touch)”选项对Makefile目标文件进行时间戳更新时，对于那些Makefile文件的目标是无效的。就是说即使执行make时使用了选项“-t”，那些目标是Makefile文件的规则同样也会被make执行(而其他的规则不会被执行，make只是简单地更新规则目标文件的时间戳)；类似还有选项“-q(-question)”和“-n(-just-print)”，这主要是因为一个过时的 Makefile 文件对其他目标的重建规则在当前看来可能是错误的。正因如此，执行命令“make -f mfile -n foo”首先会试图重建并重新读取“mfile 文件”，之后会打印出更新目标“foo”规则中所定义的命令，但不执行此命令。

在这种情况下，如果不希望重建 Makefile 文件，就需要在执行 make 时，在命令行中将这个 Makefile 文件作为一个最终目的，这样“ - t”和其他的选项会对这个 Makefile 文件的目标有效，以防止执行这个 Makefile 文件作为目标的规则。同样，命令“make -f mfile -n mfile foo”会读取文件“mfile”，打印出重建文件“mfile”的命令、重建“foo”的命令，而实际不去执行此命令，并且所打印的用于更新“foo”目标的命令是选项“-f”指定的、没有被重建的“mfile”文件中所定义的命令。

7）重载另一个 Makefile

有些情况下存在两个比较类似的 Makefile 文件。其中一个(Makefile - A)需要使用另外一个文件(Makefile - B)中所定义的变量和规则，可以在“Makefile - A”中使用指示符“include”包含“Makefile - B”来达到目的。这种情况下，如果两个 Makefile 文件中存在相同目标，其描述规则中使用不同的命令。相同目标有两个不同的规则命令，是 Makefile 所不允许的。遇到这种情况，使用指示符“include”显然是行不通的。GNU make 提供另外一种途径来达到此目的。具体的做法如下。

在需要包含的 Makefile 文件(Makefile - A)中，可以使用一个称之为“所有匹配模式”的规则来描述在“Makefile - A”中没有明确定义的目标，make 将会在给定的 Makefile 文件中寻找没有在当前 Makefile 中给出的目标更新规则。

例如，如果存在一个命名为“Makefile”的 Makefile 文件，其中描述目标“foo”的规则和其他一些规则，也可以书写一个内容如下命名为“GNUmakefile”的文件：

```
#sample GNUmakefile
foo:
frobnicate > foo
%: force
@$(MAKE) -f Makefile $@
force: ;
```

执行命令“make foo”，make 将使用工作目录下命名为“GNUmakefile”的文件并执行目标“foo”所在的规则，创建它的命令是：“frobnicate > foo”。如果执行另外一个命令“make bar”，“GUNmakefile”中没有此目标的更新规则，那么 make 将会使用“所有匹配模式”规则执行命令“$(MAKE) -f Makefile bar”。如果文件“Makefile”中存在此目标更新规则的定义，那么这个规则会被执行。此过程同样适用于其他“GNUmakefile”中没有给出的目标更新规则。此方式的灵活之处在于：如果在“Makefile”文件中存在同样一个目标“foo”的重建规则，由于 make 执行时首先读取文件“GUNmakefile”并在其中能够找到目标“foo”的重建规则，所以 make 就不会执行这个“所有模式匹配规则”(本例中的目标是“%”的规则)。这样就避免了使用指示符“include”包含一个 Makefile 文件时所带来的目标规则的重复定义问题。

此种方式，模式规则的模式只使用了单独的“%”才称其为“所有模式匹配规则”，它可以匹配任何一个目标；它的依赖是“force”规则，保证了即使目标文件已经存在也会执行这个规则(文件已存在时，需要根据它的依赖文件的修改情况决定是否需要重建这个目标文件)；“force”规则中使用空命令是为了防止make程序试图寻找一个规则创建目标“force”时，使用了模式规则“%：force”而陷入无限循环。

8) make如何解析Makefile文件

GUN make的执行过程分为以下两个阶段。

第一阶段：读取所有的makefile文件(包括“MAKIFILES”变量指定的、指示符“include”指定的以及命令行选项“-f(--file)”指定的makefile文件)，内建所有的变量、明确规则和隐含规则，并建立所有目标和依赖之间的依赖关系结构链表。

第二阶段：根据第一阶段已经建立的依赖关系结构链表决定哪些目标需要更新，并使用对应的规则来重建这些目标。

理解make执行过程的两个阶段是很重要的，能够更深入地了解执行过程中变量及函数是如何被展开的。变量和函数的展开问题是书写Makefile时容易犯错和引起迷惑的地方之一。本节将对这些不同结构的展开阶段进行简单的总结(明确变量和函数的展开阶段，对正确地使用变量非常有帮助)。首先，明确以下基本的概念；在make执行的第一阶段中如果变量和函数被展开，那么此展开是“立即”的，此时所有的变量和函数被展开在需要构建的结构链表的对应规则中(此规则在建立链表时需要使用)。其他的展开称之为“延后”，这些变量和函数不会被“立即”展开，而是直到后续某些规则需要使用时或者在make处理的第二阶段才会被展开。

现在讲述的这些若不能完全理解，通过后续章节内容的学习，会一步一步地熟悉make的执行过程。学习过程中可参考本节的内容，会对make的整个过程有全面深入的理解。IMMEDIATE是立即执行，DEFERRED的意思是延后执行。

(1) 变量取值。变量定义解析的规则如下：

```
IMMEDIATE = DEFERRED
IMMEDIATE ? = DEFERRED
IMMEDIATE := IMMEDIATE
IMMEDIATE += DEFERRED or IMMEDIATE
define IMMEDIATE
DEFERRED
Endef
```

当变量使用追加符(+=)时，如果此前这个变量是一个简单变量(使用 :=定义的)则被认为是立即展开的。其他情况时都被认为是“延后”展开的变量。

(2) 条件语句。所有使用条件语句在产生分支的地方，make程序会根据预设条件将正确的分支展开。就是说条件分支的展开是“立即”的。其中包括：“ifdef”、“ifeq”、“ifndef”和“ifneq”所确定的所有分支命令。

(3) 规则的定义。所有的规则在make执行时，都按照如下模式展开：

```
IMMEDIATE : IMMEDIATE ; DEFERRED
DEFERRED
```

其中，规则中目标和依赖如果引用其他的变量，则被立即展开。而规则的命令行中的变量引用会被延后展开。此模板适合所有的规则，包括明确规则、模式规则、后缀规则、静态模式规则。

9）总结

make 的执行过程如下：

(1) 依次读取变量“MAKEFILES”定义的 Makefile 文件列表。

(2) 读取工作目录下的 Makefile 文件(根据命名的查找顺序“GNUmakefile”，“makefile”，“Makefile”，首先找到那个就读取那个)。

(3) 依次读取工作目录 Makefile 文件中使用指示符“include”包含的文件。

(4) 查找重建所有已读取的 Makefile 文件的规则。如果存在一个目标是当前读取的某一个 Makefile 文件，则执行此规则重建此 Makefile 文件，完成以后从第一步开始重新执行。

(5) 初始化变量值并展开那些需要立即展开的变量和函数，并根据预设条件确定执行分支。

(6) 根据“终极目标”及其他目标的依赖关系建立依赖关系链表。

(7) 执行除“终极目标”以外的所有的目标的规则。规则中如果依赖文件中任一个文件的时间戳比目标文件新，则使用规则所定义的命令重建目标文件。

(8) 执行“终极目标”所在的规则。最终执行一个规则的过程是：对于一个存在的规则(明确规则和隐含规则)，make 程序将比较目标文件和所有的依赖文件的时间戳。如果目标的时间戳比所有依赖文件的时间戳更新(依赖文件在上一次执行 make 之后没有被修改)，那么什么也不做。否则(依赖文件中的某一个或者全部在上一次执行 make 后已经被修改过)，规则所定义的重建目标的命令将会被执行。这是 make 工作的基础，也是其执行规制所定义命令的依据。

2.2.3 Makefile 的书写规则

本节讨论 Makefile 的规则。Makefile 中，规则描述了何种情况下使用什么命令来重建一个特定的目标文件。规则所罗列的其他文件称为“目标”的依赖，而规则中的命令是用来更新或者创建此规则的目标。

除了 Makefile 的“终极目标”所在的规则以外，其他规则的顺序在 Makefile 文件中没有意义。“终极目标”就是当没有使用 make 命令行指定具体目标时，make 默认的那一个目标，它是 Makefile 文件中第一个规则的目标。如果在 Makefile 中第一个规则有多个目标，那么多个目标中的第一个将会被作为 make 的“终极目标”。

“终极目标”是执行 make 的唯一目的，其所在的规则作为第一个规则。而其他的规则是在完成重建“终极目标”的过程中被连带出来的。这些目标所在规则在 Makefile 中的顺序无关紧要。因此，书写 Makefile 的第一个规则应该就是重建整个程序或者多个程序的依赖关系和执行命令的描述。

1. 规则举例

```
foo.o : foo.c defs.h  # example
cc -c -g foo.c
```

这是一个典型的规则。第一行中，文件“foo. o”是规则需要重建的文件，而“foo. c”和“defs. h”是重建“foo. o”所要使用(或依赖)的文件。规则所需要重建的文件称为规则的“目标”(foo. o)，而把重建目标所需要的文件称为“目标”的“依赖”。可以更深入的理解为冒号前为目标，后为依赖；第二行“cc -c -g foo. c”就是规则的“命令”(以 Tab 键开头)。它描述了如何使用规则中的依赖文件重建目标。这里很明确的说明两件事：

(1) 文件的依赖关系。foo. o 依赖于 foo. c 和 defs. h 两个文件，如果 foo. c 和 defs. h 的文件日期要比 foo. o 文件日期要新，或是 foo. o 不存在，那么依赖关系发生。

(2) 如何重建目标文件"foo. o"：使用 cc 编译器。这里的一个疑问是：在命令中为什么需要没有明确的使用到依赖文件"defs. h"？---当然 foo. c 文件包含了 defs. h 头文件)。这也是为什么它作为目标依赖出现的原因。

2. 规则语法

```
targets : prerequisites
command
...
```

或是：

```
targets : prerequisites ; command
command
...
```

规则中，"targets"可以是空格分开的多个文件名，也可以是一个标签(执行清空的"clean")，"targets"的文件名可以使用通配符。通常规则只有一个目标文件(建议这么做)，偶尔会在一个规则中需要多个目标。

书写规则需要注意如下几点：

1) 规则的命令部分有两种书写方式

(1) 命令可以和目标依赖描述放在同一行。命令在依赖文件列表后并使用分号(;)和依赖文件列表分开。

(2) 命令在目标依赖的描述的下一行，作为独立的命令行。当作为独立的命令行时此行必须以[Tab]字符开始。在 Makefile 中，第一个规则之后出现的所有以[Tab]字符开始的行都会被当作命令来处理(写的时候要注意)。

2) Makefile 中对"$"有特殊的含义

Makefile 中对"$"表示变量或者函数的引用，规则如果需要"$"，需要书写两个连续的"$$"。

3) Makefile 较长行的书写

Makefile 一个较长的行，可以使用反斜线"\"将其书写到几个独立的行上。虽然 make 对 Makefile 文本行的最大长度是没有限制的，但是还是建议这样做。

规则的中心思想是：目标文件的内容是由依赖文件文件决定，依赖文件的任何改动将导致目前已经存在的目标文件的内容过期。一般来说，make 会用/bin/sh 来执行命令。

3. 名字中使用通配符

Makefile 中表示一个单一的文件名时可使用的通配符有："*"、"?"和"[…]"。例如，"*.c"代表了当前工作目录下所有的以".c"结尾的文件等。但是在 Makefile 中这些通配符并不是可以用在任何地方，Makefile 中通配符可以出现在以下两种场合。

(1) 可以用在规则的目标、依赖中，此时 make 会自动将其展开。

(2) 可出现在规则的命令中，其展开是在 shell 执行此命令时完成的。

除这两种情况之外的其他上下文中不能直接使用通配符，而是需要通过函数"wildcard"来实现。如果规则中的某一个文件的文件名包含作为通配符的字符("*"、"."字符)，在使

用文件名时需要对其中的通配字符进行转义处理，使用反斜线(\)。例如“foo\ * bar”，其在 Makefile 中表示了文件“foo * bar”。Makefile 中对一些特殊字符的转义和 bshell 以及 C 语言中的基本上相同。

另外，需要注意的是：在 Linux(unix)中，以波浪线“～”开始的文件名有特殊含义。单独使用它或其后跟一个斜线(～/)，代表了当前用户的宿主目录。(在 shell 下可以通过命令“echo ～ or echo ～\”来查看)。例如“～/bin”代表“/home/fengke/bin/”(当前用户宿主目录下的 bin 目录)。波浪线之后跟一个单词(～word)，其代表由这个“Word”所指定的用户的宿主目录。例如“～fengke/bin”就是代表用户 fengke 的宿主目录下的 bin 目录。

1) 举例

通配符可被用在规则的命令中，它是在命令被执行时由 shell 进行相关数据的解析，所以命令的正确性可以手工输入 shell 验证。例如 Makefile 的清空过程文件规则：

```
clean:
rm -f *.o
```

通配符也可以用在规则的依赖文件名中。例如，执行“make print”，执行的结果是打印当前工作目录下所有的在上一次打印以后被修改过的“.c”文件。下例中的变量 $? 和 shell 中的变量 $? 名字相同，意思不同，虽然是写在 Makefile 的命令行中，但是初始还是由 Makefile 去解析的。

```
print: *.c      # print 依赖于所有的 .c 文件
ls -la $?       # $? 列出比目标文件 print 更新的所有依赖文件，并显示出来
touch print     # 更新 print 文件的时间戳，如果没有则建立 record 文件
```

变量定义中使用的通配符不会被展开，如果 Makefile 有这样一句：“objects = *.o”，那么变量“objects”的值就是“*.o”，而不是使用空格分开的所有 .o 文件列表。如果需要变量“objects”代表所有的 .o 文件，则需要是用函数“wildcard”来实现(objects = $(wildcar *.o))。

2) 通配符存在的缺陷

在变量定义时使用通配符可能会导致意外的结果。在书写 Makefile 时，可能存在这种不正确使用通配符的方法。这种看似正确的方式产生的结果并非期望所得。假如在 Makefile 中，期望能够根据所有的 .o 文件生成可执行文件“foo”，实现如下：

```
objects = *.o
foo : $(objects)
cc -o foo $(CFLAGS) $(objects)
```

这里变量“objects”的值是一个字符串“*.o”。在重建“foo”的规则中对变量“objects”进行展开，目标“foo”的依赖就是“*.o”，即所有的 .o 文件的列表。如果工作目录下已经存在必需的 .o 文件，那么这些 .o 文件将成为目标的依赖文件，目标“foo”将根据规则被重建。但是，如果将工作目录下所有的 .o 文件删除，在执行规则时将会得到一个类似于“没有创建 *.o 文件的规则”的错误提示。

为了实现初衷，在对变量进行定义时需要使用一些高级的技巧，包括使用“wildcard”函数和实现字符串的置换。关于如何实现字符串的置换，将在后续进行详细的讨论。

3) 函数 wildcard

在规则中，通配符会被自动展开。但在变量的定义和使用函数时，通配符不会被自动

展开。这种情况下需要通配符有效，要用到函数“wildcard”，其用法是：

```
$(wildcard PATTERN...);
```

在Makefile中，它被展开成已经存在的、空格分割的、匹配此模式的所有文件列表。如果不存在符合此模式的文件，那么函数会忽略模式并返回。

一般可以使用“$(wildcard *.c)”来获取工作目录下的所有.c文件列表。复杂一些可以使用“$(patsubst %.c, %.o, $(wildcard *.c))”。首先用“wildcard”函数获取工作目录下的.c文件列表；之后将列表中所有文件名的后缀.c替换为.o，这样就可以得到在当前目录生成的.o文件列表。因此，在一个目录下可以使用如下内容的Makefile来编译所有的.c文件，并最后连接成为一个可执行文件：

```
#sample Makefile
objects := $(patsubst %.c, %.o, $(wildcard *.c))
foo : $(objects)
cc -o foo $(objects)
```

这里，使用了make的隐含规则来编译.c的源文件。对变量的赋值也用到了一个特殊的符号(:=)。

4. 目录搜寻

在一个较大的工程中，一般会将源代码和二进制文件(.o文件和可执行文件)安排在不同的目录来进行区分管理。这种情况下，需要使用make提供的目录自动搜索依赖文件功能(在指定的若干个目录下搜索依赖文件)。书写Makefile时，指定依赖文件的搜索目录。当工程的目录结构发生变化时，可以不更改Makefile的规则，而只更改依赖文件的搜索目录。

Makefile文件中的特殊变量“VPATH”就是完成这个功能的，如果没有指明这个变量，make只会在当前的目录中找寻依赖文件和目标文件。如果定义了这个变量，make就会在当前目录找不到的情况下，到所指定的目录中找寻文件。

```
VPATH = src:../headers --->注意这里是用":"分割目录
```

上面的的定义指定两个目录，即“src”和“../headers”，make会按照这个顺序进行搜索。

目录由“冒号”分隔(当前目录永远是最高优先搜索的地方)。另一个设置文件搜索路径的方法是使用make的“vpath”关键字(全小写的)。这不是变量，这是一个make的关键字，这和上面提到的VPATH变量很类似，但是它更为灵活。它可以指定不同的文件在不同的搜索目录中。它的使用方法以下有三种。

(1) vpath <pattern><directories> ：为符合模式<pattern>的文件指定搜索目录<directories>。

(2) vpath <pattern> ：清除符合模式<pattern>的文件的搜索目录。

(3) vpath ：清除所有已被设置好了的文件搜索目录。

vapth使用方法中的<pattern>需要包含“%”字符。“%”的意思是匹配零或若干字符，例如，“%.h”表示所有以“.h”结尾的文件。<pattern>指定了要搜索的文件集，而<directories>则指定了<pattern>的文件集的搜索的目录。例如：

```
vpath %.h ../headers --->注意这里是用空格分割pattern和路径
```

该语句表示，要求 make 在“../headers”目录下搜索所有以“.h”结尾的文件(如果文件在当前目录没有找到)，也可以连续使用 vpath 语句，以指定不同搜索策略。如果连续的 vpath 语句中出现了相同的＜pattern＞，make 会按照 vpath 语句的先后顺序来执行搜索。如：

```
vpath %.c foo
vpath % blish
vpath %.c bar
```

其表示“.c”结尾的文件，先在“foo”目录，然后是“blish”，最后是“bar”目录。

```
vpath %.c foo:bar (注意：这里是用":"分割目录)
vpath % blish
```

其中的语句则表示“.c”结尾的文件，先在“foo”目录，然后是“bar”目录，最后才是“blish”目录。

5. Makefile 伪目标

Makefile 中的特殊目标：伪目标。伪目标不代表一个真正的文件名，在执行 make 时可以指定这个目标来执行其所在规则定义的命令。有时，也可以将一个伪目标称为标签。使用伪目标有以下两点原因：

(1) 避免在 Makefile 中定义的只执行命令的目标和工作目录下的实际文件出现名字冲突。

(2) 提高执行 make 时的效率。

这里提到一个称为“clean”的目标，这是一个“伪目标”，意思是删除 temp 目录和 *.o 文件。

```
clean:
rm *.o temp
```

这里有一个问题，如果当前工作目录下存在文件“clean”时情况就不一样了，在输入“make clean”时，规则没有依赖文件，所以目标被认为是最新的而不去执行规则作定义的命令，命令“rm”将不会被执行。为了避免这个问题，可以将目标“clean”明确的声明为伪目标。将一个目标声明为伪目标需要将它作为特殊目标“.PHONY”的依赖。如下：

```
.PHONY : clean
```

这样目标“clean”就是一个伪目标，无论当前目录下是否存在“clean”这个文件，输入“make clean”之后，“rm”命令都会被执行。而且，当一个目标被声明为伪目标后，make 在执行此规则时不会试图去查找隐含规则来创建这个目标。这样也提高了 make 的执行效率，同时也不用担心由于目标和文件名重名而使执行结果失败。在书写伪目标规则时，首先需要声明目标是一个伪目标，之后才是伪目标的规则定义。目标“clean”书写格式如下：

```
.PHONY: clean
clean:
rm *.o temp
```

一般情况下，一个伪目标不作为一个另外一个目标文件的依赖。这是因为当一个目标文件的依赖包含伪目标时，每一次在执行这个规则时，伪目标所定义的命令都会被执行(因为它是规则的依赖，重建规则目标文件时需要首先重建它的依赖)。当伪目标没有作为任何目标的依赖时，只能通过 make 的命令行选项明确指定这个伪目标，来执行它所定义的命令。例如“make clean”。

Makefile 中，伪目标可以有自己的依赖。在一个目录下如果需要创建多个可执行程序，可以将所有程序的重建规则在一个Makefile中描述。因为Makefile中第一个目标是“终极目标”，约定的做法是使用一个称为“all”的伪目标来作为终极目标，它的依赖文件就是那些需要创建的程序。例如：

```
#sample Makefile
all : prog1 prog2 prog3
.PHONY : all
prog1 : prog1.o utils.o
cc -o prog1 prog1.o utils.o
prog2 : prog2.o
cc -o prog2 prog2.o
prog3 : prog3.o sort.o utils.o
cc -o prog3 prog3.o sort.o utils.o
```

在执行make时，目标“all”被作为终极目标。为了完成对它的更新，make会创建(不存在)或者重建(已存在)目标“all”的所有依赖文件(prog1、prog2和prog3)。当需要单独更新某一个程序时，可以通过make的命令行选项来明确指定需要重建的程序。(如“make prog1”)。

当一个伪目标作为另外一个伪目标依赖时，make将其作为另外一个伪目标的子例程来处理(可以这样理解：其作为另外一个伪目标的必须执行的部分，就行c语言中的函数调用一样)。下例就是这种用法：

```
.PHONY: cleanall cleanobj cleandiff
cleanall : cleanobj cleandiff
rm program
cleanobj :
rm *.o
cleandiff :
rm *.diff
```

“cleanobj”和“cleandiff”这两个伪目标有点“子程序”的意思(执行目标“clearall时会触发它们所定义的命令被执行”)，可以输入“make cleanall”、“make cleanobj”和“make cleandiff”命令来达到清除不同种类文件的目的。例子首先通过特殊目标“.PHONY”声明了多个伪目标，它们之间使用空格分割，之后才是各个伪目标的规则定义。

make存在一个内嵌隐含变量“RM”，它被定义为：“RM = rm -f”。因此在书写“clean”规则的命令行时，可以使用变量“$(RM)”来代替“rm”，这样可以免出现一些不必要的麻烦。

6. 多目标

Makefile的规则中的目标可以不止一个，其支持多目标，有可能多个目标同时依赖于一个文件，并且其生成的命令大体类似，能把这些目标合并起来。当然，多个目标的生成规则的执行命令是同一个，可能会带来麻烦，不过可以使用一个自动化变量“$@”，这个变量表示着目前规则中所有目标的集合，这样说可能很抽象，例如：

```
bigoutput littleoutput : text.g
generate text.g -$(subst output,,$@) > $@
```

上述规则等价于：

```
bigoutput : text.g
generate text.g -big > bigoutput
littleoutput : text.g
generate text.g -little > littleoutput
```

其中，-$(subst output,,$@)中的“$”表示执行一个 Makefile 的函数，函数名为 subst，后面的为参数。这里的这个函数是截取字符串的意思，“$@”表示目标的集合，就像一个数组，“$@”依次取出目标，并执于命令。

7. 静态模式

静态模式可以更加容易定义多目标的规则，可以让规则变得更加的有弹性和灵活性。其语法如下：

```
<targets...>: <target-pattern>: <prereq-patterns...>
<commands>
...
```

targets 定义了一系列的目标文件，可以有通配符。是目标的一个集合。target-parrtern 是指明了 targets 的模式，也就是目标集模式。prereq-parrterns 是目标的依赖模式，它对 target-parrtern 形成的模式再进行一次依赖目标的定义。

这样描述可能还是没有说清楚，还是举例说明。如果把<target-parrtern>定义成“%.o”，意思是<target>集合中都是以“.o”结尾的，而如果<prereq-parrterns>定义成“%.c”，意思是对<target-parrtern>所形成的目标集进行二次定义，其计算方法是，取<target-parrtern>模式中的“%”(也就是去掉了[.o]这个结尾)，并为其加上[.c]这个结尾，形成的新集合。

所以，“目标模式”或是“依赖模式”中都应该有“%”这个字符，如果文件名中有“%”，那么可以使用反斜杠“\”进行转义，来标明真实的“%”字符。例如：

```
objects = foo.o bar.o
all: $(objects)
$(objects): %.o: %.c
$(CC) -c $(CFLAGS) $< -o $@
```

例中，指明了目标从$object 中获取，“%.o”表明要所有以“.o”结尾的目标，也就是“foo.o bar.o”，也就是变量$object 集合的模式，而依赖模式“%.c”则取模式“%.o”的“%”，也就是“foo bar”，并为其加下“.c”的后缀，于是，依赖目标就是“foo.c bar.c”。而命令中的“$<”和“$@”则是自动化变量，“$<”表示所有的依赖目标集(也就是“foo.c bar.c”)；“$@”表示目标集(也就是“foo.o bar.o”)。上面的规则展开后等价于下面的规则：

```
foo.o : foo.c
$(CC) -c $(CFLAGS) foo.c -o foo.o
bar.o : bar.c
$(CC) -c $(CFLAGS) bar.c -o bar.o
```

如果“%.o”有几百个，只要用这种很简单的“静态模式规则”就可以写完一堆规则，实在是太有效率了。“静态模式规则”的用法很灵活，如果用得好，会是一个很强大的功能。再看一个例子：

```
files = foo.elc bar.o lose.o
$(filter %.o, $(files)): %.o: %.c
$(CC) -c $(CFLAGS) $< -o $@
$(filter %.elc, $(files)): %.elc: %.el
emacs -f batch-byte-compile $<
```

$(filter %.o, $(files))表示调用 Makefile 的 filter 函数，过滤“$filter”集，只要其中模式为“%.o”的内容。其他内容自不必说，本例展示了 Makefile 中更大的弹性。

8. 自动生成依赖性

在 Makefile 中，依赖关系可能会需要包含一系列的头文件，如果 main.c 中有一句“#include "defs.h"”，那么依赖关系就应该是：

```
main.o : main.c defs.h
```

但是，如果是一个比较大型的工程，必需清楚哪些 c 文件包含了哪些头文件，并且，在加入或删除头文件时，也需要小心修改 Makefile，这是一个很没有维护性的工作。为了避免这种繁重而又容易出错的事情，可以使用 C/C++编译的一个功能。大多数的 C/C++编译器都支持一个“-M”的选项，即自动找寻源文件中包含的头文件，并生成一个依赖关系。例如，如果执行下面的命令：

```
cc -M main.c
```

其输出是：

```
main.o : main.c defs.h
```

于是由编译器自动生成的依赖关系，就不必再手动书写若干文件的依赖关系，而由编译器自动生成。需要注意的是，如果使用 GNU 的 C/C++编译器需用“-MM”参数。“-M”参数会把一些标准库的头文件也包含进来。gcc -M main.c 的输出是：

```
main.o: main.c defs.h /usr/include/stdio.h /usr/include/features.h \
/usr/include/sys/cdefs.h /usr/include/gnu/stubs.h \
/usr/lib/gcc-lib/i486-suse-linux/2.95.3/include/stddef.h \
/usr/include/bits/types.h /usr/include/bits/pthreadtypes.h \
/usr/include/bits/sched.h /usr/include/libio.h \
/usr/include/_G_config.h /usr/include/wchar.h \
/usr/include/bits/wchar.h /usr/include/gconv.h \
/usr/lib/gcc-lib/i486-suse-linux/2.95.3/include/stdarg.h \
/usr/include/bits/stdio_lim.h
```

gcc -MM main.c 的输出则是：main.o: main.c defs.h。那么，编译器的这个功能应与 Makefile 联系在一起，因为这样 Makefile 要根据这些源文件重新生成，让 Makefile 自已依赖于源文件的功能并不现实，不过可以由其他手段迂回实现这一功能。GNU 组织建议把编译器为每一个源文件的自动生成的依赖关系放到一个文件中，为每一个“name.c”的文件都生成一个“name.d”的 Makefile 文件，[.d]文件中就存放对应[.c]文件的依赖关系。于是，可以写出[.c]文件和[.d]文件的依赖关系，让 make 自动更新[.d]文件，并将其包含在主 Makefile 中，这样就可以自动生成每个文件的依赖关系了。这里，给出了一个模式规则来产生[.d]文件：

```
%.d: %.c
```

```
@set -e; rm -f $@; \
$(CC) -M $(CPPFLAGS) $< > $@.$$$$; \
sed 's,\($*\)\.o[ :]*,\1.o $@ : ,g' < $@.$$$$ > $@; \
rm -f $@.$$$$
```

这个规则的意思是，所有的[.d]文件依赖于[.c]文件，“rm -f $@”的意思是删除所有的目标，也就是[.d]文件。第三行的意思是为每个依赖文件“$<”，也就是[.c]文件生成依赖文件，“$@”表示模式“%.d”文件，如果有一个c文件是name.c，那么“%”就是“name”，“$$$$”意为一个随机编号，第三行生成的文件有可能是“name.d.12345”。第四行使用sed命令做了一个替换，关于sed命令的用法请参看相关的使用文档。第五行就是删除临时文件。总而言之，这个模式就是在编译器生成的依赖关系中加入[.d]文件的依赖，即把依赖关系：

```
main.o : main.c defs.h
```

转成：

```
main.o main.d : main.c defs.h
```

于是，[.d]文件也会自动更新并自动生成了。在这个[.d]文件中加入的不只是依赖关系，包括生成的命令也可一并加入，让每个[.d]文件都包含一个完赖的规则。一旦完成这个工作，就要把这些自动生成的规则放进主Makefile中。可以使用Makefile的“include”命令，来引入别的Makefile文件，例如：

```
sources = foo.c bar.c
include $(sources:.c=.d)
```

上述语句的“$(sources:.c=.d)”中的“.c=.d”的意思是做一个替换，把变量$(sources)所有[.c]的字串都替换成[.d]，关于这个“替换”的内容，在下文会有更为详细的讲述。当然，得注意次序，因为include是依次来载入文件，最先载入的[.d]文件中的目标会成为默认目标。

2.2.4　Makefile的书写命令

每条规则中的命令和操作系统shell的命令行是一致的。make会按顺序一条一条的执行命令，每条命令的开头必须以[Tab]键开头。除非命令是紧跟在依赖规则后面的分号之后。在命令行之间的空格或是空行会被忽略，但是如果该空格或空行是以Tab键开头的，那么make会认为其是一个空命令。make的命令默认是被“/bin/sh”解释执行的。Makefile中“#”是注释符，很像C/C++中的“//”，其后的本行字符都被注释。

1. 显示命令

通常，make会把其要执行的命令行在命令执行前输出到屏幕上。当用“@”字符在命令行前，这个命令将不被make显示出来，最具代表性的是用这个功能来向屏幕显示一些调试信息。例如：

```
@echo 正在编译XXX模块……
```

当make执行时，会输出“正在编译XXX模块……”字串，但不会输出命令，如果没有“@”，make将输出：

```
echo 正在编译XXX模块……
```

正在编译XXX模块……

如果make执行时，带入make参数“-n”或“--just-print”，那么其只是显示命令，但不会执行命令。这个功能非常利于调试Makefile，显示书写的命令的执行情况或顺序。而make参数“-s”或“--slient”则是全面禁止命令的显示。

2. 命令执行

当依赖目标新于目标时，也就是当规则的目标需要被更新时，make会一条一条的执行其后的命令。需要注意的是，如果要让上一条命令的结果应用在下一条命令，应该使用分号分隔这两条命令。比如，第一条命令是cd命令，希望第二条命令是在cd之后的基础上运行，那么就不能把这两条命令写在两行上，而应该把这两条命令写在一行上，用分号分隔。如示例一：

```
exec:
cd /home/fengke
pwd
```

示例二：

```
exec:
cd /home/hchen; pwd
```

当执行“make exec”时，示例一中的cd没有作用，pwd会打印出当前的Makefile目录；而示例二中，cd就起作用了，pwd会打印出“/home/fengke”。

make一般是使用环境变量SHELL中所定义的系统shell来执行命令，默认情况下使用/bin/sh来执行命令。

3. 命令出错

每当命令运行完后，make会检测每个命令的返回码(shell中讲解的返回码是$?)，如果命令返回成功，那么make会执行下一条命令，当规则中所有的命令成功返回后，这个规则就算是成功完成了。如果一个规则中的某个命令出错了(命令退出码非零)，那么make就会终止执行当前规则，这将有可能终止所有规则的执行。

有些时候，命令的出错并不表示就是错误的。例如mkdir命令，一定需要建立一个目录。如果目录不存在，那么mkdir就成功执行；如果目录存在，那么就出错了。之所以使用mkdir的意思就是一定要有这样的一个目录，就是不希望mkdir出错而终止规则的运行。为了做到这一点，忽略命令的出错，可以在Makefile的命令行前加一个减号“-”(在Tab键之后)，标记为不管命令出不出错都认为是成功的。例如：

```
clean:
-rm -f *.o
```

还有一个顾及全局的办法是，给make加上“-i”或是“--ignore-errors”参数，Makefile中所有命令都会忽略错误。而如果一个规则是以“.IGNORE”作为目标的，那么这个规则中的所有命令将会忽略错误。这些是不同级别的防止命令出错的方法。还有一个要提一下的make的参数的是“-k”或是“--keep-going”，这个参数的意思是：如果某规则命令出错，那么就终止该规则的执行，但继续执行其他规则。

4. 嵌套执行make

在一些大的工程中，会把不同模块或不同功能的源文件放在不同的目录中，这样就可以在每个目录中都书写一个该目录的Makefile，这有利于让Makefile变得更加地简洁，而不至于把所有的东西全部写在一个Makefile中，这样会很难维护Makefile，这个技术对于模块编译和分段编译有着非常大的好处。

例如，子目录subdir，这个目录下的Makefile文件指明了这个目录下文件的编译规则。那么总控的Makefile可以这样书写：

```
subsystem:
cd subdir && $(MAKE)
```

其等价于：

```
subsystem:
$(MAKE) -C subdir
```

定义$(MAKE)宏变量的意思是，也许make需要一些参数，所以定义成一个变量比较利于维护。这两个例子的意思都是先进入“subdir”目录，然后执行make命令。把这个Makefile叫做“总控Makefile”，总控Makefile的变量可以传递到下级的Makefile中(如果是显示的声明)，但是不会覆盖下层的Makefile中所定义的变量，除非指定了“-e”参数。如果要传递变量到下级Makefile中，那么可以使用这样的声明：

```
export <variable ...>
```

如果不想让某些变量传递到下级Makefile中，那么可以这样声明：

```
unexport <variable ...>
```

示例一：

```
export variable = value
```

其等价于：

```
variable = value
export variable
```

其等价于：

```
export variable := value
```

其等价于：

```
variable := value
export variable
```

示例二：

```
export variable += value
```

其等价于：

```
variable += value
export variable
```

如果要传递所有的变量，那么，只要一个export就行了。后面什么也不用跟，表示传递所有的变量。需要注意的是：有两个变量，一个是SHELL，另一个是MAKEFLAGS，这两个变量不管是否export，其总是要传递到下层Makefile中，特别是MAKEFILES变量，其中包含了make的参数信息，如果执行“总控Makefile”时有make数或是在上层Makefile中定义了这个变量，那么MAKEFILES变量将会是这些参数，并会传递到下层Makefile中，这是一个系统级的环境变量。但是make命令中的有几个参数并不往下传递，它们是“-C”，“-f”，“-h”“-o”和“-w”。如果不想往下层传递参数，可以这样：

```
subsystem:
cd subdir && $(MAKE) MAKEFLAGS=
```

如果用了环境变量MAKEFLAGS，那么得确信其中的选项是大家都会用到的，如果其中有“-t”，“-n”，和“-q”参数，那么将会有意想不到的结果。

还有一个在“嵌套执行”中比较有用的参数，“-w”或是“--print-directory”会在make的过程中输出一些信息，显示当前的工作目录。比如，如果下级make目录是“/home/fengke/gnu/make”，如果使用“make -w”来执行，那么当进入该目录时就会看到：

```
make: Entering directory '/home/fengke/gnu/make'.
```

而在完成下层make后离开目录时，也会看到：

```
make: Leaving directory '/home/fengke/gnu/make'
```

当使用“-C”参数来指定make下层Makefile时，“-w”会被自动打开的。如果参数中有“-s”(“--slient”)或是“--no-print-directory”，那么，“-w”总是失效的。

5. 定义命令包

如果Makefile中出现一些相同命令序列，那么可以为这些相同的命令序列定义一个变量。定义这种命令序列的语法以“define”开始，以“endef”结束。例如：

```
define run-yacc
yacc $(firstword $^)
mv y.tab.c $@
endef
```

这里，“run-yacc”是这个命令包的名字，不要和Makefile中的变量重名。在“define”和“endef”中的两行就是命令序列。这个命令包中的第一个命令是运行Yacc程序，因为Yacc程序总是生成“y.tab.c”的文件，所以第二行的命令就是给这个文件改改名字。把这个命令包放到一个示例中来看：

```
foo.c : foo.y
$(run-yacc)
```

可以看见，使用这个命令包，就好像使用变量一样。在这个命令包的使用中，命令包“run-yacc”中的“$^”就是“foo.y”，“$@”就是“foo.c”(有关这种以“$”开头的特殊变量，我们会在后面介绍)，make在执行命令包时，命令包中的每个命令会被依次独立执行。

2.2.5 Makefile的变量使用

在Makefile中，变量就是一个名字(像是C语言中的宏)，代表一个文本字符串(变量的值)。在Makefile的目标、依赖、命令中引用一个变量的地方，变量会被它的值所取代(与C语言中宏引用的方式相同，因此其他版本的make也把变量称之为“宏”)。在Makefile中变量的特征有以下几点：

Makefile中变量和函数的展开(除规则的命令行以外)，是在make读取makefile文件时进行的，这里的变量包括了使用“=”定义和使用指示符“define”定义的。

变量名不包括“:”、“#”、“=”、前置空白和结尾空白的任何字符串。需要注意的是，尽管在GNU make中没有对变量的命名有其他的限制，但定义一个包含除字母、数字和下划线以外的变量的做法也是不可取的，因为除字母、数字和下划线以外的其他字符可能会在以后的make版本中被赋予特殊含义，并且这样命名的变量对于一些shell来说不能作为环境变量使用。因为变量名是大小写敏感的，所以变量“foo”、“Foo”和“FOO”指的是三个不同的变量。Makefile传统做法是变量名全采用大写的方式。推荐的做法是在对于内部定义定义的一般变量(如目标文件列表objects)使用小写方式，而对于一些参数列表(例如：编译选项CFLAGS)采用大写方式。另外，有一些变量名只包含了一个或者很少的几个特殊的字符，如“$<”、“$@”、“$?”、“$*”等，这些变量称为自动化变量。

1. 变量的引用

当一个变量定义了之后，就可以在Makefile的很多地方使用这个变量。变量的引用方式是：使用“$(VARIABLE_NAME)”或者“${ VARIABLE_NAME }”来引用一个变量的定义。例如，“$(foo) ”或者“${foo}”就是取变量“foo”的值。美元符号“$”在Makefile中有特殊的含义，所有在命令或者文件名中使用“$”时需要用两个美元符号“$$”来表示。对一个变量的引用可以在Makefile的任何上下文中，目标、依赖、命令、绝大多数指示符和新变量的赋值中。下例中变量保存了所有.o文件的列表：

```
objects = program.o foo.o utils.o
program : $(objects)
cc -o program $(objects)
$(objects) : defs.h
```

变量引用的展开过程是严格的文本替换过程，就是说变量值的字符串被精确的展开在此变量被引用的地方。因此规则：

```
foo = c
prog.o : prog.$(foo)
$(foo) $(foo) -$(foo) prog.$(foo)
```

被展开后就是：

```
    prog.o : prog.c
cc -c prog.c
```

通过上例可以看到变量的展开过程完全和C语言中的宏展开的过程一样，是一个严格的文本替换过程。上例中在变量“foo”被展开过程中，其值中的前导空格会被忽略。这里举例子的目的是为了更清楚地了解变量的展开方式，而不是建议按照这样的方式来书写Makefile。在实际书写时，千万不要使用这种方式，否则将会带来很多不必要的麻烦。注意：Makefile中在对一些简单变量的应用，也可以不使用“()”和“{}”来标记变量名，而直接使用“$x”的格式来实现，此种用法仅限于变量名为单字符的情况，另外自动化变量也使用这种格式。对于一般多字符变量的引用必须使用括号标记，否则make将把变量名的首字母作为引用(“$PATH”在Makefile中实际上是“$(P)ATH”)，这一点和shell中变量的引用方式不同。shell中变量的引用可以是“${xx}”或者“$xx”格式，但在Makefile中多字符变量名的引用只能是“$(xx)”或者“${xx}”格式。

一般在书写Makefile时，各部分变量引用的格式建议如下：

(1) make变量(Makefile中定义的或是make的环境变量)的引用使用“$(VAR)”格式，无论“VAR”是单字符变量名还是多字符变量名。

(2) 出现在规则命令行中的shell变量(一般为执行命令过程中的临时变量，不属于Makefile变量，而是一个shell变量)引用使用shell的“$tmp”格式。

(3) 对出现在命令行中的 make 变量同样使用"$(CMDVAR)"格式来引用。例如：

```
# sample Makefile
……
SUBDIRS := src foo
.PHONY : subdir
Subdir :
@for dir in $(SUBDIRS); do \    ## SUBDIRS 是命令行中的 make 变量
$(MAKE) -C $$dir || exit 1; \
done
```

2. 变量定义或赋值

在 GNU make 中，一个变量的定义有两种方式，即递归展开式变量和直接展开式变量。这两种方式定义的变量可看作变量的两种不同风格，变量的这两种不同风格的区别是：定义方式和展开时机。

1) 递归展开式变量

第一种风格的变量就是递归展开式的变量。这一类型变量的定义是通过"="或者使用指示符"define"定义的变量。对这种变量的引用，在引用的地方是严格的文本替换过程，此变量值的字符串原模原样的出现在引用它的地方。如果此变量定义中存在对其他变量的引用，这些被引用的变量会在它被展开的同时被展开。也就是说在变量定义时，变量值中对其他变量的引用不会被替换展开。而是，变量在引用它的地方进行替换展开的同时，它所引用的其他变量才会被替换展开。语言的描述可能比较晦涩，下面举例说明：

```
foo = $(bar)
bar = $(ugh)
ugh = Huh?

all:;echo $(foo)
```

执行"make"将会打印出"Huh?"。整个变量的替换过程是：首先"$(foo)"被替换为"$(bar)"，接下来"$(bar)"被替换为"$(ugh)"，最后"$(ugh)"被替换为"Hug?"。整个替换的过程是在执行"echo $(foo)"时进行的，这种类型的变量称为"递归展开"式变量。

此类型的变量有优点，也存在缺点。其优点是：这种类型变量定义时，可以引用其他的之前没有定义的变量(可能在后续部分定义，或者是通过 make 的命令行选项传递的变量)。例如：

```
CFLAGS = $(include_dirs) -O
include_dirs = -Ifoo -Ibar
```

"CFLAGS"会在命令中被展开为"-Ifoo -Ibar -O"。可以看到在"CFLAGS"定义中使用之后定义的变量"include_dirs"。

递归展开式变的缺点是：使用此风格的变量定义，可能会由于出现变量的递归定义而导致 make 陷入到无限的变量展开过程中，最终使 make 执行失败。给上例中的变量追加值：

```
CFLAGS = $(CFLAGS) -O
```

这样就会导致 make 进入对变量"CFLAGS"的无限展开过程中(这种定义就是变量的

递归定义)。因为一旦后续同样存在对“CLFAGS”定义的追加，展开过程将是套嵌的、不能终止的(在发生这种情况时，make 会提示错误信息并结束)。一般在书写 Makefile 时，使用这种追加变量值的方法也很少使用。例如：

```
x = $(y)
y = $(x) $(z)
```

这种情况下同样会导致 make 陷入到无限的变量展开过程中。当出现这样的错误时，首先应检查 Makefile 中变量是否出现了递归定义。

2) 直接展开式变量

为了避免“递归展开式”变量存在的问题和不方便。在 GNU make 中可以使用另外一种风格的变量，称之为“直接展开”式变量。这种风格的变量使用“:=”来定义变量。在使用“:=”定义变量时，变量值中对另外变量的引用或者函数的引用在定义时被展开(对变量进行替换)。所以在变量被定义以后就是一个实际所需要定义的文本串，其中不再包含任何对其他变量的引用。因此

```
x := foo
y := $(x) bar
x := later
```

就等价于：

```
y := foo bar
x := later
```

需要注意的是：此风格变量在定义时就完成了对所引用变量的展开，因此它不能实现对其后定义变量的引用。例如：

```
CFLAGS := $(include_dirs) -O
include_dirs := -Ifoo -Ibar
```

由于变量“include_dirs”的定义出现在“CFLAGS”定义之后。因此在“CFLAGS”的定义中，“include_dirs”的值为空。“CFLAGS”的值为“-O”而不是“-Ifoo -Ibar -O”。这一点也是直接展开式和递归展开式变量的不同点。注意这里的两个变量都是“直接展开”式的。

下边来看一个复杂一点的例子。分析直接展开式变量定义(:=)的用法，这里也用到了 make 的 shell 函数和变量“MAKELEVEL”(此变量在 make 的递归调用时代表 make 的调用深度)。其中包括了 make 的函数、条件表达式和一个系统变量“MAKELEVEL”的使用：

```
ifeq (0, ${MAKELEVEL})
cur-dir := $(shell pwd)
whoami := $(shell whoami)
host-type := $(shell arch)
MAKE := ${MAKE} host-type=${host-type} whoami=${whoami}
endif
```

第一行是一个条件判断，说明如果是顶层 Makefile，就定义下列变量。否则不定义任何变量。第二、三、四、五行分别定义了一个变量，在进行变量定义时对引用到的其他变量和函数展开，最后结束定义。由直接展开式的这个优点可以书写如下规则：

```
${subdirs}:
```

```
${MAKE} cur-dir=${cur-dir}/$@ -C $@ all
```

它实现了在不同子目录下变量“cur_dir”使用不同的值(为当前工作目录)。在复杂的Makefile中，推荐使用直接展开式变量。因为这种风格变量的使用方式和大多数编程语言中的变量使用方式基本相同。它可以使一个比较复杂的Makefile在一定程度上具有可预测性，而且这种变量允许利用之前所定义的值来重新定义它(比如使用某一个函数来对它以前的值进行处理并重新赋值)，此方式在Makefile中经常用到。需要注意尽量避免和减少递归方式的变量的使用。

3) 如何定义一个空格

使用直接扩展式变量定义，可以实现将一个前导空格定义在变量值中。一般变量值中的前导空格字符在变量引用和函数调用时被丢弃。利用直接展开式变量在定义时对引用的其他变量或函数进行展开的特点，可以实现在一个变量中包含前导空格，并在引用此变量时对空格加以保护。比如：

```
nullstring :=
space := $(nullstring) # end of the line
```

这里，变量“space”正好表示一个空格。“space”定义的行中的注释在这里使得目的更清晰(明确地描述一个空格字符比较困难)，明确的指定需要的是一个空格。这是一个很好地实现方式。使用变量“nullstring”标明变量值的开始，采用“#”注释来结束，中间是一个空格字符。

make对变量进行处理时变量值中尾空格是不被忽略的，因此定义一个包含一个或者多个空格的变量定义时，上边的实现就是一个简单并且非常直观的方式。需要注意的是，对于不包含尾空格的变量的定义，就不能随便使用几个空格之后，再在同行中放置它的注释内容。例如下边的做法就是不正确的：

```
dir := /foo/bar    # directory to put the frobs in
```

变量“dir”的值是“/foo/bar ”(后面有4个空格)，这可能并不是想要实现的。假如一个特定的文件以它作为路径来表示“$(dir)/file”，就大错特错了。这里顺便提醒在书写Makefile时，注释内容推荐书写在独立的一行或者多行，这样就可以防止出现这种意外情况，而且注释行独立的行书写时使得Makefile更加清晰，便于别人的预读。

4) “?=”操作符

GNU make中，还有一个被称为条件赋值的赋值操作符“?=”。被称为条件赋值是因为只有此变量在之前没有赋值的情况下才会对这个变量进行赋值。例如：

```
FOO ?= bar
```

其等价于：

```
ifeq ($(origin FOO), undefined)
FOO = bar
endif
```

其中含义是：如果变量“FOO”没有定义过，就给它赋值“bar”。否则，不改变它的值。

3. 变量的高级用法

1) 变量的替换引用

对于一个已经定义的变量，可以使用“替换引用”将其值使用指定的字符(字符串)进行替换。格式为“$(VAR:A=B)”(或者“${VAR:A=B}”)，其含义是：替换变量“VAR”中所有“A”字符结尾的字为“B”结尾的字。“结尾”的含义是空格之前(变量值的多个字以空格分开)，而对于变量其他部分的“A”字符不进行替换。例如：

```
foo := a.o b.o c.o
bar := $(foo:.o=.c)
```

在这个定义中，变量“bar”的值就为“a.c b.c c.c”。使用变量的替换引用将变量“foo”以空格分开的值中的所有的字的尾字符“o”替换为“c”，其他部分不变。而且在变量“foo”中，如果存在“o.o”时，那么变量“bar”的值为“a.c b.c c.c o.c”，而不是“a.c b.c c.c c.c”。需要明确的是，变量的替换引用的其实是函数“patsubst”的一个简化实现。

另外一种引用替换的技术使用功能更强大的“patsubst”函数的所有功能。它的格式和上面“$(VAR:A=B)”的格式相类似，不过，在这里的“A”和“B”中需要包含模式字符“%”。它就和“$(patsubst A, B $(VAR))”所实现功能相同。例如：

```
foo := a.o b.o c.o
bar := $(foo:%.o=%.c)
```

这个例子同样使变量“bar”的值为“a.c b.c c.c”。这种格式的替换引用方式比第一种方式更通用，更容易理解。

2) 变量的套嵌引用

计算的变量名是一个比较复杂的概念，当一个被引用的变量名之中含有“$”时，可以得到另外一个值。

一个变量名(文本串)中可以包含对其他变量的引用，这种情况称之为“变量的嵌套引用”或者叫“计算的变量名”。例如：

```
x = y
y = z
a := $($(x))
```

例中，最终定义了“a”的值为“z”。变量的引用过程首先是最里边的变量引用“$(x)”被替换为变量名“y”(就是“$($(x))”被替换为了“$(y)”)，之后“$(y)”被替换为“z”(就是 a := z)。a:=$($(x))所引用的变量名不是明确声明的，而是由$(x)扩展得到的。这里“$(x)”相对于外层的引用就是嵌套的变量引用。这个例子可以看到是一个两层的嵌套引用，具有多层的嵌套引用在 Makefile 中也是允许的。一个三层嵌套引用的例子如下：

```
x = y
y = z
z = u
a := $($($(x)))
```

这个例子最终定义了“a”的值为“u”。它的扩展过程和上边第一个例子的过程相同。首先“$(x)”被替换为“y”，则“$($(x))”就是“$(y)”，“$(y)”再被替换为“z”，就是“a:=$(z)”；“$(z)”最后被替换为“u”。

以上两个嵌套引用的例子中没有使用到递归展开式变量。递归展开式变量的变量名的计算过程，也是按照相同的方式被扩展的。例如：

```
x = $(y)
y = z
```

```
z = Hello
a := $($(x))
```

此例最终实现了“a：= Hello”这个定义。其中，“$($(x))”被替换为“$($(y))”，“$($(y))”再被替换为“$(z)”，最终就是“a：= Hello”。这里的$($(x))被替换为$($(y))，因为$(y)值是“z”，所以最终结果是：a：= $(z)，也就是“Hello”。

递归变量的嵌套引用过程，也可以包含变量的修改引用和函数调用。例如下面，使用了make的文本处理函数：

```
x = variable1
variable2 := Hello
y = $(subst 1, 2, $(x))
z = y
a := $($($(z)))
```

此例同样的实现“a：= Hello”。“$($($(z)))”替换为“$($(y))”，之后再次被替换为“$($(subst 1, 2, $(x)))”（“$(x)”的值是“variable1”，所以得到“$($(subst 1, 2, $(variable1)))”）。函数处理之后为“$(variable2)”，再对它进行替换展开。最终，变量“a”的值就是“Hello”。

从例中看到，计算的变量名的引用过程存在多层嵌套过程，也使用了文本处理函数。这个复杂的计算变量的过程，会使人感到混乱甚至迷惑。上例中所要实现的目的没有直接使用“a：= Hello”直观明了。在书写Makefile时，应尽量避免使用嵌套的变量引用方式。在一些必需的地方，最好不要使用高于两级的嵌套引用。

一个计算的变量名可以不是对一个完整、单一的其他变量的引用，其中可以包含多个变量的引用，也可以包含一些文本字符串。也就是说，计算变量的名字可以由一个或者多个变量引用同时加上字符串混合组成。例如：

```
a_dirs := dira dirb
1_dirs := dir1 dir2
a_files := filea fileb
1_files := file1 file2

    ifeq "$(use_a)""yes"
a1 := a
else
a1 := 1
endif

    ifeq "$(use_dirs)""yes"
df := dirs
else
df := files
endif

    dirs := $($(a1)_$(df))
```

这个例子实现了对变量“dirs”的定义，它的可取值为“a_dirs”、“1_dirs”、“a_files”或“a_files”四个值的其中之一。具体依赖于“use_a”和“use_dirs”的定义。计算的变量名也可以使用上文中讨论过的“变量的替换引用”。例如：

```
a_objects := a.o b.o c.o
1_objects := 1.o 2.o 3.o
sources := $($(a1)_objects:.o=.c)
```

这个例子实现对变量“sources”的定义，它的可能取值为“a.c b.c c.c”和“1.c 2.c 3.c”，具体依赖于“a1”的定义。在此可以分析一下计算变量名的过程。

使用嵌套的变量引用的唯一限制是：不能通过指定部分需要调用的函数名称(调用的函数包括了函数名本身和执行的参数)来实现对这个函数的调用。这是因为嵌套引用在展开之前已经完成了对函数名的识别测试。语言的描述可能比较难理解。下例中试图将函数执行的结果赋值给一个变量：

```
ifdef do_sort
func := sort
else
func := strip
endif
bar := a d b g q c
foo := $($(func) $(bar))
```

此例的本意是将“sort”或者“strip”(依赖于是否定义了变量“do_sort”)以“a d b g q c”的执行结果赋值变量“foo”。在这里使用了嵌套引用方式来实现，这个实现的结果是：变量“foo”的值为字符串“sort a d b g q c”或者“strip a d g q c”，或者是想利用 sort 或 strip 函数，但在这里却被理解成了字符串(这是目前版本的 make 在处理嵌套变量引用时的限制)。

计算的变量名可以用在两处：一是一个使用赋值操作符定义的变量的左值部分；二是使用“define”定义的变量名中。例如：

```
dir = foo
$(dir)_sources := $(wildcard $(dir)/*.c)

    define $(dir)_print
lpr $($(dir)_sources)
endef
```

在这个例子中定义了“dir”，“foo_sources”=“$(dir)_sources”和“foo_print”=“$(dir)_print”三个变量。计算的变量名在进行替换时的顺序是：从最里层的变量引用开始，逐步向外进行替换，一层层展开直到最后计算出需要应用的具体的变量，最后进行替换展开得到实际的引用值。

变量的嵌套引用(需要计算的变量名)在 Makefile 中应该尽量避免使用。在必需的场合使用时掌握的原则是：嵌套使用的层数越少越好，使用多个两层嵌套引用代替一个多层的嵌套引用。如果在 Makefile 中存在一个层次很深的套嵌引用，会给其他人的阅读造成很大的困难。而且变量的多级嵌套引用在某些时候会使简单的问题复杂化。

4. 变量如何取值

变量取值的方式如下。

（1）在运行 make 时，通过命令行选项来取代一个已定义的变量值。

（2）在 Makefile 文件中，通过赋值的方式或者使用“define”来为一个变量赋值。

（3）将变量设置为系统环境变量，所有系统环境变量都可以被 make 使用。

（4）自动化变量，在不同的规则中自动化变量会被赋予不同的值，每一个都有单一的习惯性用法。

（5）一些变量具有固定的值，可以理解成常量。

5. 如何设置变量

Makefile 中变量的设置(也可以称之为定义)是通过“＝”(递归方式)或者“:＝”(静态方式)来实现的。“＝”和“:＝”左边是变量名，右边是变量的值。以下就是一个变量的定义语句：

```
objects = main. o foo. o bar. o utils. o
```

这个语句定义了一个变量“objects”，其值为一个 . o 文件的列表。变量名两边的空格和“＝”之后的空格在 make 处理时被忽略。

使用“＝”定义的变量称之为“递归展开”式变量；使用“:＝”定义的变量称为“直接展开”式变量，“直接展开”式的变量如果其值中存在对其变量或者函数的引用，在定义时这些引用将会被替换展开。定义一个变量时需要明确以下几点。

（1）变量名之中可以包含函数或者其他变量的引用，make 在读入此行时根据已定义情况进行替换展开而产生实际的变量名。

（2）变量的定义值在长度上没有限制。变量定义较长时，一个好的做法就是将比较长的行分多个行来书写，除最后一行外行与行之间使用反斜杠(\)连接。这样的书写方式对 make 的处理不会造成任何影响，便于后期修改维护且使得 Makefile 更清晰，上例就可以写为：

```
ojects = main. o foo. o \
bar. o utils. o
```

（3）当引用一个没有定义的变量时，make 默认它的值为空(这和 shell 是一样的)。

（4）一些特殊的变量在 make 中有内嵌固定的值，不过这些变量允许 Makefile 显式得重新给它赋值。

（5）还存在一些由两个符号组成的特殊变量，称之为自动环变量。它们的值不能在 Makefile 中进行显式的修改。这些变量使用在规则中时，不同的规则中会被赋予不同的值。

（6）如果希望实现这样一个操作，仅对一个之前没有定义过的变量进行赋值，那么可以使用速记符“？＝”(条件方式)来代替“＝”，或者用“:＝”来实现。

6. 追加变量值

通常对于一个通用变量在定义之后的其它一个地方，需要给它的值进行追加。可以在开始给它定义一个基本的值，后续可以不断地根据需要给它增加一些必要值。在 Makefile 中使用“＋＝”(追加方式)来实现对一个变量值的追加操作。

```
objects += another. o
```

这个操作把字符串“another. o”添加到变量“objects”原有值的末尾，使用空格将其分开，因此可以看到：

```
objects = main.o foo.o bar.o utils.o
objects += another.o
```

以上两个操作之后变量“objects”的值成为“main.o foo.o bar.o utils.o another.o”。使用“+=”操作符，就相当于：

```
objects = main.o foo.o bar.o utils.o
objects := $(objects) another.o
```

但是，这两种方式可能在简单一些的Makefile有相同的效果，而在复杂的Makefile中它们之间的差异就会导致一些问题。为了方便调试，了解这两种实现的差异还是很有必要的。

(1) 如果被追加值的变量之前没有定义，那么“+=”会自动变成“=”，此变量就被定义为一个递归展开式的变量。如果之前存在这个变量定义，那么“+=”就继承之前定义时的变量风格。

(2) 直接展开式变量的追加过程。变量使用“:=”定义，之后“+=”操作将会首先替换展开之前此变量的值，然后在末尾添加需要追加的值，并使用“:=”重新给此变量赋值，实际过程如下：

```
variable := value
variable += more
```

就是：

```
variable := value
variable := $(variable) more
```

(3) 递归展开式变量的追加过程。一个变量使用“=”定义，之后“+=”操作时不对之前此变量值中的任何引用进行替换展开(注意体会和直接赋值之间的差异)，而是按照文本的扩展方式(之前等号右边的文本未发生变化)替换，尔后在末尾添加需要追加的值，并使用“=”给此变量重新赋值。实际过程与上文相类似：

```
variable = value
variable += more
```

相当于：

```
temp = value
variable = $(temp) more
```

当然，上边的过程并不会存在中间变量“temp”，这里只是使用它来描述得更形象。这种情况时如果“value”中存在某种引用，情况就有些不同了。看一个通常会用到的例子：

```
CFLAGS = $(includes) -O
...
CFLAGS += -pg # enable profiling
```

第一行定义了变量“CFLAGS”，它是一个递归展开式的变量。因此make在处理它的定义时不会对其值中的引用“$(includes)”进行展开，它的替换展开是在变量“CFLAGS”被引用的规则中。因此，变量“include”可以在“CFLAGS”之前没有定义，只要它在实际引用“CFLAGS”之前定义就可以了。如果给“CFLAGS”追加值使用“:=”操作符，按照以下来实现：

```
CFLAGS := $(CFLAGS) -pg # enable profiling
```

这样似乎很正确，但是实际上它在有些情况下却不想实现。因为“:=”操作符定义的是直接展开式变量，因此变量值中对其他变量或者函数的引用会在定义时进行展开。在这种情况下，如果变量"includes"在之前没有进行定义，变量"CFLAGS"的值为"-O -pg"($(includes)被替换展开为空字符)。而其后出现的"includes"的定义对"CFLAGS"将不产生影响。相反的情况，如果在这里使用"+="实现：

```
CFLAGS += -pg # enable profiling
```

那么，变量"CFLAGS"的值就是文本串"$(includes) -O -pg"，因为之前"CFLAGS"定义为递归展开式，所以追加值时不会对其值的引用进行替换展开。因此变量"includes"只要出现在规则对"CFLAGS"的引用之前定义，它都可以对"CFLAGS"的值起作用。对于递归展开式变量的追加，make程序会同样会按照递归展开式的定义来实现对变量的重新赋值，不会发生递归展开式变量展开过程的无限循环。

7. override指示符

通常在执行make时，如果通过命令行定义了一个变量，那么它将替代在Makefile中出现的同名变量的定义。就是说，对于一个在Makefile中使用常规方式("="、":="或者"define")定义的变量，可以在执行make时通过命令行方式重新指定这个变量的值，命令行指定的值将替代出现在Makefile中此变量的值。为了防止命令行变量定义的值替代Makefile中变量定义的值，需要在Makefile中使用指示符"override"来声明这个变量，如下：

```
override VARIABLE = VALUE
```

或者：

```
override VARIABLE := VALUE
```

也可以对变量使用追加方式：

```
override VARIABLE += MORE TEXT
```

对于追加方式，这里需要说明的是：变量在定义时使用了"override"，则后续对其他值进行追加时，也需要使用带有"override"指示符的追加方式。否则，对此变量值的追加不会生效。指示符"override"并不是用来调整Makefile和执行时命令参数的冲突，其存在的目的是为了使用户可以改变或者追加那些使用make的命令行指定的变量的定义。从另外一个角度来说，就是实现了在Makefile中增加或者修改命令行参数的一种机制。

可能会有这样的需求：可以通过命令行来指定一些附加的编译参数，对一些通用的参数或者必需的编译参数可以在Makefile中指定，而在命令行中可以指定一些特殊的参数。对待这种需求，可以使用指示符"override"来实现。例如，无论命令行指定那些编译参数，必须打开调试开关"-g"，在Makefile中对"CFLAGS"应该这样写：

```
override CFLAGS += -g
```

这样写后无论通过命令行指定哪些编译选项，"-g"参数始终存在。对于使用"define"定义的变量同样也可以使用"override"进行声明。例如：

```
override define foo
bar
endef
```

最后来看一个例子：

```
# sample Makefile
EXEF = foo
override CFLAGS += -Wall -g
.PHONY : all debug test
all : $(EXEF)

foo : foo.c
..........
..........

$(EXEF) : debug.h
$(CC) $(CFLAGS) $(addsuffix .c, $@) -o $@

    debug :
@echo "CFLAGS = $(CFLAGS)"
```

执行：make CFLAGS=-O2 将显式结果为编译“foo”的过程是“cc -O2 -Wall -g foo.c -o foo”。执行“make CFLAGS=-O2 debug”可以查看到变量“CFLAGS”的值为“-O2 -Wall -g”。另外，这个例子中，如果把变量“CFLAGS”之前的指示符“override”去掉以后使用相同的命令将得到不同的结果。

8. 多行变量

还有一种设置变量值的方法是使用 define 关键字。使用 define 关键字设置变量的值可以有换行，这有利于定义一系列的命令(前面讲过“命令包”的技术就是利用这个关键字)。

define 指示符后面跟的是变量的名字，然后重起一行定义变量的值，定义是以 endef 关键字结束。其工作方式和“=”操作符一样。变量的值可以包含函数、命令、文字，或是其他变量。因为命令需要以[Tab]键开头，所以如果用 define 定义的命令变量中没有以[Tab]键开头，那么 make 就不会将其认作命令。下面的这个示例展示了 define 的用法：

```
    define two-lines
    echo foo     # echo 前面是空格而不是 Tab
    echo $(bar)
endef
```

如果将变量“two-lines”作为命令包执行时，其相当于：two-lines = echo foo; echo $(bar)。使用“define”定义的变量和使用“=”定义的变量一样，属于“递归展开”式的变量，两者只是在语法上不同。因此“define”所定义的变量值中，对其他变量或者函数引用不会在定义时替换展开，其展开是在“define”定义的变量被引用时进行的。

9. 环境变量

make 运行时的系统环境变量可以在 make 开始运行时被载入到 Makefile 文件中，但是如果 Makefile 中已定义了这个变量，或是这个变量由 make 命令行带入，那么系统的环境变量的值将被覆盖。而 make 使用“-e”参数时，Makefile 和命令行定义的变量不会覆盖同名的环境变量，make 将使用系统环境变量中这些变量的定义值。

因此，如果在环境变量中设置了“CFLAGS”环境变量，就可以在所有的Makefile中使用这个变量，这对于使用统一的编译参数有比较大的好处。如果Makefile中定义了CFLAGS，则会使用Makefile的这个变量，如果没有定义则使用系统环境变量的值，一个共性和个性的统一，很像“全局变量”和“局部变量”的特性。当make嵌套调用时，上层Makefile中定义的变量会以系统环境变量的方式传递到下层的Makefile中。当然，默认情况下，只有通过命令行设置的变量会被传递。而定义在文件中的变量，如果要向下层Makefile传递，则需要使用exprot键字来声明。

假如机器名(HOSTNAME)为“server - cc”；则Makefile的内容如下：

```
# test makefile
HOSTNAME = server - http
…………
…………
. PHONY : debug
debug :
@echo “hostname is : $( HOSTNAME)”
@echo “shell is $(SHELL)”
```

(1) 执行“make debug”将显示：

```
hostname is : server - http
shell is /bin/sh
```

(2) 执行“make - e debug”将显示：

```
hostname is : server - cc
shell is /bin/sh
```

(3) 执行“make - e HOSTNAEM=server - ftp”将显示：

```
hostname is : server - cc
shell is /bin/sh
```

10. 目标指定变量

前面讲的在Makefile中定义的变量都是“全局变量”，在整个文件中都可以访问这些变量。当然，“自动化变量”除外，如“$<”等类型的自动化变量就属于“规则型变量”，这种变量的值依赖于规则的目标和依赖目标的定义。

当然，同样可以为某个目标设置局部变量，这种变量被称为“Target - specific Variable”，它可以和“全局变量”同名。因为它的作用范围只在这条规则及连带规则中，所以其值也只在作用范围内有效。而不会影响规则链以外的全局变量的值。其语法是：

```
<target...> : <variable - assignment>
<target...> : overide <variable - assignment>
```

<variable - assignment>可以是前面讲过的各种赋值表达式，如“=”、“:=”、“+=”或是“? =”。第二个语法是针对于make命令行带入的变量，或是系统环境变量。这个特性非常有用，当设置了这样一个变量，这个变量会作用到由这个目标所引发的所有的规则中。例如：

```
prog : CFLAGS = - g
```

```
prog : prog.o foo.o bar.o
 $(CC) $(CFLAGS) prog.o foo.o bar.o
prog.o : prog.c
 $(CC) $(CFLAGS) prog.c
foo.o : foo.c
 $(CC) $(CFLAGS) foo.c
bar.o : bar.c
 $(CC) $(CFLAGS) bar.c
```

在这个示例中，不管全局的$(CFLAGS)的值是什么，在prog目标及其引发的所有规则中(prog.o foo.o bar.o的规则)，$(CFLAGS)的值都是"-g"。

使用目标指定变量可以在Makefile实现对于不同的目标文件使用不同的编译参数。例如：

```
# sample Makefile
CUR_DIR = $(shell pwd)
INCS := $(CUR_DIR)/include
CFLAGS := -Wall -I$(INCS)
EXEF := foo bar

    .PHONY : all clean
all : $(EXEF)
foo : foo.c
foo : CFLAGS+=-O2
bar : bar.c
bar : CFLAGS+=-g
...........
...........
$(EXEF) : debug.h
$(CC) $(CFLAGS) $(addsuffix .c, $@) -o $@
clean :
$(RM) *.o *.d $(EXES)
```

这个Makefile文件实现了在编译程序"foo"使用优化选项"-O2"但不使用调试选项"-g"，而在编译"bar"时采用了"-g"但没用"-O2"。这就是目标指定变量的灵活之处。目标指定变量的其他特性可以通过修改这个简单的Makefile来进行验证。

11. 模式指定变量

GNU make中，除了支持上文所讨论的模式指定变量之外，还支持另外一种方式，即模式指定变量(Pattern-specific Variable)。使用目标定变量定义时，此变量被定义在某个具体目标和由它所引发的规则的目标上，而模式指定变量定义是将一个变量值指定到所有符合特定模式的目标上。对于同一个变量如果使用追加方式，通常一个目标的局部变量值的顺序是：(为所有规则定义的全局值)+(引发它所在规则被执行的目标所指定值)+(它所符合的模式指定值)+(此目标所指定的值)。设置一个模式指定变量的语法和设置目标变量的语法相似：

PATTERN...：VARIABLE - ASSIGNMENT

或者：

PATTERN...：override VARIABLE - ASSIGNMENT

和目标指定变量语法的唯一区别就是：这里的目标是一个或者多个“模式”目标(包含模式字符“%”)。例如可以为所有的.o文件指定变量“CFLAGS”的值：

%.o：CFLAGS += -O

它指定了所有.o文件的编译选项包含“-O”选项，不改变对其他类型文件的编译选项。需要说明的是：在使用模式指定的变量定义时。目标文件一般除了模式字符(%)以外需要包含某种文件名的特征字符(如“a%”、“%.o”、“%.a”等)。在单独使用“%”作为目标时，指定的变量会对任何类型的目标文件都有效。

2.2.6 make命令的执行

一般描述整个工程编译规则的Makefile可以通过不止一种方式来执行。最简单直接的方法就是使用不带任何参数的“make”命令来重新编译所有过时的文件。通常，Makefile就书写为这种方式。

(1) 可能需要使用make更新一部分过时文件而不是全部文件。

(2) 需要使用另外的编译器或者重新定义编译选项。

(3) 只需要察看哪些文件被修改，而不需要重新编译。

为了达到这些特殊的目的，需要使用make的命令行参数来实现。make的命令行参数能实现的功能不仅限于这些，通过make的命令行参数可以实现更多特殊功能。

另外，make的退出状态有以三种：

0—状态为0时，表示执行成功。

1—执行过程出现错误，同时会提示错误信息。

2—在执行make时使用了“-q”参数，而且在当前存在过时的目标文件。

本节的内容主要讲述如何使用make的命令参数选项来实现一些特殊的目的。在本节最后会对make的命令行参数选项进行比较详细的讨论。

1. 指定Makefile文件

当需要将一个普通命名的文件作为Makefile文件时，需要使用make的“-f”、“--file”或者“--makefile”选项。例如：“make -f filename”，它的意思是告诉make将文件“filename”作为Makefile文件来解析执行。当在make的命令行选项中出现多个“-f”参数时，所有通过“-f”参数指定的文件都被作为make解析执行的Makefile文件。

默认情况：在没有使用“-f”(“--file”或者“--makefile”)指定文件时，make会在工作目录(当前目录)依次搜索命名为“GNUmakefile”、“makefile”和“Makefile”的文件，最终解析执行的是这三个文件中首先搜索到的那一个。

2. 指定终极目标

所谓终极目标，就是make最终所要重建的Makefile某个规则的目标(也可以称之为“最终规则”)。为了完成对终极目标的重建，可能会触发它的依赖或者依赖的依赖文件被重建的过程。默认情况下，终极目标就是出现在 Makefile 中，除以点号“.”开始的第一个规则中的第一个目标(如果第一个规则存在多个目标)。因此 Makefile 就书写为：第一个目标的编译规则就描述了整个工程或者程序的编译过程和规则。如果在 Makefile 中的第一个规则有多个目标，那么默认的终极目标是多个目标中的第一个。在 Makefile 所在的目录下执行“make”时，将完成对默认终极目标的重建。

另外，也可以通过命令行将一个 Makefile 中的目标指定为此次 make 过程的终极目标，而不是默认的终极目标。使用 Makefile 中目标名作为参数来执行“make”(格式为“make target-name”，如：“make clean”)，可以把这个目标指定为终极目标。使用这种方式，也可以同时指定多个终极目标。任何出现在 Makefile 规则中的目标都可以被指定为终极目标(不包含以“-”开始的和包含“=”的赋值语句，一般它们也不会作为一个目标出现)，而且也可以指定一个 Makefile 中不存在的目标作为终极目标，前提是存在一个对应的隐含规则能够实现对这个目标的 make。例如：

目录“src”下存在一个 .c 的源文件“foo.c”，在 Makefile 中不存在目标“foo”或者次目录下就没有 Makefile 文件，为了编译“foo.c”生成可执行的“foo”。只需要将“foo”作为 make 的参数执行：“make foo”就可以实现编译“foo”的目的。

make 执行时设置了一个特殊变量“MAKECMDGOALS”，此变量记录了命令行参数指定的终极目标列表，没有通过参数指定终极目标时此变量为空。注意：此变量仅限用于在特殊的场合(比如判断)，在 Makeifle 中最好不要对它进行重新定义。例如：

```
sources = foo.c bar.c
ifneq ($(MAKECMDGOALS), clean)
include $(sources:.c=.d)
endif
```

例中使用了变量“MAKECMDGOALS”来判断命令行参数是否指定了终极目标为“clean”，如果不是才包含所有源文件对应的依赖关系描述文件，避免了在“make clean”时 make 试图重建所有 .d 文件的过程。这种方式主要用在以下几个方面：

(1) 对程序的一部分进行编译，或者仅仅对某几个程序进行编译而不是完整编译这个工程(也可以在命令行参数中明确给出原本默认的终极目标，例如：make all。以下是一个 Makefile 的片段，其中各个文件都有自己的描述规则：

```
.PHONY: all
all: size nm ld ar as
```

仅需要重建“size”文件时，执行“make size”就可以了。其他的程序不会被重建。

(2) 指定编译或者创建那些正常编译过程不能生成的文件(例如重建一个调试输出文件、或者编译一个调试版本的程序等)，这些文件在 Makefile 中存在重建规则，但是它们没有出现在默认终极目标目标的依赖中。

(3) 指定执行一个由伪目标定义的若干条命令或者一个空目标文件。如绝大多数 Makefile 中都会包含一个“clean”伪目标，这个伪目标定义了删除 make 过程生成的所有文件的命令，需要删除这些文件时执行“make clean”就可以了。以下列出了一些典型的伪目标和空目标的名字：

① all。作为 Makefile 的顶层目标，一般此目标作为默认的终极目标。

② clean。这个伪目标定义了一组命令，这些命令的功能是删除所有由 make 创建的文件。

③ mostlyclean。和“clean”伪目标功能相似。区别在于它所定义的删除命令不会全部删除由 make 生成的文件。比如说不需要删除某些库文件，如下：

```
distclean
realclean
clobber
```

同样类似于伪目标，只是它们所定义的删除命令所删除的文件更多。可以包含非 make 创建的文件。如编译之前系统的配置文件、链接文件等。

④ install。将 make 成功创建的可执行文件拷贝到 shell 环境变量“PATH”指定的某个目录。典型的，应用可执行文件被拷贝到目录“/usr/local/bin”，库文件拷贝到目录“/usr/local/lib”下。

⑤ print。打印出所有被更改的源文件列表。

⑥ tar。创建一个 tar 文件。

⑦ shar。创建一个源代码的 shell 文档(shar 文件)。

⑧ dist。为源文件创建发布的压缩包，可以使各种压缩方式的发布包。

⑨ TAGS。更新一个工程的“tags”列表。

```
check
test
```

对 Makefile 最后生成的文件进行检查。这些功能和目标的对照关系并不是 GNU make 规定的。可以在 Makefile 中定义任何命名的伪目标。但是以上这些都被作为一个默认的规则，所有开源的工程中这些特殊的目标的命名都是按照这种约定。既然绝大多数程序员都遵循这种约定，自然也应该按照这种约定来做。否则，Makefile 只能算一个样例，不能作为正式版本。

3. 替代命令的执行

书写 Makefile 的目的就是为了告诉 make 一个目标是否过期，以及如何重建一个过期的目标。但是，在某些时候，并不希望真正更新已经过期的目标文件(比如：只是检查更新目标的命令是否正确，或者察看哪些目标需要更新)。要实现这样的目的，可以使用一些特定的参数来指定 make 所要执行的动作。通过指定的参数，就替代了 make 默认动作的执行。因此把这种方式称为替代命令的执行。这些参数包括：

```
-n
--just-print
--dry-run
--recon
```

指定 make 执行空操作(不执行规则的命令)，只打印出需要重建目标使用的命令(只打印过期的目标的重建命令)，而不对目标进行重建。

```
-t
--touch
```

类似于 shell 下的“touch”命令的功能。更新所有目标文件的时间戳(对于过时的目标文件不进行内容更新，只更新时间戳)。

-q

--question

不执行任何命令并且不打印任何输出信息，只检查所指定的目标是否已经是最新。如果是则返回0，否则返回1。使用"-q"("--question")的目的只是让make返回指定(没有指定则默认是终极目标)的目标当前是否是最新的。可以根据它的返回值来判断是否须要真正的执行更新目标的动作(返回值是1的情况)。

-W FILE

--what-if= FILE

--assume-new= FILE

--new-file= FILE

这个参数需要指定一个文件名，它通常是一个存在的源文件。make将当前系统时间作为这个文件的时间戳(假设这个文件被修改过，但不真正的更改文件本身的时间戳)。因此这个文件的时间戳被认为最新的，在执行时依赖于这个文件的目标将会被重建。通过这种方式并结合"-n"参数，可以查看哪些目标依赖于指定的文件。通常"-W"参数和"-n"参数一同使用，可以在修改一个文件后来检查修改会造成哪些目标被更新，但并不执行更新的命令，只是打印命令。

"-W"和"-t"参数配合使用时，make将忽略其他规则的命令。只对依赖于"-W"指定文件的目标执行"touch"命令，在没有使用"-s"时，可以看到那些文件执行了"touch"。需要说明的是，make在对文件执行"touch"时不是调用shell的命令，而是由make直接操作。

"-W"和"-q"参数配合使用时，由于将当前时间作为指定文件的时间戳(目标文件相对于系统当前时间是过时的)，因此make的返回状态在没有错误发生时为1，存在错误时为2。

4. 防止特定文件重建

有些时候在修改了工程中的某一个文件后，并不希望重建那些依赖于这个文件的目标。比如说在给一个头文件中加入了一个宏定义，或者一个增加的函数声明，这些修改不会对已经编译完成的程序产生任何影响。但在执行make时，因为头文件的改变会导致所有包含它的源文件被重新编译，当然了终极目标肯定也会被重建。这种情况下，为了避免重新编译整个工程，可以按照下边的过程来处理：

1) 第一种case

(1) 使用"make"命令对所有需要更新的目标进行重建。保证修改某个文件之前所有的目标已经是最新的。

(2) 编辑需要修改的源文件(修改的头文件的内容不能对之前的编译的程序有影响，比如：更改了头文件中的宏定义。这样会造成已经存在的程序和实现不相符)。

(3) 使用"make -t"命令来改变已存在的所有的目标文件的时间戳，将其最后修改时间修改到当前时间。

2) 第二种case

(1) 执行编译，使用"make -o HEADERFILE"，"HEADERFILE"为需要忽略更改的头文件，防止那些依赖于这个头文件的目标被重建。忽略多个头文件的修改可使用多个"-o HEADERFILE"。这样，除了独立依赖于头文件"HEADERFILE"的目标不被重建以外，其他的目标会根据规则来决定是否会被重建。需要注意的是："-o"参数的这种使用方式仅限于头文件(.h文件)，不能使用"-o"来指定源文件。

(2) 执行"make -t"命令。

5. 替换变量定义

执行make时，一个含有"="的命令行参数"V=X"的含义是将变量"V"的值设置为"X"。通过这种方式定义的变量会替代在Makefile中同名变量定义(如果存在，并且在Makefile中没有使用指示符"override"对这个变量进行申明)，称之为命令行参数定义覆盖普通变量定义。

通常用这种方式来传递一个公共变量给make。例如：在Makefile中，使用变量"CFLAGS"来指定编译参数，在Makefile中规则的命令一般都是写作：

```
cc -c $(CFLAGS) foo.c
```

这样就可以通过改变"CFLAGS"的值来控制编译选项，也就可以在Makefile中为它指定值。例如：

```
CFLAGS=-g
```

当直接执行"make"时，编译命令是"cc -c -g foo.c"。如果需要改变"CFLAGS"的定义，可以在命令行中执行"make CFLAGS='-g -O2'"，此时所执行的编译命令将是"cc -c -g -O2 foo.c"(在参数中如果包含空格或者shell的特殊字符，则需要将参数放在引号中)。对变量"CFLAGS"定义追加的功能就是使用这种方式来实现的。变量"CFLAGS"可以通过这种方式来实现，它是make的隐含变量之一。对于普通变量的定义，也可以通过这种方式来进行重新定义(覆盖Makefile中的定义)、或者实现变量值的追加功能。

通过命令行参数定义变量时，也存在两种风格的变量定义：递归展式定义和直接展开式定义。上例中使用递归展开式的定义(使用"=")，也可以是直接展开式的(使用":=")。除非在命令行中指定变量的值中包含其他变量或者函数的引用，否则这两种方式在这种情况下是等价的。为了防止命令行参数的变量定义覆盖Makefile中的同名变量定义，可以在Makefile中使用指示符"override"声明这个变量。

6. 使用make进行编译测试

正常情况下，make在执行Makefile过程中，如果出现命令执行错误，会立即放弃执行过程并返回一个非0的状态。也就是说，错误发生点之后的命令将不会被执行。一个错误的发生就表明了终极目标将不能被重建，make一旦检查到错误就会立刻终止执行。假如在修改了一些源文件之后重新编译工程，当然所希望的是在某一个文件编译出错以后能够继续进行后续文件的编译，直到最后出现链接错误时才退出。这样做的目的是为了了解所修改的文件中哪些没有修改正确，在下一次编译之前能够对出现错误的所有文件进行改正。而不是编译一次改正一个文件，或者改正一个文件再编译一次。为了实现这个目的，需要使用make的"-k"或者"--keep-going"命令行选项。这个参数的功能是告诉make出现错误时继续执行，直到最后出现致命错误(无法重建终极目标)才返回非0并退出。例如：当编译一个.o目标文件时出现错误，如果使用"make -k"执行，make将不会在检测到这个错误时退出(虽然已经知道终极目标是不可能会重建成功的)，只是给出一个错误消息，make将继续重建其他需要重建的目标文件，直到最后出现致命错误才退出。在没有使用

“-k”或者“--keep-going”时，make 在检测到错误时会立刻退出。

总之，在通常情况下，make 的目的是重建终极目标。当它在执行过程中一旦发现无法重建终极目标，就立刻以非 0 状态退出。当使用“-k”或者“--keep-going”参数时，执行的目的是为了测试重建过程，需要发现存在的所有问题，以便在下一次 make 之前进行修正。这也是调试 Makefile 或者查找源文件错误的一种非常有效的手段。

7. make 的命令行选项

本节罗列出了 make 所支持的所有命令行参数(这些参数可以通过 make 的 man 手册查看)：

-b

-m

忽略，提供其他版本的 make 兼容性。

-B

--always-make

强制重建所有的规则中出现的目标文件。

-C DIR

--directory=DIR

在读取 Makefile 之前，进入目录“DIR”，就是切换工作目录到“DIR”之后执行 make。存在多个“-C”选项时，make 的最终工作目录是每一个目录将是前一个相对路径。例如：“make -C / -C etc”等价于“make -C /etc”，被用在递归地 make 调用中。

-d

make 执行时打印出所有的调试信息。包括：make 认为哪些文件需要重建；哪些文件需要比较它们的最后修改时间、比较的结果；重建目标所要执行的命令；使用的隐含规则等。使用“-d”选项可以看到 make 构造依赖关系链、重建目标过程的所有信息，它等效于

--debug=a

--debug[=OPTIONS]

make 执行时输出调试信息。可以使用“OPTIONS”控制调试信息级别。默认是“OPTIONS=b”，“OPTIONS”的可能值为下列这些，首字母有效(意思是 all 和 aw 等效)。

(1) (all)输出所有类型的调试信息，等效于“-d”选项。

(2) (basic)输出基本调试信息。包括：哪些目标过期、是否重建成功过期目标文件。

(3) v(verbose)“basic”级别之上的输出信息。包括：解析的 Makefile 文件名，不需要重建的文件等。此选项目默认打开“basic”级别的调试信息。

(4) i(implicit)输出所有使用到的隐含规则描述。此选项目默认打开“basic”级别的调试信息。

(5) j(jobs)输出所有执行命令的子进程，包括命令执行的 PID 等。

(6) m(makefile)也就是 Makefile，输出 make 读取 Makefile，更新 Makefile，执行 Makefile 的信息。

-e

--environment-overrides

使用系统环境变量的定义覆盖 Makefile 中的同名变量定义。

- f=FILE

- - file=FILE

- - makefile=FILE

指定"FILE"为 make 执行的 Makefile 文件。

- h

- - help

打印帮助信息。

- i

- - ignore - errors

执行过程中忽略规则命令执行的错误。

- I DIR

- - include - dir=DIR

指定被包含 Makefile 文件的搜索目录。在 Makefile 中出现"include"另外一个文件时，将在"DIR"目录下搜索。多个"- I"指定目录时，搜索目录按照指定顺序进行。

- j [JOBS]

- - jobs[=JOBS]

指定可同时执行的命令数目。在没有指定"- j"参数的情况下，执行的命令数目将是系统允许的最大可能数目。存在多个"- j"参数时，只有最后一个"- j"指定的数目("JOBS")有效。

- k

- - keep - going

执行命令错误时不终止 make 的执行，make 尽最大可能的执行所有的命令，直到出现致命错误才终止。

- l LOAD

- - load - average[=LOAD]

- - max - load[=LOAD]

告诉 make 当存在其他任务在执行时，如果系统负荷超过"LOAD"，不再启动新任务。没有指定"LOAD"的"- I"选项将取消之前"- I"指定的限制。

- n

- - just - print

- - dry - run

- - recon

只打印出所要执行的命令，但不执行命令。

- o FILE

- - old - file= FILE

- - assume - old= FILE

指定文件"FILE"不需要重建，即使相对于它的依赖已经过期。因此依赖于文件"FILE"的目标也不会被重建。注意：此参数不会通过变量"MAKEFLAGS"传递给子 make 进程。

- p

- - print - data - base

命令执行之前，打印出 make 读取的 Makefile 的所有数据(包括规则和变量的值)，同时打印出 make 的版本信息。如果执行打印这些数据信息(不打印其他信息、也不执行命令)可以使用“make - qp”命令。查看 make 执行前的预设规则和变量，可使用命令“make - p - f /dev/null”。这个选项为复杂环境中调试 Makefile 提供了手段。

- q

- - question

“询问模式”不运行任何命令，并且无输出。make 只是返回一个查询状态。返回状态为 0，表示没有目标需要重建，1 表示存在需要重建的目标，2 表示有错误发生。

- r

- - no - builtin - rules

取消所有 make 内嵌的隐含规则，可以在 Makefile 中使用模式规则来定义一个规则。同时选项“- r”会取消所有支持后追规则的隐含后缀列表，同样也可以在 Makefile 中使用“. SUFFIXES”定义后缀规则。“- r”选项不会取消 make 内嵌的隐含变量。

- R

- - no - builtin - variabes

取消 make 内嵌的隐含变量，当然可以在 Makefile 中明确定义某些变量。注意：“- R”选项同时打开“- r”选项。因为没有了隐含变量，隐含规则将失去意义。

- s

- - silent

- - quiet

取消命令执行过程的打印。

- S

- - no - keep - going

- - stop

取消“- k”选项。在递归的 make 过程中子 make 通过“MAKEFLAGS”变量继承了上层的命令行选项。可以在子 make 中使用“- S”选项取消上层传递的“- k”选项，或者取消系统环境变量“MAKEFLAGS”中的“- k”选项。

- t

- - touch

和 Linux 的 touch 命令实现功能相同，更新所有目标文件的时间戳到当前系统时间。防止 make 对所有过时目标文件的重建。

- v

- - version

查看 make 版本信息。

- w

- - print - directory

在 make 进入一个目录读取 Makefile 之前打印工作目录。这个选项可以帮助调试 Makefile，跟踪定位错误。使用“- C”选项时默认打开这个选项。

- - no - print - directory

取消“- w”选项。可以是用在递归的 make 调用过程中，取消“- C”参数的默认打开“- w”功能。

- W FILE

- - what - if= FILE

--new-file= FILE

--assume-file= FILE

设定文件“FILE”的时间戳为当前时间，但不改变文件实际的最后修改时间。此选项主要是为实现了对所有依赖于文件“FILE”的目标的强制重建。

--warn-undefined-variables

在发现 Makefile 中存在对没有定义的变量进行引用时给出告警信息。此功能可以调试一个存在多级套嵌变量引用的复杂 Makefile。

2.2.7　Makefile 中的控制语句(条件判断)

条件语句可以根据一个变量的值来控制对 Makefile 的执行或者忽略 Makefile 的特定部分。条件语句可以是两个不同变量、或者变量和常量值得比较。需要注意的是：条件语句只能用于控制 make 实际执行的 Makefile 文件部分，不能控制规则的 shell 命令执行过程。Makefile 中使用条件控制可以做到处理的灵活性和高效性。

1. 一个例子

对变量“CC”进行判断，值如果是“gcc”那么在进行程序连接时使用库“libgnu. so”或“libgnu. a”，否则不链接任何库。Makefile 中的条件判断部分如下：

```
……
libs_for_gcc = -lgnu
normal_libs =
……
foo: $(objects)
ifeq ($(CC), gcc)
 $(CC) -o foo $(objects) $(libs_for_gcc)
else
 $(CC) -o foo $(objects) $(normal_libs)
endif
……
```

条件语句中使用到了三个关键字：“ifeq”、“else”和“endif”。通过这个例子可以了解到：Makefile 中，条件的解析是由 make 程序来完成的。make 是在解析 Makefile 时根据条件表达式忽略条件表达式中的某一个文本行，解析完成后保留的只有表达式满足条件所需要执行的文本行。上面的例子，一种更简洁实现方式如下：

```
libs_for_gcc = -lgnu
normal_libs =
ifeq ($(CC), gcc)
libs= $(libs_for_gcc)
else
libs= $(normal_libs)
endif

foo: $(objects)
 $(CC) -o foo $(objects) $(libs)
```

2. 条件判断的基本语法

一个简单的不包含“else”分支的条件判断语句的语法格式为：

```
CONDITIONAL - DIRECTIVE
TEXT - IF - TRUE
endif
```

表达式中“TEXT - IF - TRUE”可以是若干任何文本行，当条件为真时将被make程序作为需要执行的一部分；当条件为假时，不作为需要执行的一部分。

另外包含“else”的复杂一点的语法格式为：

```
CONDITIONAL - DIRECTIVE
TEXT - IF - TRUE
else
TEXT - IF - FALSE
endif
```

表示如果条件为真，则将“TEXT - IF - TRUE”作为执行Makefile的一部分，否则将“TEXT - IF - FALSE”作为执行的Makefile的一部分。和“TEXT - IF - TRUE”一样，“TEXT - IF - FALSE”可以是若干任何文本行。

条件判断语句中“CONDITIONAL - DIRECTIVE”对于上边的两种格式都是同样的。可以是以下四种用于测试不同条件的关键字。

(1) 关键字“ifeq”。此关键字用来判断参数是否相等，格式如下：

```
'ifeq (ARG1, ARG2)'
'ifeq 'ARG1''ARG2''
'ifeq "ARG1""ARG2"'
'ifeq "ARG1"'ARG2''
'ifeq 'ARG1'"ARG2"'
```

替换并展开“ARG1”和“ARG2”之后，对它们的值进行比较。如果相同则(条件为真)将“TEXT - IF - TRUE”作为make要执行的一部分，否则将“TEXT - IF - FALSE”作为make要执行的一部分。通常会使用它来判断一个变量的值是否为空(不是任何字符)。参数值可能是通过引用变量或者函数得到的，因而在展开过程中可能造成参数值中包含空字符(空格等)。一般在处理这种情况时使用make的“strip”函数来对它进行处理，去掉变量值中的空字符。格式为：

```
ifeq ( $(strip $(foo)), )
TEXT - IF - EMPTY
endif
```

这样，即便是在“$(foo)”中存在若干前导和结尾空格，make在解析Makefile时“TEXT - IF - EMPTY”也会被作为执行的一部分。

(2) 关键字“ifneq”。此关键字是用来判断参数是否不相等，格式为：

```
'ifneq (ARG1, ARG2)'
'ifneq 'ARG1''ARG2''
'ifneq "ARG1" "ARG2"'
'ifneq "ARG1"'ARG2''
'ifneq 'ARG1' "ARG2"'
```

关键字“ifneq”实现的条件判断语句和“ifeq”相反。首先替换并展开“ARG1”和“ARG2”，对它们的值进行比较。如果不相同(条件为真)则将“TEXT - IF - TRUE”作为make要执行的一部分，否则将“TEXT - IF - FALSE”作为make要执行的一部分。

(3) 关键字“ifdef”。关键字是“ifdef”用来判断一个变量是否定义。格式为：

'ifdef VARIABLE - NAME'

如果变量“VAEIABLE_NAME”的值非空，那么表达式为真，将“TEXT - IF - TRUE”作为make要执行的一部分。否则，表达式为假。当一个变量没有被定义时，它的值为空。“VARIABLE - NAME”可以是变量或者函数的引用。

对于“ifdef”需要说明的是：ifdef只是测试一个变量是否有值，其并不会对变量进行替换扩展来判断变量的值是否为空。对于变量“VARIABLE - NAME”，除了“VARIABLE - NAME=”这种情况以外，使用其他方式对它的定义都会使“ifdef”返回真。就是说，即使通过其它方式(比如，定义它的值引用了其它的变量)给它赋予了一个空值，“ifdef”也会返回真。

示例1：

```
bar =
foo = $(bar)
ifdef foo
frobozz = yes
else
frobozz = no
endif
```

示例2：

```
foo =
ifdef foo
frobozz = yes
else
frobozz = no
endif
```

示例1中的结果是：frobozz = yes”；而示例2的结果是：“frobozz = no”。其原因就是在示例1中，变量“foo”的定义是“foo = $(bar)”。虽然变量“bar”的值为空，但是“ifdef”判断的结果是真。因此当需要判断一个变量的值是否为空的情况时，需要使用“ifeq”(或“ifneq”)而不是“ifdef”。

(4) 关键字“ifndef”。关键字“ifndef”实现的功能和“ifdef”相反。格式为：

'ifdef VARIABLE - NAME'

这个在此不详细讨论了，它的功能就是实现了和“ifdef”相反的条件判断。

3. 标记测试的条件语句

可以使用条件判断语句，并使用使用变量“MAKEFLAGS”和函数“findstring”，实现对make命令行选项的测试。例如：

```
archive.a: ...
ifneq (, $(findstring t, $(MAKEFLAGS)))
+touch archive.a
+ranlib - t archive.a
```

```
else
ranlib archive.a
endif
```

这个条件语句判断make的命令行参数是否包含“-t”(用来更新目标文件的时间戳)。根据命令行参数情况完成对“archive.a”执行不同的操作。命令行前的“+”的意思是告诉make，即使make使用了“-t”参数，“+”之后的命令都需要被执行。

2.2.8 Makefile中的隐含规则

在Makefile中重建一类目标的标准规则在很多场合都需要用到。例如：根据.c源文件创建对应的.o文件，传统方式是使用GNU的C编译器。“隐含规则”为make提供了重建一类目标文件通用方法，不需要在Makefile中明确地给出重建特定目标文件所需要的细节描述。典型地；make对c文件的编译过程是由.c源文件编译生成.o目标文件。当Makefile中出现一个.o文件目标时，make会使用这个通用的方式将后缀为.c的文件编译称为目标的.o文件。另外，在make执行时根据需要也可能是用多个隐含规则。比如：make将从一个.y文件生成对应的.c文件，最后再生成最终的.o文件。也就是说，只要目标文件名中除后缀以外其他部分相同，make都能够使用若干个隐含规则来最终产生这个目标文件。

在Makefile中实现一个规则：“foo ：foo.h”，只要在当前目录下存在“foo.c”这个文件，就可以生成“foo”可执行文件。其实前边的很多例子中已经使用到了隐含规则。内嵌的“隐含规则”在其所定义的命令行中，会使用到一些变量(通常也是内嵌变量)，可以通过改变这些变量的值来控制隐含规则命令的执行。例如：内嵌变量“CFLAGS”代表了GCC编译器编译源文件的编译选项，这样就可以在Makefile中重新定义它，来实现编译源文件所要使用的参数。尽管不能改变make内嵌的隐含规则，但是可以使用模式规则重新定义自己的隐含规则。也可以使用后追规则来重新定义隐含规则，后缀规则存在某些限制。通常模式规则更加清晰明了。

1. 隐含规则的使用

使用make内嵌的隐含规则，Makefile中就不需要明确给出重建某一个目标的命令，甚至可以不用写出明确的规则。make会自动根据已存在(或者可以被创建)的源文件类型来启动相应的隐含规则。例如：

```
foo : foo.o bar.o
cc -o foo foo.o bar.o $(CFLAGS) $(LDFLAGS)
```

这里并没有给出重建文件“foo.o”的规则，make执行这条规则时，无论文件“foo.o”存在与否，都会试图根据隐含规则来重建这个文件(就是试图重新编译文件“foo.c”或者其他类型的源文件)。make执行过程中找到的隐含规则，提供了此目标的基本依赖关系，确定了目标的依赖文件(通常是源文件，不包含对应的头文件依赖)，以及重建目标需要使用的命令行。隐含规则所提供的依赖文件只是一个最基本的(通常它们之间的对应关系为：“EXENAME.o”对应“EXENAME.c”、“EXENAME”对应于“EXENAME.o”)。当需要增加这个目标的依赖文件时，要在Makefile中使用没有命令行的规则来明确说明。每一个内嵌的隐含规则中都存在一个目标模式和依赖模式关系，而且一个目标模式可以对应多个依赖模式。例如：一个 . o 文件的目标可以存在多个源文件模式：c 编译器编译对应的 . c 源文件、或者 Pascal 编译器编译 . p 的源文件来实现。因此 make 会根据不同的源文件来使用不同的编译器。对于“foo. c”就是用 GCC 编译，对于“foo. p”就使用 Pascal 编译器编译。上面两个 . o 文件的相应隐含规则如下：

```
foo.o : foo.c
cc -c foo.c $(CFLAGS)
bar.o : bar.c
cc -c bar.c $(CFLAGS)
```

如果给目标文件指定明确的依赖文件并不会影响隐含规则的搜索。例如：

```
foo.o: foo.p
```

这个规则指定了“foo”的依赖文件是“foo. p”。但是如果在工作目录下存在同名 . c 源文件“foo. c”。执行 make 的结果就不是用“pc”编译(为什么是 pc 可以 参考后面的完整命令来理解)“foo. p”来生成“foo”，而是用“cc”编译“foo. c”来生成目标文件。这是因为在隐含规则列表中对 . c 文件的隐含规则处于 . p 文件隐含规则之前。当需要给目标指定明确的重建规则时，规则描述中就不能省略命令行，这个规则必须提供明确的重建命令来说明目标需要重建所需要的动作。为了能够在存在“foo. c”的情况下编译“foo. p”。规则可以写为：

```
foo.o: foo.p
pc $< -o $@
```

这一点在多语言实现的工程编译中需要特别注意。否则编译出来的可能就不是想要的程序。如果不想让 make 为一个没有命令行的规则中的目标搜索隐含规则，需要使用空命令来实现。最后来看一个简单的例子：

```
# sample Makefile
CUR_DIR = $(shell pwd)
INCS := $(CUR_DIR)/include
CFLAGS := -Wall -I$(INCS)
EXEF := foo bar
.PHONY : all clean
all : $(EXEF)
foo : CFLAGS+=-O2
bar : CFLAGS+=-g
clean :
$(RM) *.o *.d $(EXES)
```

例子中没有出现任何关于源文件的描述。所有剩余工作全部交给了 make 处理，它会自动寻找到相应规则并执行、最终完成目标文件的重建。隐含规则提供了一个编译整个工程非常高效的手段，一个大的工程中毫无例外的会用到隐含规则。实际工作中，灵活运用 GNU make 所提供的隐含规则功能，可以大大提供效率。

2. make 的隐含规则一览

本节所罗列出了 GUN make 常见的一些内嵌隐含规则，除非在 Makefile 中对此规则有明确定义、或者使用命令行“- r”或者“- R”参数，否则这些隐含的规则将是有效的。

需要说明的是：即使没有使用命令行参数“- r”，在 make 中也并不是所有的这些隐含规则都被定义了。其实，很多看似预定义的隐含规则在 make 执行时，实际是用后缀规则来实现的。因此，它们依赖于 make 中的“后缀列表”(也就是目标 .SUFFIXES 的一个后缀列表)。make 的默认后缀列表为：“. out”、“. a”、“. ln”、“. o”、“. c”、“. cc”、“. C”、“. p”、“. f”、“. F”、“. r”、“. y”、“. l”、“. s”、“. S”、“. mod”、“. sym”、“. def”、“. h”、“. info”、“. dvi”、“. tex”、“. texinfo”、“. texi”、“txinfo”、“. w”、“. ch”、“. web”、“. sh”、“. elc”、“el”。所有下边将提到的隐含规则，如果其依赖文件中某一个满足列表中列出的后缀，则是后缀规则。可以通过“. SUFFIXES”来更改默认的后缀列表，这样做有可能会使许多默认预定义的规则无效。以下是常用的一些隐含规则(对于不常见的隐含规则这里没有描述)：

(1) 编译 C 程序。

“N. o”自动由“N. c” 生成，执行命令为

″$(CC) -c $(CPPFLAGS) $(CFLAGS)″

(2) 编译 C++程序。

“N. o”自动由“N. cc”或者“N. c” 生成，执行命令为

″$(CXX) -c $(CPPFLAGS) $(CFLAGS)″

建议使用“. cc”作为 C++源文件的后缀，而不是“. c”。

(3) 编译 Pascal 程序。

“N. o”自动由“N. p”创建，执行命令时

″$(PC) -c $(PFLAGS)″

(4) 编译 Fortran/Ratfor 程序。

“N. o”自动由“N. r”、“N. F”或“N. f” 生成，根据源文件后缀执行对应的命令：

.f— ″$(FC) -c $(FFLAGS)″

.F — ″$(FC) -c $(FFLAGS) $(CPPFLAGS)″

.r — ″$(FC) - c $(FFLAGS) $(RFLAGS)″

(5) 预处理 Fortran/Ratfor 程序。

“N. f”自动由“N. r”或者“N. F” 生成。此规则只是转换 Ratfor 或有预处理的 Fortran 程序到一个标准的 Fortran 程序。根据源文件后缀执行对应的命令：

.F —″$(FC) -F $(CPPFLAGS) $(FFLAGS)″

.r —″$(FC) -F $(FFLAGS) $(RFLAGS)″

(6) 编译 Modula-2 程序。

“N. sym ”自动由“N. def”生成，执行的命令是：

″$(M2C) $(M2FLAGS) $(DEFFLAGS)″

“N. o”自动由“N. mod”生成，执行的命令是：

″$(M2C) $(M2FLAGS) $(MODFLAGS)″

(7) 汇编和需要预处理的汇编程序。

“N. s”是不需要预处理的源文件，“N. S”是需要预处理的源文件。由“as”编译。

“N. o”可自动由“N. s”生成，执行命令是：

″$(AS) $(ASFLAGS)″

“N. s”由“N. S”生成，由 c 预编译器”cpp”处理，执行命令是：

″$(CPP) $(CPPFLAGS)″

(8) 链接单一的 object 文件。

“N”自动由“N. o”生成，通过 c 编译器使用链接器(GUN ld)，执行命令是：

″$(CC) $(LDFLAGS) N. o $(LOADLIBES) $(LDLIBS)″

(9) Yacc c 程序。

“N. c”自动由“N. y”生成，执行的命令：

″$(YACC) $(YFALGS)″

(10) Lex c 程序时的隐含规则。

“＜n＞. c”的依赖文件被自动推导为“n. l”，其生成命令是：

″$(LEX) $(LFALGS)″

3. 隐含变量

内嵌隐含规则的命令中，所使用的变量都是预定义的变量。这里将这些变量称为“隐含变量”。这些变量可以对它们进行修改：在 Makefile 中，通过命令行参数或者设置系统环境变量的方式来对它们进行重定义。无论是用何种方式，只要 make 在运行时它的定义有效，make 的隐含规则都会使用这些变量。当然，也可以使用“- R”或“- - no - builtin - variables”选项来取消所有的隐含变量(同时将取消了所有的隐含规则)。

例如，编译 . c 源文件的隐含规则为

″$(CC) - c $(CFLAGS) $(CPPFLAGS)″

默认的编译命令是“cc”，执行的命令是：“cc - c”。可以同上述的任何一种方式将变量“CC”定义为“ncc”，那么编译 . c 源文件所执行的命令将是

″ncc - c″

同样可以对变量“CFLAGS”进行重定义。对这些变量重定义后如果需要应用到工程的各个子目录，同样需要使用关键字“export”将变量导出；否则目录间编译命令可能出现不一致。关于对 . c 源文件的编译时，隐含规则使用“$(CC)”来引用编译器；“$(CFLAGS)”引用编译选项。隐含规则中所使用的变量(隐含变量)分为以下两类。

(1) 代表一个程序的名字(如“CC”代表了编译器这个可执行程序)。

(2) 代表执行这个程序适用的参数(如变量“CFLAGS”)，多个参数使用空格分开。对于参数的描述应该将它们集中在一个变量中，即整个工程存在一个必需的参数，也可以把它放置在一个特殊命名的变量定义中，而不是将它和所要执行的程序名定义在一个变量中。

4. make 隐含规则链

一个文件可以由一系列隐含规则进行创建。例如：文件“N. o”的创建过程首先执行“yacc”由“N. y”生成文件“N. c”，之后执行“cc”将“N. c”编译成为“N. o”。这样的一个系列称为一个“链”。

上例的执行过程，有以下两种情况。

(1) 如果文件“N. c”存在或者它在 Makefile 中被提及，就不需要进行其他搜索，make 处理的过程是：make 可以确定出“N. o”可由“N. c”创建之后，make 试图使用隐含规则来重建“N. c”。

(2) 文件“N. c”不存在也没有在 Makefile 中提及的情况，只要存在“N. y”这个文件，make 也会经过这两个步骤来完成重建“N. o”(N. y → N. c → N. o)的动作。make 过程中如果需要一个中间文件才能完成目标的重建，make 将会自动将这个中间文件加入到依赖关系链中，并根据隐含规则来重建它。

在默认情况下，对于中间目标，它和一般的目标有两处不同：一是除非中间的目标不存在，才会引发中间规则。二是，只要目标成功产生，那么产生最终目标过程中，所产生的中间目标文件会被以“rm -f”删除。

在Makefile中明确提及的所有文件都不会被作为中间过程文件来处理，这是缺省动作。不过可以在Makefile中使用特殊目标“.INTERMEDIATE”来声明那些文件需要被作为中间过程文件来处理(这些文件作为目标“.INTERMEDIATE”的依赖文件罗列)，即使它们在Makefile中有明确的提及。这些作为特殊目标“.INTERMEDIATE”依赖的文件在make执行结束之后会被自动删除。而另一方面，如果希望保留某些中间过程文件，不希望make结束时自动删除。可以在Makefile中使用特使目标“.SECONDARY”来声明这些文件。需要保留中间过程文件还存在另外一种实现方式。如需要保留所有.o的中间过程文件，可以将.o文件的模式(%.o)作为特殊目标“.PRECIOUS”的依赖，这样就可以实现保留所有的.o中间过程文件。

一个“链”可以包含两个以上的隐含规则的调用。一个隐含规则在一个“链”只能出现一次。否则会出现像“foo”依赖“foo.o.o”甚至“foo.o.o.o.o…”的不合逻辑的情况发生。因为如果允许同一个“链”多次调用同一隐含规则，会导致make进入到无限的循环中。隐含规则链中的某些隐含规则，在某些情况会被优化处理。例如：从文件“foo.c”创建可执行文件“foo”，这个过程可以经隐含规则将“foo.c”编译生成“foo.o”文件，之后再使用另一个隐含规则来完成对“foo.o”的链接，最后生成执行文件“foo”。这个过程中编译和链接使用隐含规则链中的两个独立的规则。但是实际情况是，完成编译和链接是在同一个规则中完成的，它是使用“cc foo.c foo”命令直接来完成的。make的隐含规则表中，所有可用的优化规则处于首选地位。

第 3 章　OpenWrt 开发实战

关于 OpenWrt 的开发实战，本章将会从 MTK 官方提供的源代码开始讲解，让读者了解 MTK 官方源代码是如何编译、运行 Uboot 和 Linux 系统程序的。对于 Uboot 会涉及部分 CPU 的寄存器的读写，读者可以通过实践了解寄存器的配置。在疯壳官方网站提供的文档中有相关的寄存器手册(MT7628_ProgrammingGuide.pdf)，读者可以结合手册具体分析代码，达到举一反三的效果。关于 Uboot 的代码分析也是本书的重点，因为学习 Linux 驱动编程最好的实践就是在 Uboot 中直接操作寄存器，然后添加简单代码驱动 CPU 和外设硬件的通信，即俗称的裸机编程。学会裸机编程再回头去看 Linux 驱动就会一目了然，不会因一开始看到驱动写了几百行代码觉得看不懂而失去信心。对于有能力的读者，可以去看看 MIPS 汇编，更深入地了解 MIPS 处理器的架构。

在 Linux 的学习中分为两部分：Linux 系统和根文件系统。Linux 系统又分为驱动和应用程序，这些都会在 MTK 官方提供的代码中讲解。读者应该先了解 MTK 官方提供的源代码有什么功能，可以完成什么工作。这样，在后面移植 OpenWrt 时可以将 MTK 提供的很多有用的功能移植到流行的 OpenWrt 系统中。学习了这些方法后，可以移植需要的各种功能到一个指定的 Linux 系统中，所以本书更多的讲解是关于 Linux 系统而不仅仅局限于 OpenWrt 或者 MTK 官方的 Linux 系统。

3.1　疯壳 Demo 开发板简单介绍

疯壳开发板采用的是 MT7688 芯片，但是 Programming Guide 是和 7628 兼容的，因此可以阅读 MT7628_ProgrammingGuide.pdf 文档查询相关的寄存器。下面介绍 MT7628 和 MT7688 之间的差别。

MT7628 和 MT7688 SoC 是一块性能高达 580/575MHz 的 MIPS24KEc 架构的 CPU 核，并集成了高速 USB2.0/PCIe 接口，可以在一块 MediaTek WiFi 外接卡上同时启用多个高性能、低成本的 IEEE 802.11n 应用。MT7628 和 MT7688 两款路由模块芯片同为 MTK 开发，MT7628K 专门针对入门级路由器提供完整的解决方案，包括集成 DRAM、套用 L 型的 PCB、使用 5V/0.6A 电源供应器与 eCos 软件。MT7628A 针对智能路由及物联网网关的应用，可以外挂 DRAM，并且在 Linux SDK 及 OpenWrt SDK 基础上扩展不同应用的支持与加载。MT7688 可处理更为复杂或数据密集型的智能家居设备，如 IP 投影机及家庭监控系统。

MT7628K/N/A 是为 N300/AC750/AC1200 路由器及中继器而设计的平台，MT7628 产品家族是新一代 2T2R 802.11n WiFi AP/路由器(系统单芯片)。MT7628 可提供射频效率表现、减低功耗，并将整体物料清单(BOM)成本优化，所以它可以成为性价比最出众的 2T2R 802.11n 解决方案。MT7628 产品家族整合了 2T2R 802.11n WiFi 收发器、580 MHz

MIPS 24KEc 中央处理器(CPU)、5 端口高速以太网络端口物理层(Ethernet PHY)、AES128/256 安全引擎、USB2.0 主机、PCIe 主机，以及连接不同传感器的多个低速输入输出(I/O)。MT7628A 可连接 11ac 同步双频路由器的外部动态随机内存(DRAM)。路由器模式提供的 5p FE 开关主要是为路由应用而设定。另一方面，物联网模式则支持 1p FE 及众多低速输入输出(I/O)。用户可加入 802.11ac 芯片组，以建立 802.11ac 同步双频物联网网关。MT7628K 内建 8 MB 内存，提供小型路由器、中继器、物联网网桥、储存器及音频应用的 eCos 解决方案。MT7628N 所提供的功能与 MT7628A 大致相同，唯一不同的是 MT7628N 的 PCIe 及物联网模式主要是为了 N300 路由器而设定。

MT7688A 是一款针对讯号中继器、储存、音讯应用、物联网网关所设计的 1T1R 802.11 b/g/n 无线网络平台。联发科技 MT7688 家族芯片整合 1T1R 802.11 b/g/n 无线传输功能，采用 MIPS 24KEc 580MHz 中央处理器(CPU)、5 端口高速以太网络交换器或是单端口超高速以太网络 PHY，以及 USB 2.0 主控制器、PCIe、SD - XC、I2S/PCM 和多种适用慢速的 I/O 装设备接口。MT7688 具备双重运行模式，其中 MT7688K 内建 8 MB 内存，可为迷你路由器、信号中继器、物联网网关、储存、音频应用等提供产业电子化的交钥匙(TurnKey)模式。此款芯片可再扩充一组 802.11ac 芯片组，建立 802.11ac 双频无线的物联网网关。并且疯壳开发板将 MT7688 的常规接口(如 I2c，spi，pwm，I2s)给单独引出了供读者调试使用。疯壳开发板正面如图 3-1 所示，疯壳开发板背面如图 3-2 所示。

图 3-1 疯壳开发板正面

图3-2　疯壳开发板背面

3.2　Uboot简介——基于MTK官方提供的Uboot

当嵌入式开发板上电时，即使执行一个最简单的程序(可以是裸机程序)，都需要检测并初始化当前支持的硬件。每种体系结构、处理器都有一组预定义的动作和配置，它们包含从单板的存储设备获取初始化代码的功能。一开始的初始化代码就是BootLoader的一部分，它负责启动CPU和相关的硬件设备。

上电复位时，大多数处理器都有一个获取第一条执行指令的默认地址。硬件设计人员利用该信息来进行存储空间的布局。在上电时就可以从一个通用的已知地址获取相应的代码，然后建立接下来的各种软件控制。

BootLoader提供最初的初始化代码，并检测和初始化单板，以执行其他的程序。最初的初始化代码都是由该处理器体系结构下的汇编语言编写。当然，在BootLoader已经执行完基本的处理器和平台的初始化后，它的主要工作就是引导完整的操作系统。它将定位、解压、加载操作系统到内存地址空间，并将相应的控制器移交给操作系统。另外，

BootLoader可能含有一些高级特性，比如校验操作系统镜像、升级操作系统镜像、从多个操作系统镜像中选择性引导。当操作系统获取控制权后，嵌入式下的 BootLoader 就不复存在了。本书所用的 BootLoader 是目前市面上非常流行的 Uboot。Uboot 作为一款流行的功能强大的开源 BootLoader 项目，非常值得仔细研读和学习，通过学习可以全面地了解 BootLoader 是如何一步步引导操作系统的，也可以通过 Uboot 了解到系统应该如何初始化相应的硬件。建议有能力的读者可以尝试在了解 Uboot 的基础上进行裸机编程。

3.2.1 Uboot 配置过程

Uboot 的配置过程如下(如图 3-3 所示)：

```
fengke@fengke-VirtualBox:~$ cd MediaTek_ApSoC_SDK/
fengke@fengke-VirtualBox:~/MediaTek_ApSoC_SDK$ ls
RT288x_SDK   Uboot
fengke@fengke-VirtualBox:~/MediaTek_ApSoC_SDK$ cd Uboot/
fengke@fengke-VirtualBox:~/MediaTek_ApSoC_SDK/Uboot$ make menuconfig
```

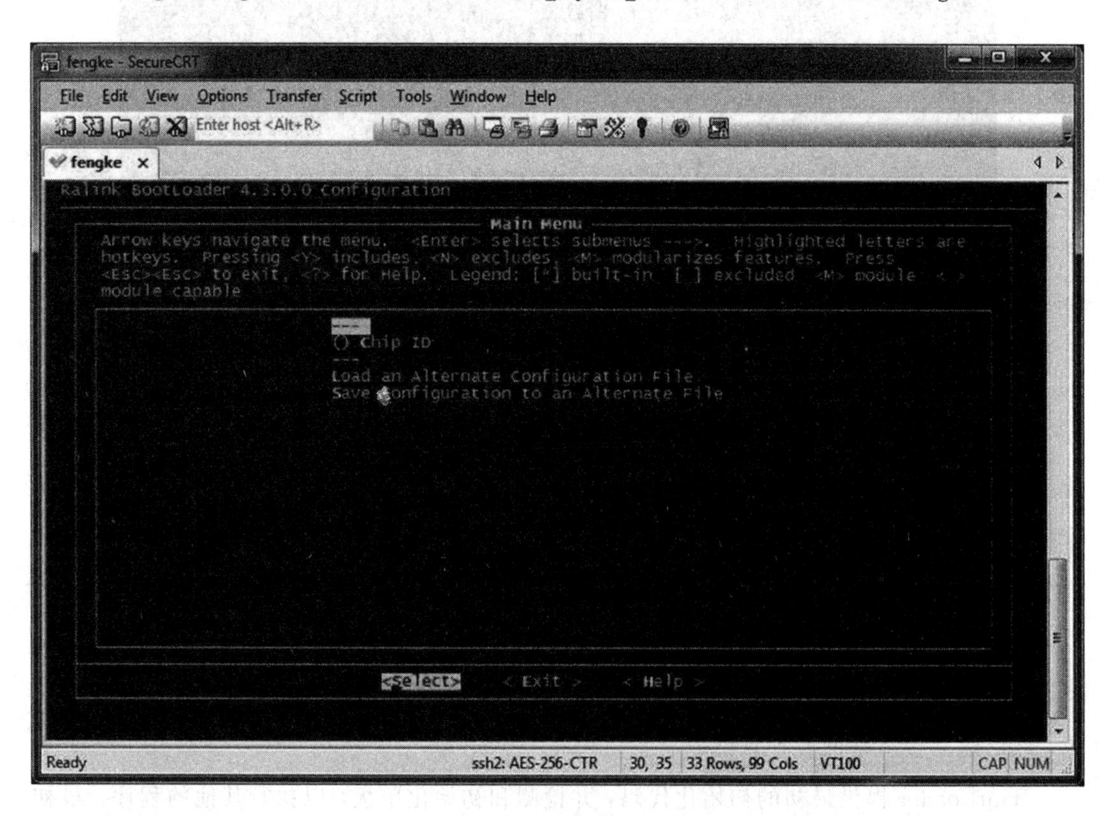

图 3-3 make menuconfig(配置内核)

1. 设置芯片 ID(MT7628)

按空格键选择，按回车键确认。选择芯片 MT7628 如图 3-4 所示。

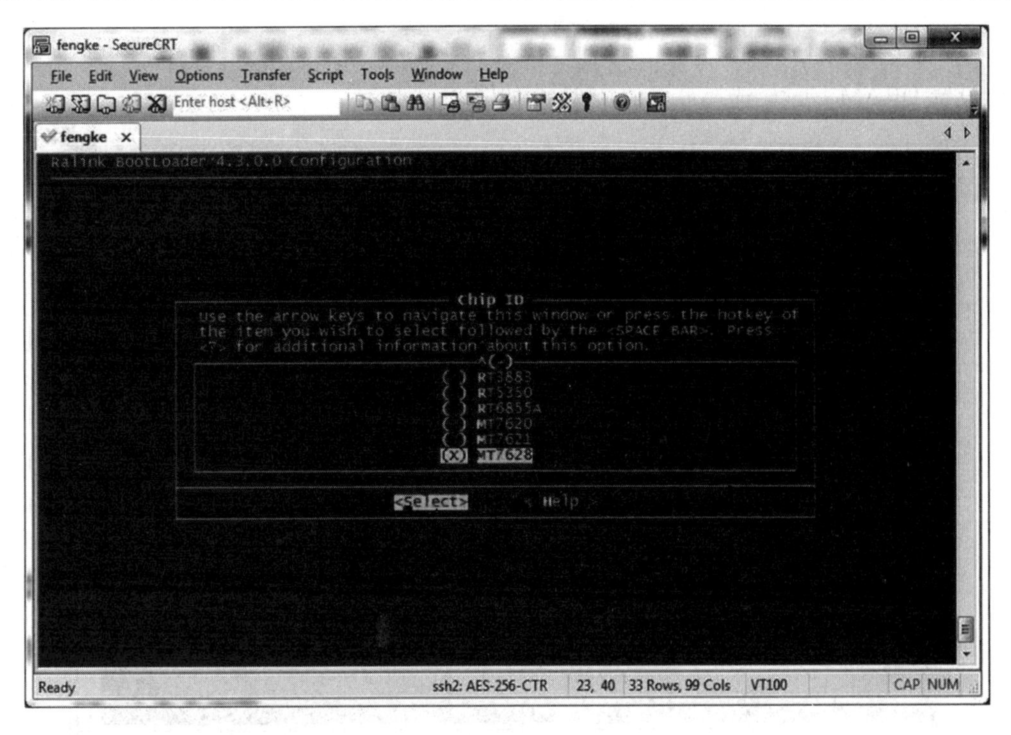

图 3－4　选择芯片 MT7628

2. 设置 DRAM 类型

设置 DRAM 类型，选择 DDR2 如图 3－5 所示。

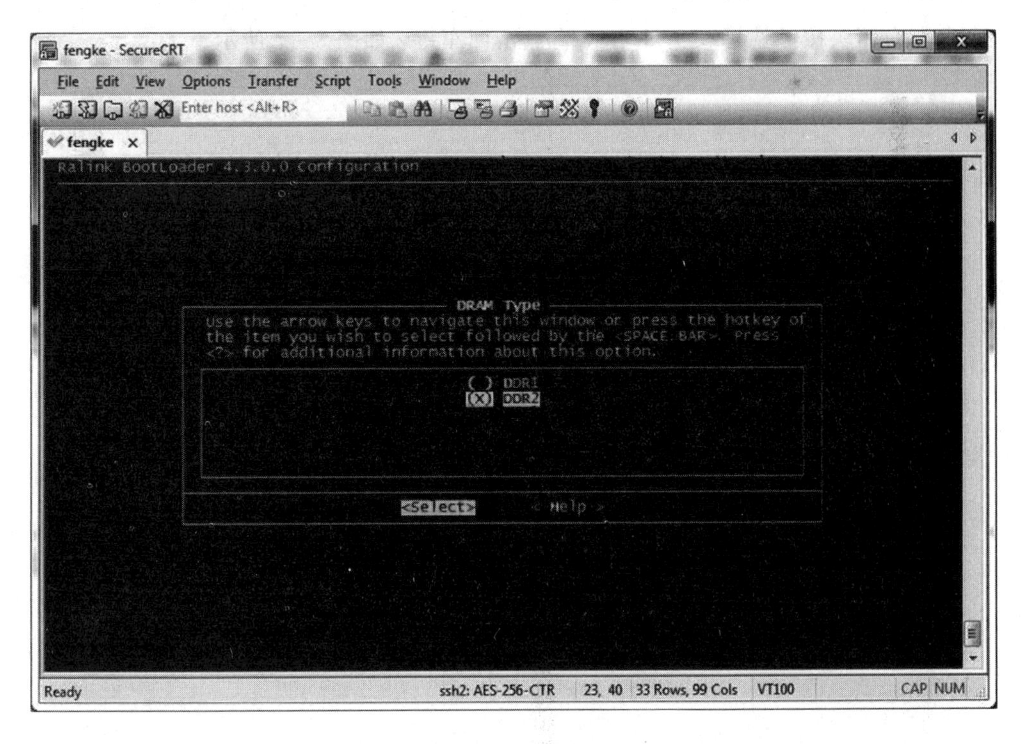

图 3－5　选择 DDR2

3. 设置 DRAM 尺寸

设置 DRAM 尺寸，选择最小的 256Mb 如图 3-6 所示。

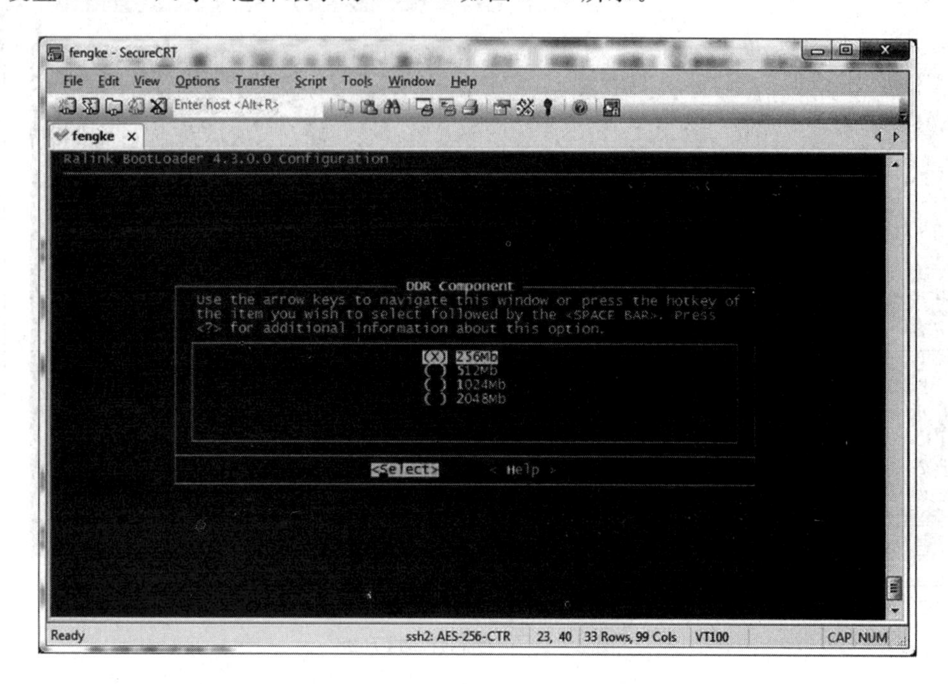

图 3-6　选择最小的 256Mb

4. 选择< Exit >，再点击回车键

点击左右箭头按键选择< Exit >，再点击回车键，如图 3-7 所示。

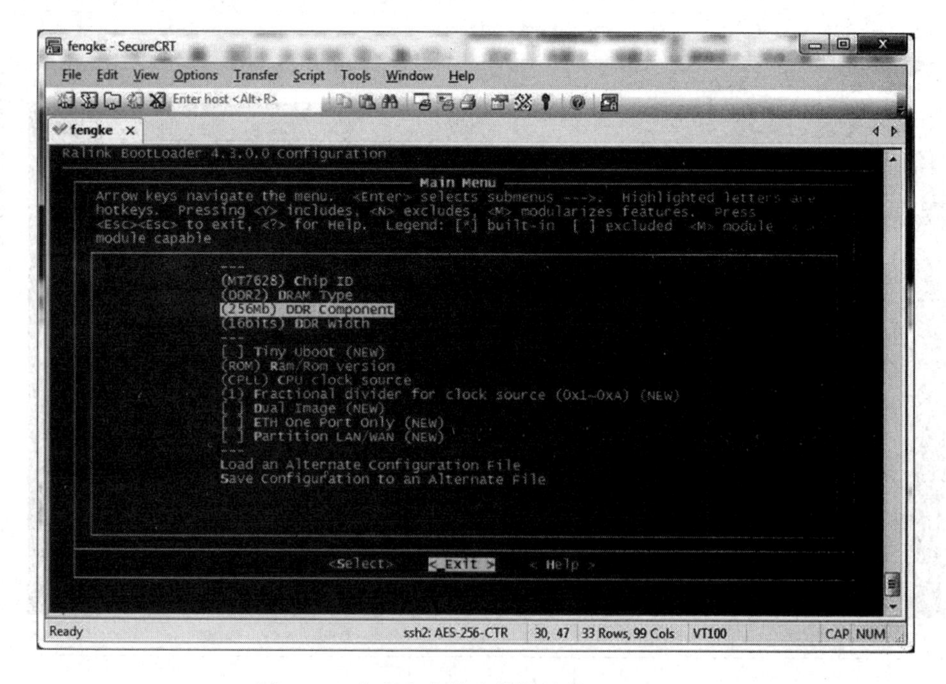

图 3-7　点击左右箭头按键选择< Exit >

5. 选择< Yes >后点击回车键

选择< Yes >后点击回车键，如图3-8所示。

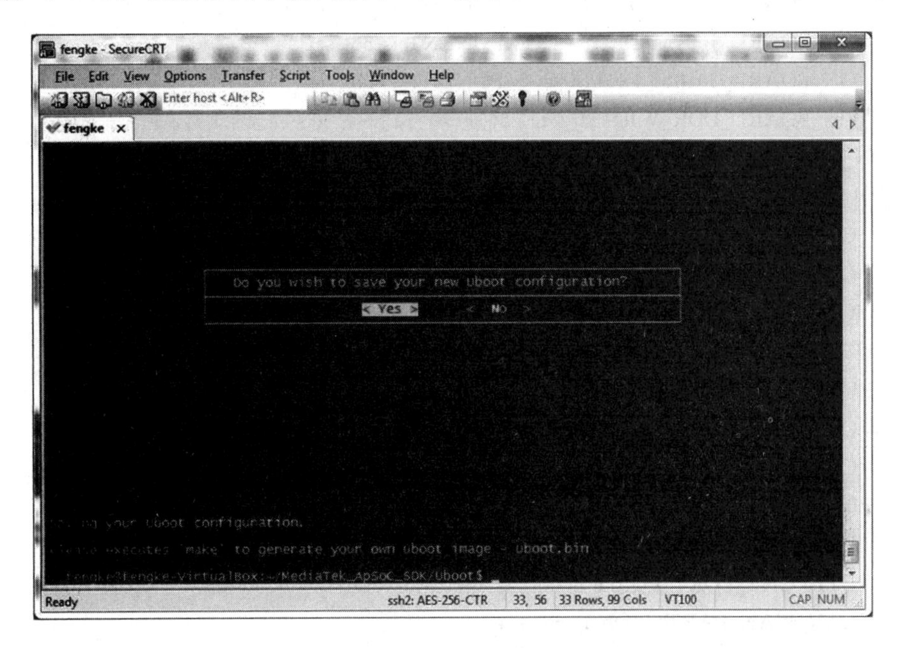

图3-8 选择< Yes >后点击回车键

make menuconfig 命令执行完成后会生成一个隐藏文件 .config(Linux 中隐藏文件都是以 . 开始)，这个 .config 文件就是一个编译 Uboot 的配置选项集合，内容如下：

```
..fengke@fengke-VirtualBox:~/MediaTek_ApSoC_SDK/Uboot$ cat .config
#
# Automatically generated by make menuconfig: don't edit
#
ASIC_BOARD=y
# RT2880_ASIC_BOARD is not set
# RT3350_ASIC_BOARD is not set
# RT3052_ASIC_BOARD is not set
# RT3352_ASIC_BOARD is not set
# RT3883_ASIC_BOARD is not set
# RT5350_ASIC_BOARD is not set
# RT6855A_ASIC_BOARD is not set
# MT7620_ASIC_BOARD is not set
# MT7621_ASIC_BOARD is not set
MT7628_ASIC_BOARD=y
MT7628_MP=y
P5_MAC_TO_NONE_MODE=y
P4_MAC_TO_NONE_MODE=y
ON_BOARD_SPI_FLASH_COMPONENT=y
# ON_BOARD_DDR1 is not set
```

```
ON_BOARD_DDR2=y
ON_BOARD_256M_DRAM_COMPONENT=y
# ON_BOARD_512M_DRAM_COMPONENT is not set
# ON_BOARD_1024M_DRAM_COMPONENT is not set
# ON_BOARD_2048M_DRAM_COMPONENT is not set
# ON_BOARD_DDR_WIDTH_8 is not set
ON_BOARD_DDR_WIDTH_16=y
ON_BOARD_16BIT_DRAM_BUS=y
# CONFIG_TINY_UBOOT is not set
# UBOOT_RAM is not set
UBOOT_ROM=y
MT7628_CPU_PLL_PARAMETERS=y
CPUCLK_FROM_CPLL=y
# CPUCLK_FROM_BPLL is not set
# CPUCLK_FROM_XTAL is not set
CPU_FRAC_DIV=0x1
# DUAL_IMAGE_SUPPORT is not set
# ETH_ONE_PORT_ONLY is not set
# LAN_WAN_PARTITION is not set
TEXT_BASE=0xBC000000
```

这里编译的是一个ROM版本启动的Uboot(即可以烧写到Flash中的Uboot)，所以TEXT_BASE指定的地址是0xBC000000，CPU上电后从这个地址开始执行，这里存放的是CPU可以执行的第一条指令。核心板的存储器件ROM或Flash被映射到这个地址，Uboot也从这个地址开始存放，这样一上电就可以执行编译。

3.2.2 Uboot编译

图3-9为ROM版本Uboot编译输出。

```
fengke@fengke-VirtualBox:~/MediaTek_ApSoC_SDK/Uboot$ make
```

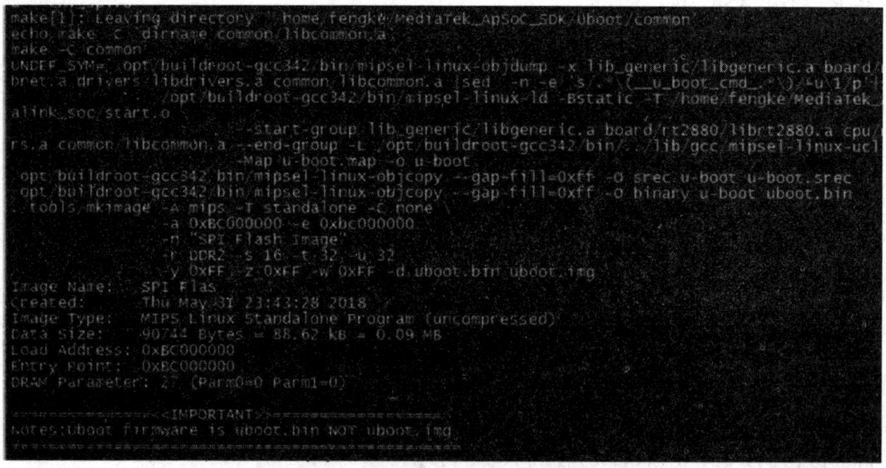

```
make[1]: Leaving directory `/home/fengke/MediaTek_ApSoC_SDK/Uboot/common'
echo make -C `dirname common/libcommon.a`
make -C common
UNDEF_SYM=`/opt/buildroot-gcc342/bin/mipsel-linux-objdump -x lib_generic/libgeneric.a board/
bret.a drivers/libdrivers.a common/libcommon.a |sed -n -e 's/.*\(__u_boot_cmd_.*\)/-u\1/p'|
        /opt/buildroot-gcc342/bin/mipsel-linux-ld -Bstatic -T /home/fengke/MediaTek_
alink_soc/start.o
                --start-group lib_generic/libgeneric.a board/rt2880/librt2880.a cpu/
rs.a common/libcommon.a --end-group -L /opt/buildroot-gcc342/bin/../lib/gcc/mipsel-linux-ucl
                -Map u-boot.map -o u-boot
/opt/buildroot-gcc342/bin/mipsel-linux-objcopy --gap-fill=0xff -O srec u-boot u-boot.srec
/opt/buildroot-gcc342/bin/mipsel-linux-objcopy --gap-fill=0xff -O binary u-boot uboot.bin
./tools/mkimage -A mips -T standalone -C none \
        -a 0xBC000000 -e 0xbc000000 \
        -n "SPI Flash Image" \
        -r DDR2 -s 16 -t 32 -u 32 \
        -y 0xFF -z 0xFF -w 0xFF -d uboot.bin uboot.img
Image Name:   SPI Flas
Created:      Thu May 31 23:43:28 2018
Image Type:   MIPS Linux Standalone Program (uncompressed)
Data Size:    90744 Bytes = 88.62 kB = 0.09 MB
Load Address: 0xBC000000
Entry Point:  0xBC000000
DRAM Parameter: 27 (Parm0=0 Parm1=0)

===============<<IMPORTANT>>==================
Notes:Uboot firmware is uboot.bin NOT uboot.img
================================================
```

图3-9　ROM版本编译

Uboot最后编译生成的升级软件是uboot.bin，这是最终应该烧写到flash中的firmware，读者实验到这里可以编译一个正常升级的Uboot软件uboot.bin，但是不要急于烧写到flash中。因为uboot.bin编译有问题却烧写到flash中会导致失败，一般的读者并不知道如何去重新烧录一块没有Uboot的flash。下一节讲解如何简单的验证新编译的uboot.bin是否可以正常运行。有了这个方法，读者在验证了uboot.bin正常运行后再试着烧写flash(这个方法是将来学习裸机编程的最有效的一种方法)。

3.2.3 ROM版本Uboot——Uboot烧写版本

上一节已经编译生成了uboot.bin的ROM版本(即.config文件中的TEXT_BASE=0xBC000000)，这里讲解如何烧写uboot.bin文件到flash中。

在Uboot的菜单选项出现时候按下数字按键'9'，Uboot会提示如下：

```
##### The CPU freq = 575 MHZ ####
estimate memory size =64 Mbytes
RESET MT7628 PHY!!!!!!
Please choose the operation:
    1: Load system code to SDRAM via TFTP.
    2: Load system code then write to Flash via TFTP.
    3: Boot system code via Flash (default).
    4: Entr boot command line interface.
    7: Load Boot Loader code then write to Flash via Serial.
    8: Load system boot to SDRAM via TFTP.
    9: Load Boot Loader code then write to Flash via TFTP.

  You choosed 9

  0


  9: System Load Boot Loader then write to Flash via TFTP.
  Warning!! Erase Boot Loader in Flash then burn new one. Are you sure? (Y/N)
```

到此可以选择Y或N来选择或放弃烧写uboot.bin，如果选择Y，如下所示(需要填入本地ip、tftp server ip和烧录的文件名)：

```
Warning!! Erase Boot Loader inFlash then burn new one. Are you sure? (Y/N)
Please Input new ones /or Ctrl-C to discard
        Input device IP (192.168.10.123) ==:192.168.10.123
        Input server IP (192.168.10.10) ==:192.168.10.10
        Input Uboot filename (uboot.bin) ==:uboot.bin
```

如果烧录成功，显示如下：

```
netboot_common, argc= 3

NetTxPacket = 0x83FE5D00
```

```
KSEG1ADDR(NetTxPacket) = 0xA3FE5D00

NetLoop, call eth_halt !


NetLoop, call eth_init !
Trying Eth0 (10/100 - M)


Waitting for RX_DMA_BUSY status Start... done



ETH_STATE_ACTIVE!!
TFTP from server 192.168.10.10; our IP address is 192.168.10.123
Filename 'uboot.bin'.


TIMEOUT_COUNT=10, Load address: 0x80100000
Loading: checksum bad
checksum bad
checksum bad
checksum bad
checksum bad
checksum bad
checksum bad
checksum bad
Got ARP REPLY, set server/gtwy eth addr (ec:f4:bb:0f:db:57)
Got it
###################
done
Bytes transferred = 91864 (166d8 hex)
NetBootFileXferSize= 000166d8
.
.
.
.
Done!
```

注意：这里烧录成功后系统会自动重启然后运行 Uboot，这个操作是有很大风险的。如果编译的 Uboot 不能运行，开发板有可能会变砖。变砖后的解决方法就只能取下 Flash，然后用烧录器烧写新的 Uboot 来解决烧录坏了的 Flash。因此，最好先备份 ART 分区，或备份整个 Flash。为了避免烧录出有问题的 Uboot，须仔细阅读 3.1.4 节内容，保证 Uboot 可以在内存中正常运行后，再继续烧录步骤。这种方法是调试 Uboot 的最有效方法，也是确保不会烧录一个坏的 Uboot 的可行性方式。但是，这种方法无法完全避免烧录 Uboot 出现问题，只是减少了出错的几率。

3.2.4　RAM 版本 Uboot——Uboot 调试版本

1. 选择 RAM 编译 Uboot

选择 RAM 版本编译 Uboot，如图 3 - 10 所示。

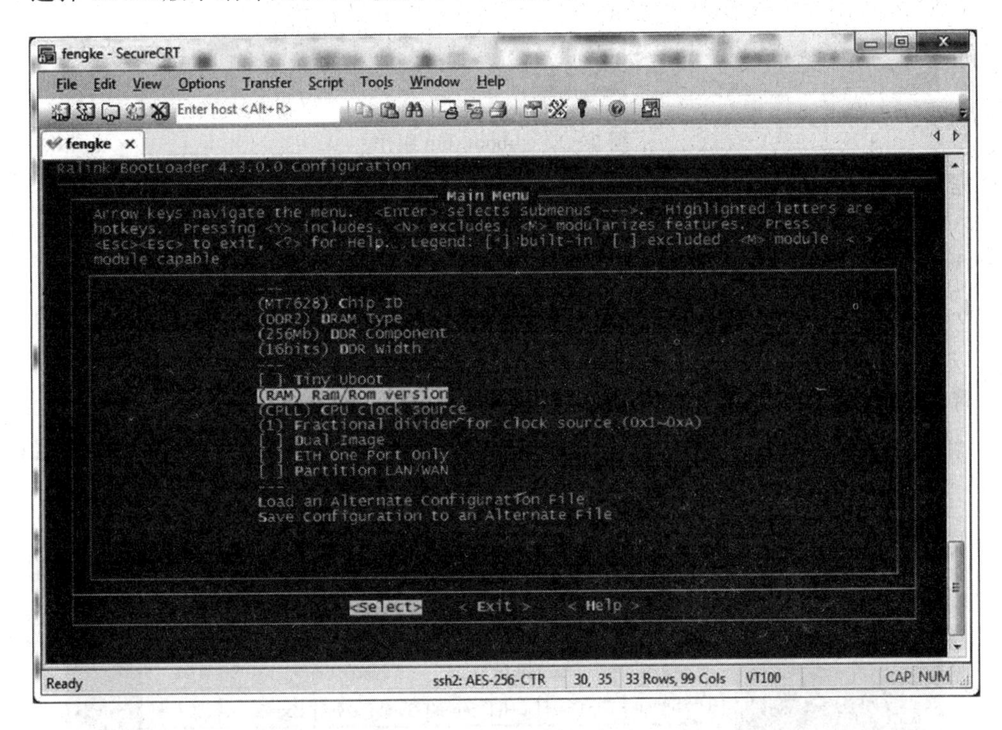

图 3 - 10　选择 RAM 版本

2. 执行 make 编译，先执行 make clean

RAM 版本的编译如图 3 - 11 所示。

```
make[1]: Leaving directory `/home/fengke/MediaTek_ApSoC_SDK/Uboot/common'
echo make -C `dirname common/libcommon.a`
make -C common
UNDEF_SYM=`/opt/buildroot-gcc342/bin/mipsel-linux-objdump -x lib_generic/libgeneric.a board
bnet.a drivers/libdrivers.a common/libcommon.a |sed  -n -e 's/.*\(__u_boot_cmd_.*\)/-u\1/p'
                /opt/buildroot-gcc342/bin/mipsel-linux-ld -Bstatic -T /home/fengke/MediaTek
alink_soc/start.o \
                        --start-group lib_generic/libgeneric.a board/rt2880/librt2880.a cpu
rs.a common/libcommon.a --end-group -L /opt/buildroot-gcc342/bin/../lib/gcc/mipsel-linux-uc
                        -Map u-boot.map -o u-boot
/opt/buildroot-gcc342/bin/mipsel-linux-objcopy --gap-fill=0xff -O srec u-boot u-boot.srec
/opt/buildroot-gcc342/bin/mipsel-linux-objcopy --gap-fill=0xff -O binary u-boot uboot.bin
./tools/mkimage -A mips -T standalone -C none \
                -a 0x80200000 -e 0x80200000 \
                -n "SPI Flash Image" \
                -r DDR2 -s 16 -t 32 -u 32 \
                -y 0xFF -z 0xFF -w 0xFF -d uboot.bin uboot.img
Image Name:   SPI Flas
Created:      Fri Jun  1 00:15:18 2018
Image Type:   MIPS Linux Standalone Program (uncompressed)
Data Size:    89764 Bytes = 87.66 kB = 0.09 MB
Load Address: 0x80200000
Entry Point:  0x80200000
DRAM Parameter: 27 (Parm0=0 Parm1=0)

===============<<IMPORTANT>>================
Notes:Uboot firmware in flash is uboot.img NOT uboot.bin
============================================
```

图 3 - 11　RAM 版本编译

3. 制作新的 uboot. bin

RAM 版本编译的 Uboot firmware 生成的是 uboot. img，因为这个文件暂时不是 RAM Uboot 启动需要的，所以需要另外制作一个 uboot. bin 文件，相应的制作命令如图 3-12 所示。

图 3-12　uboot. bin 制作

完整命令如下所示：

/opt/buildroot-gcc342/bin/mipsel-linux-objcopy --gap-fill=0xff -O binary u-boot uboot. bin

4. 启动运行新编译的 RAM 版本 uboot. bin

1）tftp 服务器准备

将编译好的 uboot. bin 拷贝到 tftp server 指定的目录（桌面的 fengke 目录）中，tftp server指定的"Current Directory"必须选择桌面上的 fengke 目录。tftp server 设置如图 3-13 所示。

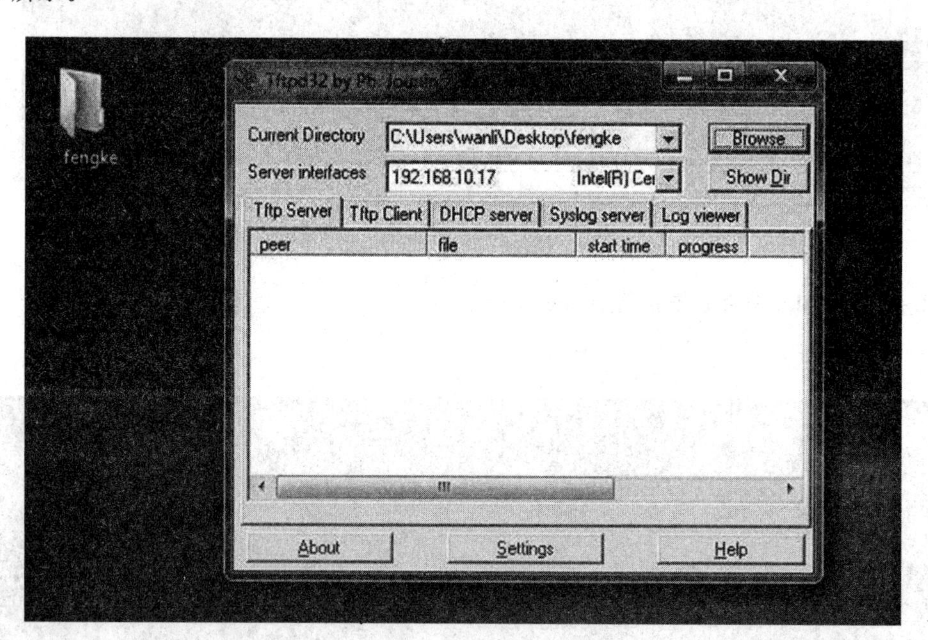

图 3-13　tftp server 设置

2）Uboot 命令行运行 uboot. bin

（1）上电后按数字 4 按键进入 Uboot 命令行模式。

Uboot 命令行模式如图 3-14 所示。

图 3-14　Uboot 命令行模式

(2) 输入如下命令设置网络环境。

网络环境设置结果如图 3-15 所示。

```
MT7628 # set ipaddr 192.168.10.123
MT7628 # set serverip 192.168.10.17
MT7628 # save
```

```
4: System Enter Boot Command Line Interface.

U-Boot 1.1.3 (Aug 23 2017 - 15:21:32)
MT7628 # set ipaddr 192.168.10.123
MT7628 # set serverip 192.168.10.17
MT7628 # save
Saving Environment to SPI Flash...
Erasing SPI Flash...

Writing to SPI Flash...

done
MT7628 #
```

图 3-15　网络环境设置结果

(3) 下载编译好的 uboot.bin 到 RAM 中。

下载 uboot.bin，如图 3-16 所示。

输入命令：tftp 0x80200000 uboot.bin

```
MT7628 # tftp 0x80200000 uboot.bin

 netboot_common, argc= 3

 NetTxPacket = 0x87FE7280

 KSEG1ADDR(NetTxPacket) = 0xA7FE7280

 NetLoop,call eth_halt !

 NetLoop,call eth_init !
Trying Eth0 (10/100-M)

 Waitting for RX_DMA_BUSY status Start... done

 ETH_STATE_ACTIVE!!
TFTP from server 192.168.10.17; our IP address is 192.168.10.123
Filename 'uboot.bin'.

 TIMEOUT_COUNT=10,Load address: 0x80200000
Loading: Got ARP REPLY, set server/gtwy eth addr (3c:a9:f4:89:4d:5c)
Got it
###################
done
Bytes transferred = 89764 (15ea4 hex)
NetBootFileXferSize= 00015ea4
```

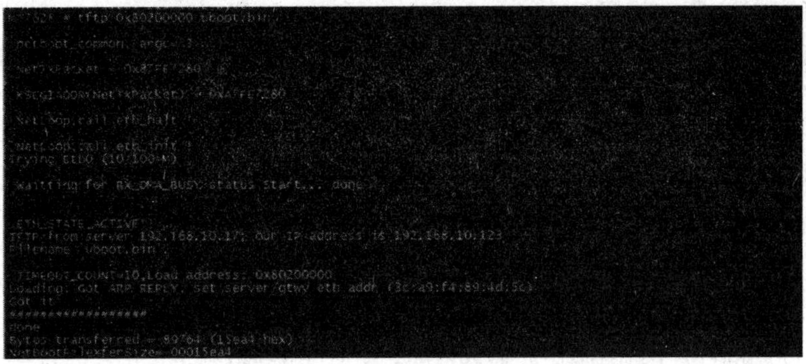

图 3-16　下载 uboot.bin

(4) RAM 中运行 uboot. bin。

RAM 中成功运行 uboot. bin，如图 3-17 所示。

输入命令：go 0x80200000

```
MT7628 # go 0x80200000
## Starting application at 0x80200000 ...


U-Boot 1.1.3 (Jun  3 2018 - 10:07:17)

Board: Ralink APSoC DRAM:  128 MB
relocate_code Pointer at: 87fb8000
flash manufacture id: ef, device id 40 18
find flash: W25Q128BV
============================================
Ralink UBoot Version: 4.3.0.0
--------------------------------------------
ASIC 7628_MP (Port5<->None)
DRAM_CONF_FROM: Auto-detection
DRAM_TYPE: SDRAM
DRAM component: 256 Mbits
DRAM bus: 32 bit
Total memory: 32 MBytes
Flash component: SPI Flash
Date:Jun  3 2018  Time:10:07:17
============================================
icache: sets:512, ways:4, linesz:32 ,total:65536
dcache: sets:256, ways:4, linesz:32 ,total:32768

 ##### The CPU freq = 575 MHZ ####
 estimate memory size =128 Mbytes
RESET MT7628 PHY!!!!!!
Please choose the operation:
   1: Load system code to SDRAM via TFTP.
   2: Load system code then write to Flash via TFTP.
   3: Boot system code via Flash (default).
   4: Entr boot command line interface.
   7: Load Boot Loader code then write to Flash via Serial.
   9: Load Boot Loader code then write to Flash via TFTP.
 3
You choosed 4

 0


4: System Enter Boot Command Line Interface.

U-Boot 1.1.3 (Jun  3 2018 - 10:07:17)
MT7628 #
```

图 3-17 RAM 中成功运行 uboot. bin

总结：疯壳的开发板已经通过了出厂测试，并有一个可以运行的 Uboot，如果需要调试新的 Uboot，可以采用如上的 RAM 启动的方式进行。等待调试成功后再一次烧写到 flash 中，这样就可以避免因为烧写一个错误的 Uboot 导致板子无法启动而造成的时间浪费。

5. RAM 和 ROM 版本的不同

RAM 和 ROM 版本的配置功能是 MTK 出厂就已经支持的功能，这也是为了方便调试 Uboot 而支持的一个特性。为了对这个功能有一个更清楚的认识，必须了解关于 Mips Cpu 启动的一些基本知识。MIPS 空间上共分以下四个部分。

(1) 0x00000000 - 0x7fffffff 为 kuser 区，主要用于 MMU 映射，用于运行用户程序；

(2) 0x80000000 - 0x9fffffff 为 kseg0 区，访问方式为 Cache 访问，主要用于运行无 MMU 系统的大部分程序或操作系统的核心程序；

(3) 0xa0000000 - 0xbfffffff 为 kseg1 区，为无 Cache 方式访问。主要用于运行 BootLoader程序，或映射寄存器；

(4) 0xc0000000 - 0xffffffff 为 kseg2 区，MMU 映射访问，用于运行一些管理态的程序。

需要注意的是：kseg0 和 kseg1 都是映射到物理地址 0x00000000 - 0x1fffffff 上。因此，程序运行的起始地址 0xbc000000 实际上是物理地址 0x1c000000。

Uboot 目录下执行 make menuconfig 命令后会生成相应的隐藏文件 .config，RAM 和 ROM 版本间的区别是 TEXT_BASE 的值不同：RAM 版本 TEXT_BASE＝0x80200000；ROM 版本 TEXT_BASE＝0xBC000000。这两个值分别对应于 mips 内存地址空间的不同区域，一个是映射到了 kseg0，另一个映射到了 kseg1。TEXT_BASE 的值是告诉链接器从 0xBC000000(或 0x80200000)开始来链接所编译生成的目标文件，Uboot 的相对入口地址是_start(cpu/ralink_soc/start. S:86：. globl _start)，这里应该如何去理解 TEXT_BASE 和_start 的区别呢？

_start 是可以动态变化，而 TEXT_BASE 是链接时就确定的地址。_start 是实际运行的地址，而 TEXT_BASE 是要 copy 到 sdram 中运行的地址，当然也是最终 u - boot 实际运行的地址。u - boot 的 start. S 中在启动第一阶段会比较这两个值是否相等，不相等则会将自身 copy 到 sdram 中。假设 _start 所在指令的地方是第一条执行的指令，并且 TEXT_BASE＝0x80200000，须分以下两种情况说明：

(1) 当 Uboot 被 copy 到内部 SRAM 时，假设被 copy 到的地址是 0x900000，那么此时 _start 的地址就是 0x900000，此时就需要将自身 copy 到 TEXT_BASE 地址。

(2) 当 Uboot 本身被下载到 SDRAM 的 TEXT_BASE 定义的地址处，那么此时_start 本身的地址就是 0x80200000，所以和 TEXT_BASE 比较的结果相等而不用搬移自身代码。

3.2.5 Uboot 启动命令选项

在原版本 MTK 的 Uboot 基础上，疯壳团队增加了 Led 检查和 web server 功能。这两个功能的实现是基于 Uboot 已有的功能增加新功能，和通常所说的裸机编程有一定的区别。本节讲解 PC 和开发板之间的串口通信方式，以及如何利用串口来下载文件(串口的文件传输方式)。因为这些功能都是在已有的 Uboot 基础之上完成的，所以测试的方法均采用 RAM 启动的方式运行。为了方便 RAM 启动，这里打开了 MTK 出厂关闭的一个功能。

1. 免命令的 RAM 启动集成

(1) 增加选项 8 来支持 RAM 启动，源代码位于 Uboot/lib_mips/board. c，增加宏定义(如图 3 - 18 所示)。

```
#define SEL_LOAD_BOOT_SDRAM                8
```

图 3 - 18　宏定义实现

(2) 函数 board_init_r 中增加选项 8(源代码位于 Uboot/lib_mips/board. c)。

```
2153: case '8':
```

```
2154: printf("\n%d: System Load UBoot to SDRAM via TFTP. \n", SEL_LOAD_BOOT_SDRAM);
2155: tftp_config(SEL_LOAD_BOOT_SDRAM, argv);
2156: argc= 3;
2157: setenv("autostart", "yes");
2158: do_tftpb(cmdtp, 0, argc, argv);
2159: break;
```

2155 行的函数 tftp_config 设置了 argv 存储的字符串变量，其中设定了如下两个参数，argv[0]这里没有指定任何值，因为在代码里面直接由函数调用替代了。tftp_config 函数设定参数如图 3-19 所示。

argv[1] = "0x80200000"=====>图 3-19 中 951 行

argv[2] = "uboot. bin"=====>图 3-19 中 961 行

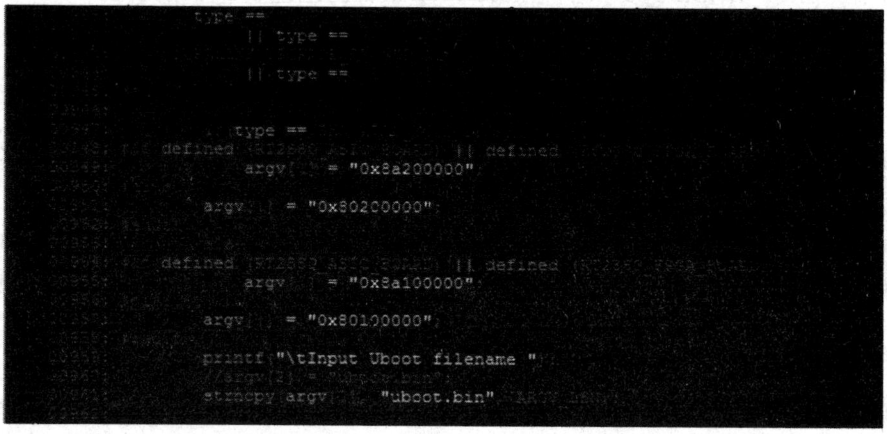

图 3-19 tftp_config 函数设定参数

2156 行的 argc=3，表示这个命令将会接受三个参数。这三个参数将会被存储于 argv 中(argv 被定义成 char * argv[4];)，argv 是一个可以存储 4 个字符串的数组变量。

2157 行 setenv 函数调用的意思是把环境变量 autostart 设置成 yes，这个函数调用可以对应理解成 Uboot 命令行执行两条命令(save 命令执行如图 3-20 所示)：

```
MT7628 # set autostart yes
MT7628 # save
```

```
Environment size: 215/4092 bytes
MT7628 # set autostart yes
MT7628 # save
Saving Environment to SPI Flash...
Erasing SPI Flash...
.
Writing to SPI Flash...
.
done
MT7628 # printenv autostart
autostart=yes
MT7628 #
```

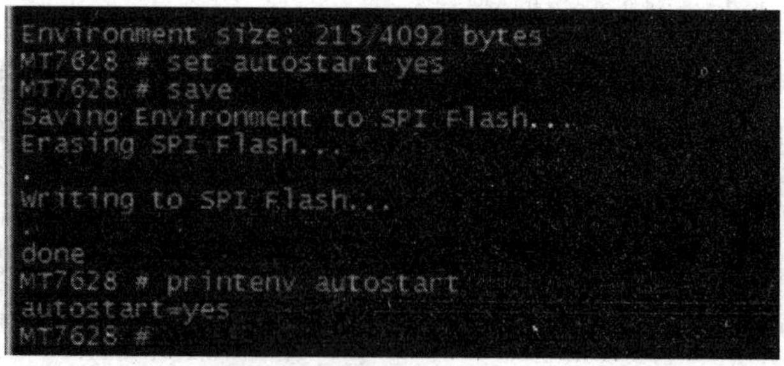

图 3-20 save 命令执行

2158 行是执行相应的命令完成相应的镜像下载和启动，这个函数的执行可以对应理解成 Uboot 命令行执行如下两条命令(tftp 下载和 go 命令如图 3-21 所示)：

```
MT7628 # tftp 0x80200000 uboot.bin
MT7628 # go 0x80200000
```

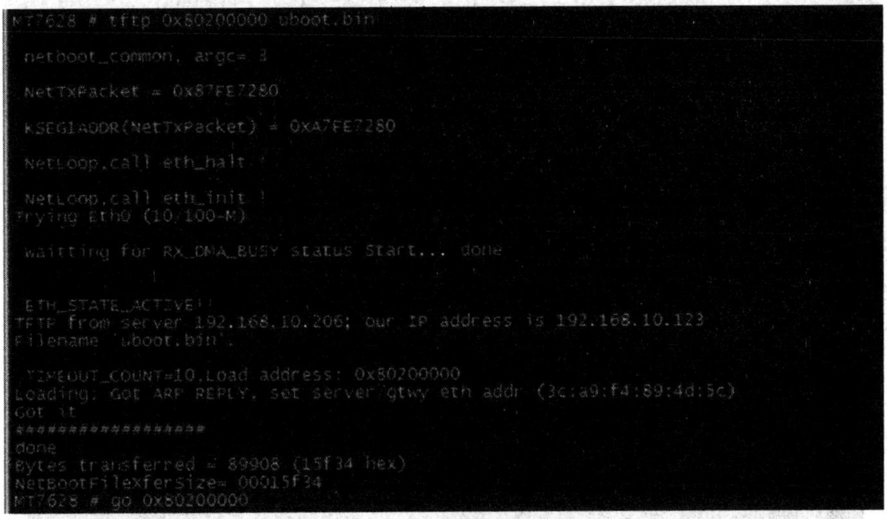

```
MT7628 # tftp 0x80200000 uboot.bin

 netboot_common, argc= 3

 NetTxPacket = 0x87FE7280

 KSEG1ADDR(NetTxPacket) = 0xA7FE7280

 NetLoop,call eth_halt !

 NetLoop,call eth_init !
Trying Eth0 (10/100-M)

 waitting for RX_DMA_BUSY status Start... done


 ETH_STATE_ACTIVE!!
TFTP from server 192.168.10.206; our IP address is 192.168.10.123
Filename 'uboot.bin'.

 TIMEOUT_COUNT=10,Load address: 0x80200000
Loading: Got ARP REPLY, set server/gtwy eth addr (3c:a9:f4:89:4d:5c)
Got it
##################
done
Bytes transferred = 89908 (15f34 hex)
NetBootFilexferSize= 00015f34
MT7628 # go 0x80200000
```

图 3-21　tftp 下载和 go 命令

(3) 增加启动提示信息(行 902，源代码位于 Uboot/lib_mips/board.c)。

```
890: void OperationSelect(void)
891: {
892:    printf("\nPlease choose the operation: \n");
893:    printf("   %d: Load system code to SDRAM via TFTP. \n",
                       SEL_LOAD_LINUX_SDRAM);
894:    printf("   %d: Load system code then write to Flash via TFTP. \n",
                       SEL_LOAD_LINUX_WRITE_FLASH);
895:    printf("   %d: Boot system code via Flash (default).\n", SEL_BOOT_FLASH);
896:     #ifdef RALINK_CMDLINE
897:    printf("   %d: Entr boot command line interface.\n", SEL_ENTER_CLI);
898:     #endif // RALINK_CMDLINE //
899:     #ifdef RALINK_UPGRADE_BY_SERIAL
900:    printf("   %d: Load Boot Loader code then write to Flash via Serial. \n",
                       SEL_LOAD_BOOT_WRITE_FLASH_BY_SERIAL);
901:     #endif // RALINK_UPGRADE_BY_SERIAL //
902:    printf("   %d: Load system boot to SDRAM via TFTP. \n",
                       SEL_LOAD_BOOT_SDRAM);
903:    printf("   %d: Load Boot Loader code then write to Flash via TFTP. \n",
                       SEL_LOAD_BOOT_WRITE_FLASH);
904: }
```

增加启动提示信息后，Uboot 输出的选择提示会多一条选项 8 的信息，如图 3-22 所示。

```
##### The CPU freq = 575 MHZ ####
 estimate memory size =128 Mbytes
RESET MT7628 PHY!!!!!!
Please choose the operation:
   1: Load system code to SDRAM via TFTP.
   2: Load system code then write to Flash via TFTP.
   3: Boot system code via Flash (default).
   4: Entr boot command line interface.
   7: Load Boot Loader code then write to Flash via Serial.
   8: Load system boot to SDRAM via TFTP.
   9: Load Boot Loader code then write to Flash via TFTP.
```

图 3-22 Uboot 启动选项

(4) 正常执行结果演示。在启动时点击按键 8 后，下载文件名等会要求输入一些配置参数信息，如设备 IP 地址、tftp server IP 地址、下载文件的文件等，完成输入并正确配置后系统会自动进行下载到 RAM 并执行(如果在开始就已经配置好了这些参数，则可直接点击 Enter 按键让系统填写默认值)，如图 3-23 所示。

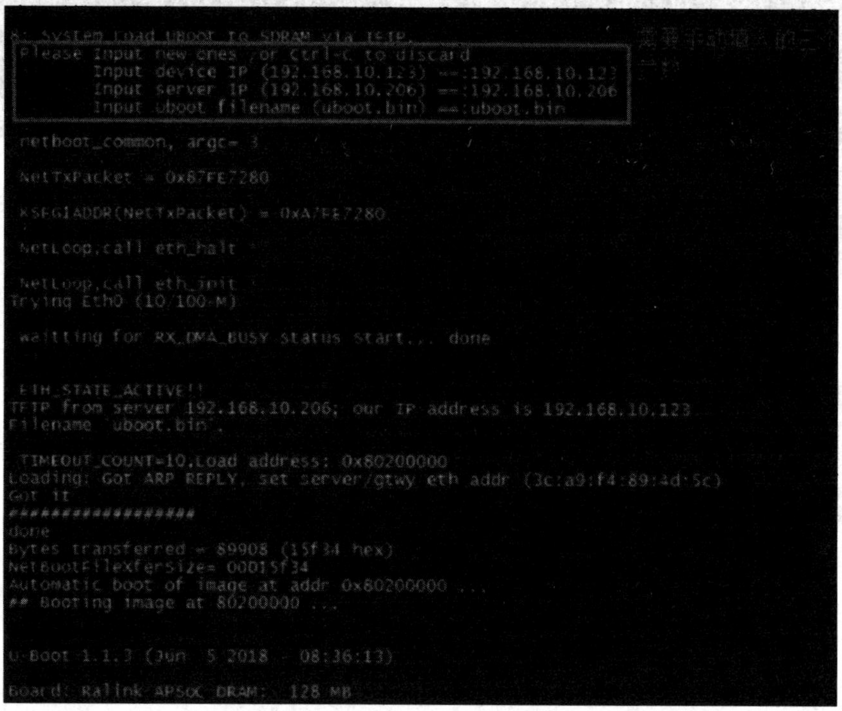

```
8: System Load UBoot to SDRAM via TFTP.
Please Input new ones /or Ctrl-C to discard
        Input device IP (192.168.10.123) ==:192.168.10.123
        Input server IP (192.168.10.206) ==:192.168.10.206
        Input uboot filename (uboot.bin) ==:uboot.bin

 netboot_common, argc= 3

 NetTxPacket = 0x87FE7280

 KSEG1ADDR(NetTxPacket) = 0xA7FE7280

 NetLoop,call eth_halt !

 NetLoop,call eth_init !
Trying Eth0 (10/100-M)

 waitting for RX_DMA_BUSY status Start... done


 ETH_STATE_ACTIVE!!
TFTP from server 192.168.10.206; our IP address is 192.168.10.123
Filename 'uboot.bin'.

 TIMEOUT_COUNT=10,Load address: 0x80200000
Loading: Got ARP REPLY, set server/gtwy eth addr (3c:a9:f4:89:4d:5c)
Got it
##################
done
Bytes transferred = 89908 (15f34 hex)
NetBootFileXferSize= 00015f34
Automatic boot of image at addr 0x80200000 ...
## Booting image at 80200000 ...


U-Boot 1.1.3 (Jun  5 2018 - 08:36:13)

Board: Ralink APSoC DRAM:  128 MB
```

图 3-23 手动填写参数

(5) 优化代码，删除需要手动输入的参数(源代码位于 Uboot/lib_mips/board.c)。

```
2154: case '8':
2155: printf("   \n%d: System Load UBoot to SDRAM via TFTP. \n", SEL_LOAD_BOOT_SDRAM);
2156: argv[1] = "0x80200000";---新增加 argv[1]
2157: strncpy(argv[2], "uboot.bin", ARGV_LEN);---新增加 argv[2]
2158: //tftp_config(SEL_LOAD_BOOT_SDRAM, argv);---删除这一行
2159: argc= 3;
2160: setenv("autostart", "yes");
2161: do_tftpb(cmdtp, 0, argc, argv);
2162: break;
```

以上相应代码执行结果如图 3 - 24 所示。

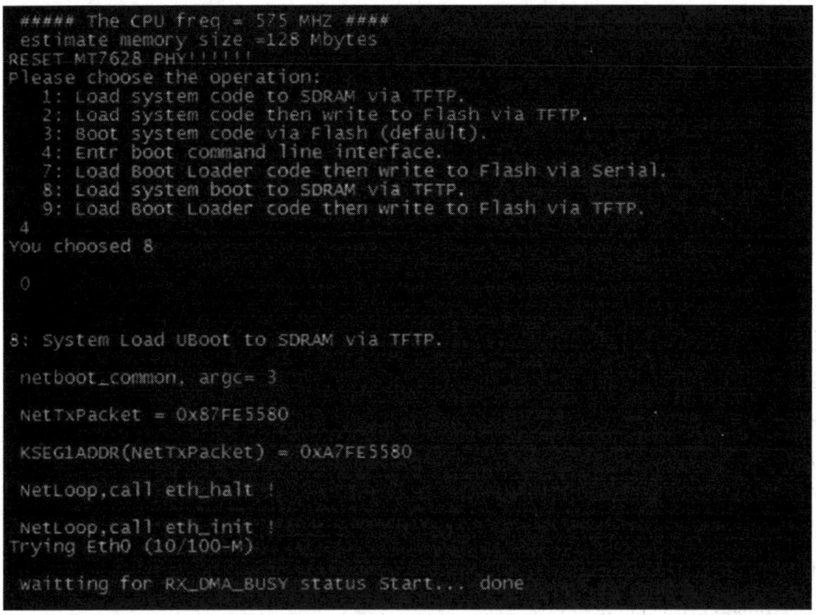

```
##### The CPU freq = 575 MHZ ####
 estimate memory size =128 Mbytes
RESET MT7628 PHY!!!!!!
Please choose the operation:
   1: Load system code to SDRAM via TFTP.
   2: Load system code then write to Flash via TFTP.
   3: Boot system code via Flash (default).
   4: Entr boot command line interface.
   7: Load Boot Loader code then write to Flash via Serial.
   8: Load system boot to SDRAM via TFTP.
   9: Load Boot Loader code then write to Flash via TFTP.
 4
You choosed 8

 0


8: System Load UBoot to SDRAM via TFTP.

 netboot_common, argc= 3

 NetTxPacket = 0x87FE5580

 KSEG1ADDR(NetTxPacket) = 0xA7FE5580

 NetLoop,call eth_halt !

 NetLoop,call eth_init !
Trying Eth0 (10/100-M)

 waitting for RX_DMA_BUSY status Start... done
```

图 3 - 24　代码执行结果

2. Led 检查命令支持

在这里暂时不看电路图，只确认 Led 是怎么接线的，Led 一般是和 GPIO 口相连，就是统一让 GPIO 口输出高低电频来点亮和熄灭 Led 等。下面先用内存直接操作方式进行试验，检查是否方法可行。

(1) 设置引脚为 GPIO 模式(参考 programming guide p27～p28)。

GPIO 模式选择寄存器如图 3 - 25 所示。

10000060	GPIO1 MODE	32	GPIO1目的选择设置
10000064	GPIO2 MODE	32	GPIO2目的选择设置

图 3 - 25　GPIO 模式选择寄存器

GPIO1 模式选择寄存器内容如图 3 - 26 所示。

位	31	30	29	28	27	26	25	24	23	22	21	20	19	18	17	16
名字	PWM1_MODE		PWM0_MODE		UART2_MODE		UART1_MODE				I2C_MODE			REFCLK_MODE		PERST_MODE
类型	RW		RW		RW		RW				RW			RW		RW
重启后初始值	0	1	0	1	0	1	0	0			0	0		1		1
位	15	14	13	12	11	10	9	8	7	6	5	4	3	2	1	0
名字		WDT_MODE		SPI_MODE	SD_MODE		UART0_MODE		I2S_MODE		SPI_CS1_MODE		SPIS_MODE		GPIO_MODE	
类型		RW		RW	RW		RW		RW		RW		RW		RW	
重启后初始值		0		0	0	1	0	0	0	0	0	0	0	1	0	0

图 3 - 26　GPIO1 模式选择寄存器内容

GPIO2 模式选择寄存器内容如图 3-27 所示。

位	31	30	29	28	27	26	25	24	23	22	21	20	19	18	17	16
名字					P4_LED_KN_MODE		P3_LED_KN_MODE		P2_LED_KN_MODE		P1_LED_KN_MODE		P0_LED_KN_MODE		WLED_KN_MODE	
类型					RW		RW		RW		RW		RW		RW	
重启后初始值					0	1	0	1	0	1	0	1	0	1	0	1
位	15	14	13	12	11	10	9	8	7	6	5	4	3	2	1	0
名字					P4_LED_AN_MODE		P3_LED_AN_MODE		P2_LED_AN_MODE		P1_LED_AN_MODE		P0_LED_AN_MODE		WLED_AN_MODE	
类型					RW		RW		RW		RW		RW		RW	
重启后初始值					0	1	0	1	0	1	0	1	0	1	0	1

图 3-27 GPIO2 模式选择寄存器内容

设置值为 1 表示引脚被设置成的是 GPIO 方式，相应命令如下(在“?”后点击空格+回车按键退出)：

MT7628 # nm 10000060

===>操作这个寄存器是尽量不要去改变原有的值，因为很多这个寄存器相关的引脚已经被设置为它用(除非读者已经非常熟悉电路图)，否则有可能输入一个值后串口没有显示了。

10000060：54054404 ? 54554454

10000060：54554454 ?

MT7628 # nm 0x10000064

10000064：00000551 ? 55555555

10000064：55555555 ?

MT7628 #

(2) 设置引脚 GPIO 为输出模式(参考 programming guide p80)。

GPIO0 控制寄存器如图 3-28 所示。

10000600　GPIO CTRL 0　GPIO0到GPIO31的方向控制寄存器　00000000

位	31	30	29	28	27	26	25	24	23	22	21	20	19	18	17	16
名字	GPIOCTRL0(31:16)															
类型	RW															
重启后初始值	0	0	0	0	0	0	0	0	0	0	0	0	0	0	0	0
位	15	14	13	12	11	10	9	8	7	6	5	4	3	2	1	0
名字	GPIOCTRL0(15:0)															
类型	RW															
重启后初始值	0	0	0	0	0	0	0	0	0	0	0	0	0	0	0	0

位	名字	描述
31:0	GPIOCTRL0	GPIO引脚方向控制 0：表示GPIO设置为输入模式 1：表示GPIO设置为输出模式

图 3-28 GPIO0 控制寄存器

GPIO1 控制寄存器如图 3-29 所示。

10000604　GPIO CTRL 1　GPIO32到GPIO63的方向控制寄存器　00000000

位	31	30	29	28	27	26	25	24	23	22	21	20	19	18	17	16
名字	GPIOCTRL1(31:16)															
类型	RW															
重启后初始值	0	0	0	0	0	0	0	0	0	0	0	0	0	0	0	0
位	15	14	13	12	11	10	9	8	7	6	5	4	3	2	1	0
名字	GPIOCTRL1(15:0)															
类型	RW															
重启后初始值	0	0	0	0	0	0	0	0	0	0	0	0	0	0	0	0

位	名字	描述
31:0	GPIOCTRL1	GPIO引脚方向控制 0：表示GPIO设置为输入模式 1：表示GPIO设置为输出模式

图 3-29 GPIO1 控制寄存器

设置值为全 1(GPIO output mode)，相应的命令如下：

```
    MT7628 # nm 10000600
10000600: 00000000 ? ffffffff
10000600: ffffffff ?
    MT7628 # nm 10000608
10000608: 00000000 ? ffffffff
10000608: ffffffff ?
    MT7628 #
```

(3) 设置引脚 GPIO 输出电频信号(参考 programming guide p82)。

GPIO0 数据寄存器如图 3 - 30 所示。

10000620 GPIO DATA 0 GPIO0到GPIO31的数据寄存器 00000000

位	31	30	29	28	27	26	25	24	23	22	21	20	19	18	17	16
名字	GPIODATA0(31:16)															
类型	RW															
重启后初始值	0	0	0	0	0	0	0	0	0	0	0	0	0	0	0	0
位	15	14	13	12	11	10	9	8	7	6	5	4	3	2	1	0
名字	GPIODATA0(15:0)															
类型	RW															
重启后初始值	0	0	0	0	0	0	0	0	0	0	0	0	0	0	0	0

位	名字	描述
31:0	GPIODATA0	GPIO数据值

图 3 - 30 GPIO0 数据寄存器

GPIO1 数据寄存器如图 3 - 31 所示。

10000624 GPIO DATA 1 GPIO32到GPIO63的数据寄存器 00000000

位	31	30	29	28	27	26	25	24	23	22	21	20	19	18	17	16
名字	GPIODATA1(31:16)															
类型	RW															
重启后初始值	0	0	0	0	0	0	0	0	0	0	0	0	0	0	0	0
位	15	14	13	12	11	10	9	8	7	6	5	4	3	2	1	0
名字	GPIODATA1(15:0)															
类型	RW															
重启后初始值	0	0	0	0	0	0	0	0	0	0	0	0	0	0	0	0

位	名字	描述
31:0	GPIODATA1	GPIO数据值

图 3 - 31 GPIO1 数据寄存器

设置值为 0×0(GPIO 输出低电平)，相应的命令如下(读者可以尝试输入任意值后查看开发板的变化，如输入 00000000 后核心板的灯会被点亮，输入 ffffffff 后核心板的灯会熄灭)：

```
    MT7628 # nm 10000620
10000620: c0003430 ? ffffffff
10000620: ffffffff ?
    MT7628 # nm 10000624
10000624: 0000305f ? ffffffff
10000624: 0000305f ? 00000000
10000624: 0000205f ?
    MT7628 #
```

(4) 集成命令到 Uboot 中(Uboot/lib_mips/board.c)。

增加选择提示信息(函数 OperationSelect()中):

```
void OperationSelect(void)
{
    printf("\nPlease choose the operation: \n");
    printf("   %d: Load system code to SDRAM via TFTP. \n",
           SEL_LOAD_LINUX_SDRAM);
    printf("   %d: Load system code then write to Flash via TFTP. \n",
           SEL_LOAD_LINUX_WRITE_FLASH);
    printf("   %d: Boot system code via Flash (default). \n", SEL_BOOT_FLASH);
    #ifdef RALINK_CMDLINE
    printf("   %d: Entr boot command line interface. \n", SEL_ENTER_CLI);
    #endif // RALINK_CMDLINE //
    printf("   5: Entr ALL LED test mode. \n"); ===>增加选项 5
    #ifdef RALINK_UPGRADE_BY_SERIAL
    printf("   %d: Load Boot Loader code then write to Flash via Serial. \n",
           SEL_LOAD_BOOT_WRITE_FLASH_BY_SERIAL);
    #endif // RALINK_UPGRADE_BY_SERIAL //
    printf("   %d: Load Boot Loader code then write to Flash via TFTP. \n",
           SEL_LOAD_BOOT_WRITE_FLASH);
}
```

为选项 5 增加 BootType(board_init_r()函数)

```
2119: case '5':
2120: gpio_test();
2121: break;
```

增加点灯/熄灯的 c 代码:

```
void gpio_test( void )
{
  u32 agpio_cfg, gpio1_mode, gpio2_mode, val;
  u32 gpio_ctrl0, gpio_ctrl1, gpio_dat0, gpio_dat1;
  u8 i=0;
  agpio_cfg = RALINK_REG(RT2880_SYS_CNTL_BASE+0x3c);
  gpio1_mode= RALINK_REG(RT2880_SYS_CNTL_BASE+0x60);
  gpio2_mode= RALINK_REG(RT2880_SYS_CNTL_BASE+0x64);
  gpio_ctrl0= RALINK_REG(0xb0000600);
  gpio_ctrl1= RALINK_REG(0xb0000604);
  gpio_dat0 = RALINK_REG(0xb0000620);
  gpio_dat1 = RALINK_REG(0xb0000624);
  //agpio
  val=0;
  val|=0x0f<<17;//ephy p1-p4 selection digital PAD
  val|=0x1f;//refclk, i2s digital PAD
```

```
RALINK_REG(RT2880_SYS_CNTL_BASE+0x3c)=val;
//gpio1_mode
val=0;
val|=0x05<<28;//pwm0, pwm1
val|=0x05<<24;//uart1, uart2
val|=0x01<<20;//i2c_mode
val|=0x01<<18;//refclk
val|=0x01<<14;//wdt_mode
val|=0x01<<10;//sd_mode
val|=0x01<<6;//i2s
val|=0x01<<4;//cs1
val|=0x01<<2;//spis
RALINK_REG(RT2880_SYS_CNTL_BASE+0x60)=val;
//gpio2_mode
val=0;
val|=0x01<<10;//p4 led
val|=0x01<<8;//p3 led
val|=0x01<<6;//p2 led
val|=0x01<<4;//p1 led
val|=0x01<<2;//p0 led
val|=0x01<<0;//wled
RALINK_REG(RT2880_SYS_CNTL_BASE+0x64)=val;
//ctrl0, ctrl1
RALINK_REG(0xb0000600)=0xffffffff;
RALINK_REG(0xb0000604)=0xffffffff;
RALINK_REG(0xb0000604)&=~(0x01<<6);

udelay(600000);
for(i=0;i<100;i++){
  printf("\nall led off\n");
  RALINK_REG(0xb0000620)=0xffffffff;
  RALINK_REG(0xb0000624)=0xffffffff;
  udelay(200000);
  printf("\nall led on\n");
  RALINK_REG(0xb0000620)=0x0;
  RALINK_REG(0xb0000624)=0x0;
  udelay(200000);
  if(detect_wps())
  break;
}
RALINK_REG(RT2880_SYS_CNTL_BASE+0x3c)=agpio_cfg;
RALINK_REG(RT2880_SYS_CNTL_BASE+0x60)=gpio1_mode;
RALINK_REG(RT2880_SYS_CNTL_BASE+0x64)=gpio2_mode;
```

```
    RALINK_REG(0xb0000600)=gpio_ctrl0;
    RALINK_REG(0xb0000604)=gpio_ctrl1;
    RALINK_REG(0xb0000620)=gpio_dat0;
    RALINK_REG(0xb0000624)=gpio_dat1;
}
```

此函数就是对之前采用 nm 命令方式的 C 语言的实现，实际就是操作寄存器完成相应引脚的设置。这里解释一下宏 RALINK_REG 的实现：

```
#define RALINK_REG(x)(*((volatile u32 *)(x)))
```

x 在这里指的是寄存器地址，先将 x 强转成 u32 的地址((volatile u32 *)(x))，再取这个地址内的值。这是 C 语言对寄存器操作的通用方法，包括单片机操作也是这样。这段代码可以结合之前寄存器的操作、programming guide 文档好好理解，这种类似于单片机的操作方式可以很好地完成裸机编程。好多读者在学习 Linux Driver 时候说看不懂代码，特别是不明白赋值在写什么，这个时候可能不知道的不是 Driver 的代码，而是 Driver 背后的寄存器操作。如果熟悉了 CPU 的寄存器(可以理解为 Programming Guide)含义，编写 Linux Driver 是非常轻松的事情。在这里，建议尝试裸机编程，通过实际操作来了解 CPU 的寄存器。

3. Web server 功能

增加选择提示信息(函数 OperationSelect()中)：

```
void OperationSelect(void)
{
  printf("\nPlease choose the operation: \n");
  printf("   %d: Load system code to SDRAM via TFTP. \n", SEL_LOAD_LINUX_SDRAM);
  printf("   %d: Load system code then write to Flash via TFTP. \n",
         SEL_LOAD_LINUX_WRITE_FLASH);
  printf("   %d: Boot system code via Flash (default). \n", SEL_BOOT_FLASH);
  #ifdef RALINK_CMDLINE
  printf("   %d: Entr boot command line interface. \n", SEL_ENTER_CLI);
  #endif // RALINK_CMDLINE //
  printf("   5: Entr ALL LED test mode. \n");
  printf("   6: Entr Web failsafe mode. \n"); ===>增加选项 6
  #ifdef RALINK_UPGRADE_BY_SERIAL
  printf("   %d: Load Boot Loader code then write to Flash via Serial. \n",
         SEL_LOAD_BOOT_WRITE_FLASH_BY_SERIAL);
  #endif // RALINK_UPGRADE_BY_SERIAL //
  printf("   %d: Load Boot Loader code then write to Flash via TFTP. \n",
         SEL_LOAD_BOOT_WRITE_FLASH);
}
```

为选项 6 增加 BootType(board_init_r()函数)

```
2104: case '6':
2105: eth_initialize(gd->bd);
2106: NetLoopHttpd();
```

2107：break；

相应 c 代码实现的简单描述如下：

eth_initialize(gd ->bd)函数主要是完成 ETH phy driver，更多的是完成寄存器的配置与读写，主要是操作 Frame Engine(可以参考 programming guide p232)寄存器。核心代码是函数 rt2880_eth_initialize(bis)，它主要完成了如何设置寄存器执行网络数据包的发送和接收，相关的寄存器设定虽多但不复杂，可以查看参考手册。

NetLoopHttpd()函数实现了一个简单的 WebServer，实现 http 方式的更新功能。Web Server是基于 uIP 实现访问的。它实现了升级 Firmware(Linux Kernel＋rootfs)、Uboot、ART 三个分区。MTK(收购了 Ralink)平台下 flash 的分区主要有 Uboot、ART、Firmware 三个模块。Uboot 开机时首先运行；ART 分区有很多名称，在 MTK 手册中把它称为 factory，这个分区的意义是非常重要的，里面存放了网卡的 MAC 地址、无线信号的校准数据，还有一个校验数据，路由器的无线发射部分是模拟器件(做过模拟产品的应该比较清楚)，所有的模拟产品在生产环节都会校准，校准后的数据会放到 ART 分区当中，且每台设备的校准数据是唯一的，因此在路由器变成开发板前，最重要的操作就是备份 ART 分区；Firmware 分区就是 UBoot 引导的 OpenWrt(包括 Linux Kernel ＋ rootfs)所在分区。这样目标就确认了，制作一个页面，只允许上传 Uboot 和 Firmware 两种数据，并刷入相应的分区。WebServer 相应的访问界面如图 3－32 所示。

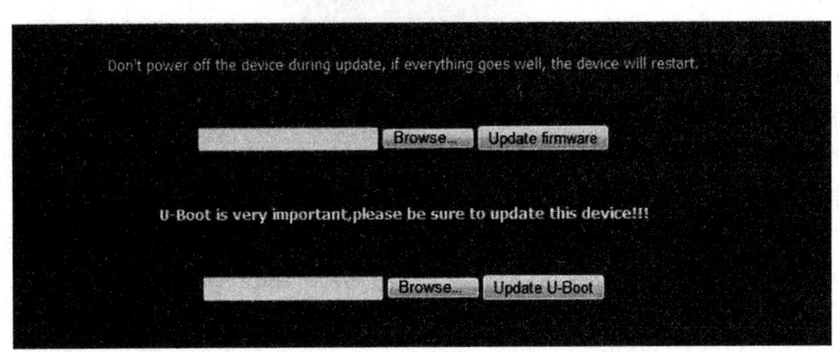

图 3－32　WebServer 访问界面

3.2.6　增加缺省环境变量值

1. 删除所有环境变量

(1) 如何确定删除了(或破坏了)环境变量。

Uboot 启动后出现如图 3－33 所示 CRC 校验错误提示，表示环境变量被破坏，需要重建。

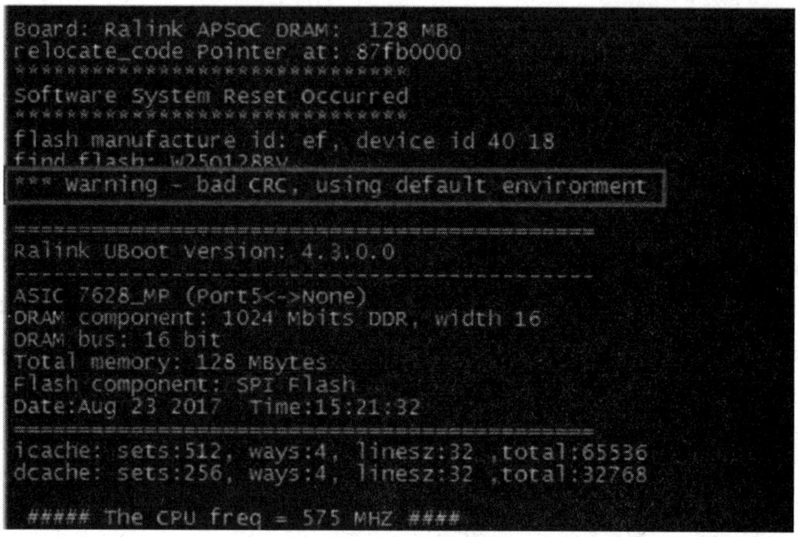

```
Board: Ralink APSoC DRAM:  128 MB
relocate_code Pointer at: 87fb0000
******************************
Software System Reset Occurred
******************************
flash manufacture id: ef, device id 40 18
find flash: W25Q128BV
*** Warning - bad CRC, using default environment

============================================
Ralink UBoot Version: 4.3.0.0
--------------------------------------------
ASIC 7628_MP (Port5<->None)
DRAM component: 1024 Mbits DDR, width 16
DRAM bus: 16 bit
Total memory: 128 MBytes
Flash component: SPI Flash
Date:Aug 23 2017  Time:15:21:32
============================================
icache: sets:512, ways:4, linesz:32 ,total:65536
dcache: sets:256, ways:4, linesz:32 ,total:32768

 ##### The CPU freq = 575 MHZ ####
```

图 3-33　CRC 校验错误提示

(2) 进入 Linux 系统命令行删除命令——mtd erase "u-boot-env"。

root@fengke:/# mtd erase "u-boot-env"

Unlocking u-boot-env...

Erasing u-boot-env...

root@fengke:/#

或者输入命令---dd if=/dev/zero of=/dev/mtd1

root@wooya:/# dd if=/dev/zero of=/dev/mtd1

dd: writing '/dev/mtd1': No space left on device

129+0 records in

128+0 records out

root@wooya:/#

(3) Uboot 命令行删除命令——spi erase 0x30000 0x10000。

MT7628 # spi erase 0x30000 0x10000

erase offs 0x30000, len 0x10000

.

关于命令 spi erase 可以在 Uboot 命令行中输入 help spi 查询：

MT7628 # help spi

spi spi usage:

spi id

spi sr read

spi sr write <value>

spi read <addr><len>

spi erase <offs><len>

spi write <offs><hex_str_value>

2. 恢复缺省的环境变量值

如果 Uboot 启动时候出现"*** Warning - bad CRC, using default environment"这

样的字符串，表示环境变量需要重建，重建环境变量可以用一个简单的命令 save 完成：

```
MT7628 # save
Saving Environment to SPI Flash...
Erasing SPI Flash...
.
Writing to SPI Flash...
.
done
MT7628 # printenv
bootcmd=tftp
bootdelay=2
baudrate=57600
ethaddr="00:AA:BB:CC:DD:10"
ipaddr=10.10.10.123
serverip=10.10.10.3
stdin=serial
stdout=serial
stderr=serial

Environment size: 153/4092 bytes
MT7628 #
```

3. 增加新的环境变量值

缺省环境变量值存储在源代码 Uboot/common/env_common.c 中的 66 行位置：

```
uchar default_environment[] = {……}
```

可以按照数组格式增加新的缺省环境变量，这种代码写死(hardcode)方式可以在 Uboot env 分区被破坏的情况下系统仍然使用默认的值。如设置的缺省系统的 IP 地址是 10.10.10.123，代码的 101 行：

```
100: #ifdefCONFIG_IPADDR
101: "ipaddr=" MK_STR(CONFIG_IPADDR)"\0"
102: #endif
```

宏 CONFIG_IPADDR 位于文件 Uboot/include/configs/rt2880.h 中 100 行：

```
100: #define CONFIG_IPADDR 10.10.10.123
```

3.2.7 Uboot 的系统初始化

1. 链接脚本——/board/rt2880/u-boot.lds

每个板子都有自己的 lds 文件，这个文件主要是用来说明编译生成的指令，以及运行过程中用到的数据放置的位置。链接器主要有两个作用：一是将多个 .o 输入文件根据一定规则合并为一个输出文件(如 ELF 格式的可执行文件)；二是将符号与地址绑定(当然加载器也要完成这一部分工作)。关于链接器的工作机制可以参考《Linker and Loader》一书，本节只关心它的第一个功能，即如何根据一定规则将一个或多个输入文件合并成输出文件，而这个功能是通过链接脚本描述的。链接器有一个编译到其二进制代码中的默认链接脚本，大多数情况下使用它链接输入文件并生成目标文件，也可以提供自定义的脚本以精确控制目标文件的格式，如同 Linux 内核做得那样。

```
28: OUTPUT_FORMAT("elf32 - tradlittlemips", "elf32 - tradbigmips", "elf32 - tradlittlemips")
29: OUTPUT_ARCH(mips)
```

OUTPUT_FORMAT 和 OUTPUT_ARCH 都是 ld 脚本的保留关键字。OUTPUT_FORMAT 说明输出二进制文件的格式(这里是 ELF32 文件格式)；OUTPUT_ARCH 说明输出文件格式所在的平台。

```
30: ENTRY(_start)
```

ENTRY 关键字的作用是：将后面括号中的符号值设置成入口地址。

一个可执行的程序通常是由代码段、数据段、bss 段构成的。同样，在用于链接这个程序的链接器脚本中，就会反映出这几个段的信息，如 SECTIONS(SECTIONS 命令描述了输出文件的内存分布情况)。

```
32: SECTIONS
33: {
34: . = 0x00000000;//起始的链接地址，这是个相对地址
36: . = ALIGN(4);//四字节对齐
37: . text        ://程序代码所在的区域
    {
      * (. text)
    }
42: . = ALIGN(4);
43: . rodata  : { * (. rodata) }  //该段也叫常量区，用于存放常量数据
                                  //字符串会被编译器自动放在 rodata 中
                                  //加 const 关键字的常量数据会被放在 rodata 中
                                  //ro = Read Only

      =ALIGN(4);

47: . data  : { * (. data) }//该段用于存储初始化的全局变量，初始化为 0 的全局变量
                            //出于编译优化的策略还是被保存在 BSS 段

      . = ALIGN(4);
50: . sdata  : { * (. sdata) }

52: _gp = ALIGN(16);

    . got  : {
54: __got_start = . ;//当前地址存入__got_start 这个变量中
    * (. got)
      __got_end = . ;
    }
```

```
60: .sdata   : { *(.sdata) }

62: __u_boot_cmd_start = .;//Uboot 命令行代码实现位置
63: .u_boot_cmd : { *(.u_boot_cmd) }
64: __u_boot_cmd_end = .;

66: uboot_end_data = .;
67: num_got_entries = (__got_end - __got_start) >> 2;

    . = ALIGN(4);
70: .sbss  : { *(.sbss) }//.sbss 是小的 BSS 段，用于存放"近"数据，即使用短指针//(near)寻址的数据。
71: .bss   : { *(.bss) }//该段用于存储未初始化的全局变量或者是默认初始化为 0
                        //的全局变量，它不占用程序文件的大小，可是占用程序执
                        //行时的内存空间。

73:   uboot_end = .;//当前地址存入 uboot_end 这个变量中
74: }
```

2. stage1 的代码——cpu/ralink_soc/start.S

此时 DRAM 未初始化，因此，程序是从存储 Uboot 程序的 FLASH 中开始运行的。

```
86:.globl _start
    .text
88:_start:
    RVECENT(reset, 0)/* U-boot entry point */
    RVECENT(reset, 1)/* software reboot */
    #if defined(CONFIG_INCA_IP)
    .word INFINEON_EBU_BOOTCFG /* EBU init code, fetched during booting */
    .word 0x00000000           /* phase of the flash                    */
    #elif defined(CONFIG_PURPLE)
    .word INFINEON_EBU_BOOTCFG /* EBU init code, fetched during booting */
    .word INFINEON_EBU_BOOTCFG /* EBU init code, fetched during booting */
    #else
    RVECENT(romReserved, 2)
    #endif
    RVECENT(romReserved, 3)
    RVECENT(romReserved, 4)
    RVECENT(romReserved, 5)
```

而宏 RVECENT 的定义为：

```
    #define RVECENT(f, n)   b f; nop   //该指令只是一个简单的跳转指令 b Label。
```

而 romReserved 代码为：

```
    romReserved:
    b romReserved//没有意义的死循环代码
```

```
_start:
    RVECENT(reset, 0)//U-Boot 开始执行的代码起始地址
    RVECENT(reset, 1) //软重启时 U-Boot 开始执行的起始地址
    RVECENT(romReserved, 3) //重新映射调试异常向量时可以使用该空间
    RVECENT(romReserved, 4) //同上……

255: reset:
    ……
297: or $31, $0, $0
  //255～297 行的作用就是将所有寄存器清零

299: #if defined (MT7628_ASIC_BOARD)
300: #if (TEXT_BASE == 0xBFC00000) || (TEXT_BASE == 0xBF000000) ||
  (TEXT_BASE == 0xBC000000)
  //如果 Uboot 选择的是 ROM 编译方式，此代码会运行并设置相应的寄存器。
301: lit0, RALINK_SYSCTL_BASE + 0x34
  //RALINK_SYSCTL_BASE = 0xB0000000(看前面介绍的 Mips 物理地址映射关系，可
  //以知道此地址被映射到 0x10000000)，偏移 0x34 操作的是 Reset Control Register
  //如图 3-34、图 3-35、图 3-36 所示，可以参考文档 MT7628 Programming Guide 的 15 页
302: lwt1, 0(t0)
303: orit1, t1, 1<<10//左移 10 位表示操作的是 MC_RST 置 1
  //看相应的寄存器 0x10000034 的详细描述，设置第 10 位为 1；
  //t1, 0x04000400
  swt1, 0(t0)
  #endif
  #endif
```

SYSCTL 寄存器组如图 3-34 所示。

地址	名字	位宽	寄存器功能
10000000	CHIPID0 3	32	芯片ID的ASCII字符的第0到第3位
10000004	CHIPID4 7	32	芯片ID的ASCII字符的第4到第7位
10000008	EE CFG	32	芯片存储配置
1000000C	CHIP REV ID	32	芯片的修订ID号
10000010	SYSCFG0	32	系统配置寄存器0
10000014	SYSCFG1	32	系统配置寄存器1
10000018	TESTSTAT	32	Firmware的测试状态返回值
1000001C	TESTSTAT2	32	Firmware的测试状态返回值2
10000028	ROM STATUS	32	Andes ROM状态返回值
1000002C	CLKCFG0	32	时钟配置寄存器0
10000030	CLKCFG1	32	时钟配置寄存器1
10000034	RSTCTL	32	重启控制寄存器
10000038	RSTSTAT	32	重启状态寄存器
1000003C	AGPIO CFG	32	模拟GPIO配置值
10000040	N9 GPIO INT	32	Andes GPIO中断
10000044	N10 GPIO MASK	32	Andes GPIO位掩码
10000060	GPIO1 MODE	32	GPIO1目的选择设置
10000064	GPIO2 MODE	32	GPIO2目的选择设置

图 3-34 SYSCTL 寄存器组

SYSCTL寄存器组详细描述如图3-35所示。

10000034　　RSTCTL　　重启控制寄存器　　04000400

位	31	30	29	28	27	26	25	24	23	22	21	20	19	18	17	16
名字	PWM_RST	SDXC_RST	CRYPTO_RST	AUX_STCK_RST		PCIE_RST		EPHY_RST	ETH_RST	UHST_RST		UART2_RST	UART1_RST	SPI_RST	I2S_RST	I2C_RST
类型																
重启后初始值	0	0	0	0		1		0	0	0		0	0	0	0	0
位	15	14	13	12	11	10	9	8	7	6	5	4	3	2	1	0
名字		GDMA_RST	PIO_RST	UART0_RST	PCM_RST	MC_RST	INT_RST	TIMER_RST			HIF_RST	WIFI_RST	SPIS_RST			SYS_RST
类型		RW	RW	RW	RW	RW	RW	RW			RW	RW	RW			W1C
重启后初始值		0	0	0	0	1	0	0			0	0	0			0

图3-35　SYSCTL寄存器组详细描述

MC_RST说明如图3-36所示。

10	MC_RST	MC重启控制值 1：表示重启 0：表示不重启

图3-36　MC_RST说明

Reset Assert：设置这个值(1)表示reset是“active”状态。

Reset Deassert：设置这个值(0)表示reset是“inactive”状态。

这中间有一大段汇编代码的主要作用是初始化一些寄存器。读懂这些代码需要有Mips汇编知识，同时也需要熟悉MT7628 Programming Guide文档，这对于初学者太难，在此略过。如果对这些代码很感兴趣，则可以学习Mips裸机编程。

到目前为止由于还没有开始内存初始化，但是已经使用了c函数，因此需要设立一个临时堆栈，即需要一个内存空间。

```
/* Set up temporary stack.
 */
lia0, CFG_INIT_SP_OFFSET
//balmips_cache_lock
Nop

//这里调用bal跳转，这样就可以知道代码的位置，而不是标号值。比如可能在RAM中或
//ROM中，这里的值是不一样的
bal 1f
nop
. word _GLOBAL_OFFSET_TABLE_//链接脚本中的.got就是这部分代码，可以参
                            //考下一节的代码重定向描述
1:
lw gp, 0(ra)
la t9, board_init_f
```

将函数board_init_f地址赋予t9，即跳转到RAM中执行c代码，这里开始转到board

_init_f 代码段开始执行程序，所谓的 stage2，board_init_f 实质上是 C 语言中定义的函数，虽然后面的代码仍在 flash 中存放，但是已经可以使用一部分 scratch memory 作为临时栈空间进行函数调用，可以用 C 语言进行批量初始化了，纯汇编的时代暂时告一段落。

3. 代码的重定位——.got(GLOBAL_OFFSET_TABLE)

设计 BootLoader 引导程序时候，一般为了提速度，需要将 BootLoader 从 ROM 拷贝到 RAM 中去执行，但这两者的地址是不一样的。这些代码如果没有在链接时指定的地址空间也应该能正常运行，这就是位置无关代码 PIC(Position Independent code)。PIC 的特点就是它被加载到任意地址空间都可以正确执行。其原理是 PIC 对常量和函数入口地址的操作都是基于 PC+偏移量的寻址方式。如果程序地址被移动，PC 地址也一起变化，但是偏移量却永远不变，程序仍然可以找到正确的入口地址或者常量。

Uboot 中用 GOT(Global Offset Table 全局偏移量表)表实现 PIC 代码的位置无关。简单说就是 Uboot 依靠维护 GOT 表来实现(链接脚本中的 .got 部分)，在 GOT 表中存放一些全局 label 的表项，这些表项记录了重要的地址信息。当代码运行在 Flash 中时，GOT 表中存放的是编译时全局 label 的地址；当 Uboot 运行时检测 RAM 大小并进行代码搬运之后，利用代码搬运前后产生的地址偏移量对 GOT 表中的各个表项进行更新，使其记录 RAM 中的相应地址。这样代码运行就不会发生代码地址和变量地址出错的问题。

4. stage2 的代码——lib_mips/board.c

这部分代码的作用是建立一个“正常”的 c 运行环境，主要是内存的初始化及整个寻址空间的部分初始化。而这部分代码本身所运行的环境受到较多限制，只有一个大小受限的 scratch memory 作为临时运行的栈空间。从上面汇编代码可以看到，这里的初始化主要是执行 board_init_f 函数。结合代码注释可以了解到，这些关于系统信息的结构体(GD 是指 Global Data，BD 是指 Board info Data)应该存放于在 DRAM 控制器未初始化之前就能使用的内存空间中，比如锁定的缓存中。GD 和 BD 是很重要的结构体，在这里可以暂时把它放在已经初始化好的临时栈空间 scratch memory 中，当 DRAM 初始化完成后，会将其拷贝入 DRAM 空间保存。

board_init_f()函数一开始就引用了一个变量 gd(board.c 的 36 行定义了这个变量)，DECLARE_GLOBAL_DATA _PTR，查看该宏的定义在 include/asm-mips/Global_data.h：

```
#define DECLARE_GLOBAL_DATA_PTR register volatile gd_t *gd asm ("k0")
```

这个声明告诉编译器使用寄存器 k0 来存储 gd_t 类型的指针 gd，即这个定义声明了一个指针，并且指明了它的存储位置。register 表示变量放在机器的寄存器中。volatile 是一个类型修饰符(type specifier)，volatile 的作用是作为指令关键字，确保本条指令不会因编译器的优化而省略，且要求每次直接读值。

```
606: ulong addr, addr_sp, len = (ulong)&uboot_end - CFG_MONITOR_BASE;
    //addr：重定位后代码的地址
    //addr_sp：重定位后 sp 栈指针的地址
    //len：uboot_end 这个值在 u-boot.lds 链接脚本的最后一行，表示 uboot 的最末
    #define CFG_MALLOC_LEN256 * 1024 //256K
    #define CFG_ENV_SIZE0x1000 //4k
    #defineTOTAL_MALLOC_LEN(CFG_MALLOC_LEN + CFG_ENV_SIZE)
```

gd 赋值如下：

```
    /* Pointer is writable since we allocated a register for it. */
708: gd = &gd_data;
    //这样，gd 就指向的一个可用的内存地址了

    /*
    * Now that we have DRAM mapped and working, we can
    * relocate the code and continue running from DRAM.
    */
774: addr = CFG_SDRAM_BASE + gd->ram_size;
    #define CFG_SDRAM_BASE0x80000000
    //gd->ram_size 的值在函数 init_func_ram()中获取，等于 0x2000000(32M)
```

其中，CFG_SDRAM_BASE=0x80000000 是 MIPS 虚拟寻址空间中 kseg0 段的起始地址，它经过 CPU TLB 翻译后是 DRAM 内存的起始物理地址 0x00000000。

```
    /* round down to next 4 kB limit.
     */
786: addr &= ~(4096 - 1);
    //addr &= ~0x0FFF 这种计算是常用的地址对齐的算法，是向下 4K 字节对齐
    #ifdef DEBUG
    debug ("Top of RAM usable for U-Boot at: %08lx\n", addr);
        //这里 addr = 0x82000000
    #endif

    /* Reserve memory for U-Boot code, data & bss
     * round down to next 16 kB limit
     */
794: addr -= len;
    //为 code, data, bss 段保留 281k(len >> 10)的空间
795: addr &= ~(16 * 1024 - 1);
    //保证向下 16K 对齐方式
```

这里经过计算后将 addr 指向了 DRAM 中 0x81fb8000(288k)地址处。

bd 赋值如下：

```
    /* Reserve memory for malloc() arena. */
801: addr_sp = addr - TOTAL_MALLOC_LEN;
    //TOTAL_MALLOC_LEN 是为 malloc 准备的内存空间，共 260K
    /*
     * (permanently) allocate a Board Info struct
     * and a permanent copy of the "global" data
     */
810: addr_sp -= sizeof(bd_t);
        //减去数据结构 bd_t，这个结构会被 copy 到内存中并随 Uboot 一直存在
```

```
811: bd = (bd_t * )addr_sp;
    //bd 数据结构的内容存储起始位置。addr_sp 是一个栈的地址(指向目前
    //已经使用过的栈的栈顶),因为现在是在 C 语言中写代码,所以局部变
    //量全部存储在栈中。sizeof(bd_t) = 44 字节

812: gd->bd = bd;
    //GD 中的指针关联到此处的 BD 结构体地址,sizeof(gd_t) = 36 字节

817: addr_sp -= sizeof(gd_t);
    //分配 GD 结构体大小的空间

818: id = (gd_t * )addr_sp;
    //id 指针指向 GD 结构体地址

    /* Reserve memory for boot params.
     */
825: addr_sp -= CFG_BOOTPARAMS_LEN;
    //分配 boot param 的空间,这里的宏大小是 128K 字节
    //#define CFG_BOOTPARAMS_LEN128 * 1024

826: bd->bi_boot_params = addr_sp;
    //在 BD 中记录此 boot param 空间的地址

   /*
    * Finally, we set up a new (bigger) stack.
    *
    * Leave some safety gap for SP, force alignment on 16 byte boundary
    * Clear initial stack frame
    */
837: addr_sp -= 16;
838: addr_sp &= ~0xF;
    //向下一帧,保证栈空间向下 16 字节对齐
839: s = (ulong * )addr_sp;
840: *s-- = 0;
841: *s-- = 0;
842: addr_sp = (ulong)s;
    //现在 Stack 的地址指向了 addr_sp = 0x81f56f98
854: memcpy (id, (void * )gd, sizeof (gd_t));
    //将在临时栈空间中的 GD 数据拷贝入 DRAM 中

870: relocate_code (addr_sp, id, /* TEXT_BASE */ addr);
    //这里重新定位了代码指针 addr = 0x81fb8000
    //程序又回到 cpu/mips/start.S 的汇编中,在之后的汇编中,Uboot 已经
```

//将自己的代码段、数据段、BSS段等搬到在DRAM中，这样做是为了加
//快运行速度。

5. 继续stage1的代码——cpu/ralink_soc/start.S

```
/*
 * void relocate_code (addr_sp, gd, addr_moni)
 *
 * This "function" does not return, instead it continues in RAM
 * after relocating the monitor code.
 *
 * a0 = addr_sp
 * a1 = gd
 * a2 = destination address
 */
.globlrelocate_code
.entrelocate_code
relocate_code:
#if (TEXT_BASE == 0xBFC00000) || (TEXT_BASE == 0xBF000000)
                              || (TEXT_BASE == 0xBC000000)
#if defined (CONFIG_DDR_CAL)
balunlock_dcache
nop
#endif
#endif
movesp, a0/* Set new stack pointer */

2428: lit0, CFG_MONITOR_BASE
2429: lat3, in_ram
2430: lwt2, -12(t3)/* t2 <-- uboot_end_data */
2431: movet1, a2

/*
 * Fix GOT pointer:
 *
 * New GOT-PTR = (old GOT-PTR - CFG_MONITOR_BASE) + Destination Address
 */
movet6, gp
subgp, CFG_MONITOR_BASE
addgp, a2/* gp now adjusted */
subt6, gp, t6/* t6 <-- relocation offset */

/*
 * t0 = source address
```

```
 * t1 = target address
 * t2 = source end address
 */
/* On the purple board we copy the code earlier in a special way
 * in order to solve flash problems
 */
2451: #ifndef CONFIG_PURPLE
2452: 1:
2453: lwt3, 0(t0)
2454: swt3, 0(t1)
2455: addut0, 4
2456: blet0, t2, 1b
2457: addut1, 4/* delay slot */
2458: #endif

/* If caches were enabled, we would have to flush them here.
 */

/* Jump to where we've relocated ourselves.
 */
addit0, a2, in_ram - _start
jt0
nop

2469: .worduboot_end_data
2470: .worduboot_end
2471: .wordnum_got_entries

in_ram:
/* Now we want to update GOT.
 */
lwt3, -4(t0)/* t3 <-- num_got_entries */
addit4, gp, 8/* Skipping first two entries. */
lit2, 2
1:
lwt1, 0(t4)
beqzt1, 2f
addt1, t6
swt1, 0(t4)
2:
addit2, 1
bltt2, t3, 1b
addit4, 4/* delay slot */
```

```
/ * Clear BSS.
 * /
lwt1, - 12(t0)/ * t1 <-- uboot_end_data * /
lwt2, - 8(t0)/ * t2 <-- uboot_end * /
addt1, t6/ * adjust pointers * /
addt2, t6

subt1, 4
1:addit1, 4
bltlt1, t2, 1b
swzero, 0(t1)/ * delay slot * /

movea0, a1
lat9, board_init_r
jt9
movea1, a2/ * delay slot * /

. endrelocate_code
```

a0～a3 寄存器是用于函数调用时传递参数的，这里三个参数分别是 a0 ＝ addr_sp、a1 ＝ gd、a2 ＝ destination address。此函数重定向了 CFG_MONITOR_BASE(TEXT_BASE，即 ROM 基地址)代码并继续在 RAM 中运行。2451～2458 行代码就是将 ROM 中的 Uboot 搬移到 RAM 中。2428～2431 行设置了具体搬移的原地址(存储在 t0 寄存器中，CFG_MONITOR_BASE＝TEXT_BASE)、目的地址(存储在 t2 寄存器中，t2 ＝ Uboot 程序的结束地址)。这里重点解释 lwt2, - 12(t3)这段代码中 t2 的值就是 Uboot 的结束地址的原因。

(1) Uboot 链接脚本 u - boot. lds 中指定的数据的最后地址被标识为 uboot_end_data。

(2) 程序的 2469 行 word 标识了 uboot_end_data 位置，它和链接脚本是一一对应的。

(3) 在 32 位机器中一个 word 是 4 位，所以 t3 - 12 就是地址 uboot_end_data。

将所有代码拷贝到 RAM 中，并初始化 GOT，完成清除 BSS 后，随后跳入的代码段 board_init_r 是在 c 程序中定义的函数，仍然在刚才的那个 C 语言文件 lib_mips/board. c 中。board_init_r 函数的工作就是初始化板上的各个硬件，实现相应的单独硬件操作，了解这个函数就需要熟悉 programming guide 及其相关外设。

3. 2. 8　Uboot 第二阶段——启动内核过程

Uboot 的最终目标是将 flash 中的 kernel 拷贝到 RAM 中运行，并让 kernel 完成接下来的所有工作。在 Uboot 第一阶段汇编代码 cpu/ralink_soc/start. S 中调用 board_init_r() 函数后就进入板级初始化。

此函数的主要工作是重新计算命令表(cmd table)的地址(什么是命令表？命令表的地址又是多少？)。因为 Uboot 启动完成后就进入命令行模式，所以可以从串口输入命令来指示 Uboot 下一步做什么(或者让 Uboot 缺省去引导 Kernel)。每个命令对应的名称、用法、描述、执行的函数等信息，用一个命令表结构体来保存，使每一个命令在内存中都有对应的一个命令表。结构体在 include/Command.h 中，相应的定义如下：

```
struct cmd_tbl_s {
    char * name;/* Command Name */
    intmaxargs;/* maximum number of arguments */
    intrepeatable;/* autorepeat allowed? */
    /* Implementation function */
    int(*cmd)(struct cmd_tbl_s *, int, int, char *[]);
    char * usage;/* Usage message(short) */
    #ifdefCFG_LONGHELP
    char * help;/* Help message (long) */
    #endif
    #ifdef CONFIG_AUTO_COMPLETE
    /* do auto completion on the arguments */
    int(*complete)(int argc, char *argv[], char last_char, int maxv, char *cmdv[]);
    #endif
};
```

这里给命令表重新计算地址其实只是将从__u_boot_cmd_start 到__u_boot_cmd_end 之间的每个命令表中的成员指针的地址加上 Uboot 在 DRAM 中的偏移地址，以此获得命令表在 DRAM 中的地址。初始化 malloc()堆空间 mem_malloc_init()(有关堆空间，可以参看 start.S 中 sp 指针已经划分的各个空间地址)其实是将全局变量 mem_malloc_start 和 mem_malloc_end 和 mem_malloc_brk 三个指针指向之前分配好的堆空间，然后重定位或者初始化环境变量的指针 env_relocate()，将 env_ptr 指针及其指向的地址初始化，用来存放环境变量结构体，再将 flash 中的环境变量拷贝到内存中，之后才可以输入 printenv显示已经存在的环境变量)。最后，其余设备的初始化 devices_init()，是在前面的堆空间(malloc)、环境变量完成初始化的基础之上才能进行的。当前命令表的地址分配如下所示。

命令名 flash 中的地址内存中的地址

```
Command "rf":0xbc002af4=> 0x81fbaaf4
Command"mdio":0xbc0070f0 => 0x81fbf0f0
Command "spi":0xbc0091b8 => 0x81fc11b8
Command "erase":0xbc008ec4 => 0x81fc0ec4
Command "cp":0xbc008d98 => 0x81fc0d98
Command "reset":0xbc011920 => 0x81fc9920
Command "go":0xbc009dd0 => 0x81fc1dd0
Command "bootm":0xbc00a264 => 0x81fc2264
Command "loadb":0xbc00aef4 => 0x81fc2ef4
Command "tftpboot":0xbc00b540 => 0x81fc3540
Command "nm":0xbc00c0f8 => 0x81fc40f8
Command "mm":0xbc00c140 => 0x81fc4140
Command "md":0xbc00ba28 => 0x81fc3a28
```

```
Command "saveenv":0xbc00cd34 => 0x81fc4d34
Command "setenv":0xbc00cbe8 => 0x81fc4be8
Command "printenv":0xbc00c234 => 0x81fc4234
Command "?":0xbc00cef0 => 0x81fc4ef0
Command "help":0xbc00cef0 => 0x81fc4ef0
Command "version": 0xbc00cd90 => 0x81fc4d90
```

原版Uboot代码在运行时会进入命令行模式(即一个死循环)，但是MTK的Uboot经过改变，在进入命令行模式前插入了OperationSelect()函数。此函数目前支持9种模式选择，缺省模式是启动kernel。如果进入模式选择后不选择任何模式，则缺省的BootType=3。

```
if(BootType == '3') {
  char *argv[2];
  sprintf(addr_str, "0x%X", CFG_KERN_ADDR);
  argv[1] = &addr_str[0];
  printf("   \n3: System Boot system code via Flash.\n");
  do_bootm(cmdtp, 0, 2, argv);
}
```

do_bootm()函数就是从flash中读kernel到RAM，并将内核解压缩，然后调用do_bootm_linux引导内核。

3.2.9 Uboot基本命令

1. 下载文件

下载文件一定要先指定内存地址，表示文件即将下载到什么地方。

1) TFTP下载文件

首先，设置好网络环境(命令可以用set or setenv)：

```
MT7628 # set ipaddr 192.168.10.123
MT7628 # set serverip 192.168.10.206
```

其次，设置tftp server端(win7)：

uboot.bin文件为即将下载的文件，如图3-37所示。

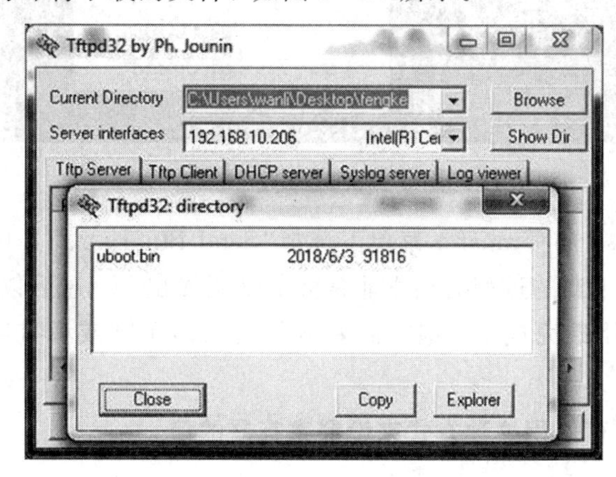

图3-37　点击"Show Dir"按钮查看uboot.bin文件

然后，下载 uboot. bin 文件：

```
tftp 0x80200000 uboot.bin
```

---内存是从 0x80200000 地址处开始的，这里的意思是把文件 uboot. bin 下载到 0x80200000 处，内存的地址由用户自己定义。uboot. bin 必须先放到 tftp server 上，否则会提示：

```
TFTP error: 'File not found'.
```

如果需要下载一个固定的文件用于调试，则可以设置环境变量 bootfile 来预先设定这个文件，而不需要手动输入，如下：

```
MT7628 # set bootfile uboot.bin
```

接下来就只需要输入 tftp 0x8020000，而不必指定相应的文件名。Uboot 会自动读取 bootfile 这个变量的值，然后当做缺省的文件下载。即使设置了 bootfile 这个变量后，仍然可以输入其他的文件名并下载(bootfile 只是指定了一个默认值)。

2) loadb 串口下载文件

串口是开发板的默认输入/输出，同时也可以用来传输数据，这种方法因为速度太慢，只能作为一个备选项，但是在进行裸机编程调试时候这种方法非常有用。首先输入 loaddb 命令(输入这个命令后会进入阻塞状态)，如图 3-38 所示。

```
MT7628 # loadb 0x80200000
## Ready for binary (kermit) download to 0x80200000 at 57600 bps...
```

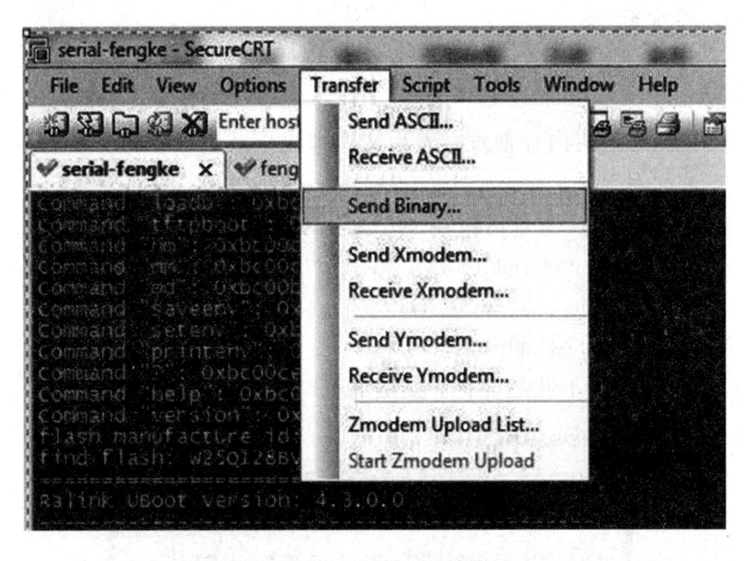

图 3-38 选择发送文件

接着在 SecureCRT 的 Transfer 菜单下选择"Send Binary..."，并选择一个文件下载，如下载"uboot. bin"，下载的过程会出现非常多的乱码输出，不过可以忽略这些输出，待没有乱码输出后可能就下载完成了，这时需要重新输入回车键或者重启 SecureCRT 的串口打印输出窗口。

2. 内存操作——可以用这种方式来设置寄存器的值

1) 显示内存内容

md——显示内存区的内容，如图 3-39 所示。md 采用十六进制和 ASCII 码两种形式来显示存储单元的内容。这条命令还可以采用长度标识符 . I，. W 和 . b。

md 命令的格式 - - - 缺省是以 . l 的方式显示：

md [. b，. w，. l] address [# of objects]

- memory display

```
MT7628 # md.b 0x80200000
80200000: ff 00 00 10 00 00 04 00 fd 00 00 10 01 00 00 04    ................
80200010: d2 01 00 10 00 00 00 00 d0 01 00 10 00 00 00 00    ................
80200020: ce 01 00 10 00 00 00 00 cc 01 00 10 00 00 00 00    ................
80200030: ca 01 00 10 00 00 00 00 c8 01 00 10 00 00 00 00    ................
MT7628 # md.w 0x80200000
80200000: 00ff 1000 0000 0004 00fd 1000 0001 0400    ................
80200010: 01d2 1000 0000 0000 01d0 1000 0000 0000    ................
80200020: 01ce 1000 0000 0000 01cc 1000 0000 0000    ................
80200030: 01ca 1000 0000 0000 01c8 1000 0000 0000    ................
80200040: 01c6 1000 0000 0000 01c4 1000 0000 0000    ................
80200050: 01c2 1000 0000 0000 01c0 1000 0000 0000    ................
80200060: 01be 1000 0000 0000 01bc 1000 0000 0000    ................
80200070: 01ba 1000 0000 0000 01b8 1000 0000 0000    ................
MT7628 # md.l 0x80200000
80200000: 100000ff 00040000 100000fd 04000001    ................
80200010: 100001d2 00000000 100001d0 00000000    ................
80200020: 100001ce 00000000 100001cc 00000000    ................
80200030: 100001ca 00000000 100001c8 00000000    ................
80200040: 100001c6 00000000 100001c4 00000000    ................
80200050: 100001c2 00000000 100001c0 00000000    ................
80200060: 100001be 00000000 100001bc 00000000    ................
80200070: 100001ba 00000000 100001b8 00000000    ................
80200080: 100001b6 00000000 100001b4 00000000    ................
80200090: 100001b2 00000000 100001b0 00000000    ................
802000a0: 100001ae 00000000 100001ac 00000000    ................
802000b0: 100001ea 00000000 100001a8 00000000    ................
802000c0: 100101a6 00000000 100001a4 00000000    ................
802000d0: 100001a2 00000000 100001a0 00000000    ................
802000e0: 1000019e 00000000 1000019c 00000000    ................
802000f0: 1010019a 00000000 10000198 00000000    ................
```

图 3 - 39　md 命令输出

2）修改内存内容

mm 修改内容如图 3 - 40 所示，地址自动递增。mm 提供了一种互动修改存储器内容的方法。它会显示地址和当前值，然后提示用户输入。如果输入了一个合法的十六进制数，那么这个新的值将会被写入该地址，然后再提示下一个地址；如果没有输入任何值，只是按了一下回车，那么该地址的内容保持不变。如果想结束输入，则输入空格然后回车。

例如，修改 0x80200000 地址处的内容为 0x100000ee(原值是 0x100000ff)。

```
MT7628 # mm 0x80200000
80200000: 100000ff ? 100000ee
80200004: 00040000 ?
MT7628 # md.l 0x80200000
80200000: 100000ee 00040000 100000fd 04000001    ................
80200010: 100001d2 00000000 100001d0 00000000    ................
80200020: 100001ce 00000000 100001cc 00000000    ................
80200030: 100001ca 00000000 100001c8 00000000    ................
80200040: 100001c6 00000000 100001c4 00000000    ................
80200050: 100001c2 00000000 100001c0 00000000    ................
80200060: 100001be 00000000 100001bc 00000000    ................
80200070: 100001ba 00000000 100001b8 00000000    ................
80200080: 100001b6 00000000 100001b4 00000000    ................
80200090: 100001b2 00000000 100001b0 00000000    ................
802000a0: 100001ae 00000000 100001ac 00000000    ................
802000b0: 100001ea 00000000 100001a8 00000000    ................
802000c0: 100101a6 00000000 100001a4 00000000    ................
802000d0: 100001a2 00000000 100001a0 00000000    ................
802000e0: 1000019e 00000000 1000019c 00000000    ................
802000f0: 1010019a 00000000 10000198 00000000    ................
MT7628 # _
```

图 3 - 40　mm 修改内容

3）修改寄存器完成重启

md 命令可以显示指定内存地址的内容，mm 可以修改指定内存地址的内容。如果它们结合使用就可以操作各个寄存器(读写相应的寄存器)，可以在 Uboot 阶段完成各个硬件模块的测试工作(这种操作有点像单片机，也可以叫做裸机编程)。下面演示操作寄存器完成开发板的重启(Uboot 的 reset 命令是否也是这样实现的可以查看代码)。设置 RSTCTL(内存地址 0x10000034)寄存器的 SYS_RST 位(此位代表整个系统重启控制位)，如图 3 - 41 所示。

10000034　　RSTCTL　　重启控制寄存器　　04000400

位	31	30	29	28	27	26	25	24	23	22	21	20	19	18	17	16
名字	PWM_RST	SDXC_RST	CRYPTO_RST	AUX_STCK_RST		PCIE_RST		EPHY_RST	ETH_RST	UHST_RST		UART2_RST	UART1_RST	SPI_RST	I2S_RST	I2C_RST
类型																
重启后初始值	0	0	0	0		1		0	0	0		0	0	0	0	0
位	15	14	13	12	11	10	9	8	7	6	5	4	3	2	1	0
名字		GDMA_RST	PIO_RST	UART0_RST	PCM_RST	MC_RST	INT_RST	TIMER_RST			HIF_RST	WIFI_RST	SPIS_RST			SYS_RST
类型		RW	RW	RW	RW	RW	RW	RW			RW	RW	RW			W1C
重启后初始值		0	0	0	0	1	0	0			0	0	0			0

图 3 - 41　RSTCTL 寄存器位图

md 命令显示地址 0x10000034 的当前值：

```
MT7628 # md.l 0x10000034
10000034: 06400000 c0030200 00e001ff 00000000    ..@..........
```

mm 命令设置地址 0x10000034 的最低位的值为 1(value | 0x1)，如图 3 - 42 所示：

```
MT7628 # mm 0x10000034
10000034: 06400000 ? 06400001 ===点击回车按键后开发板立即重启
```

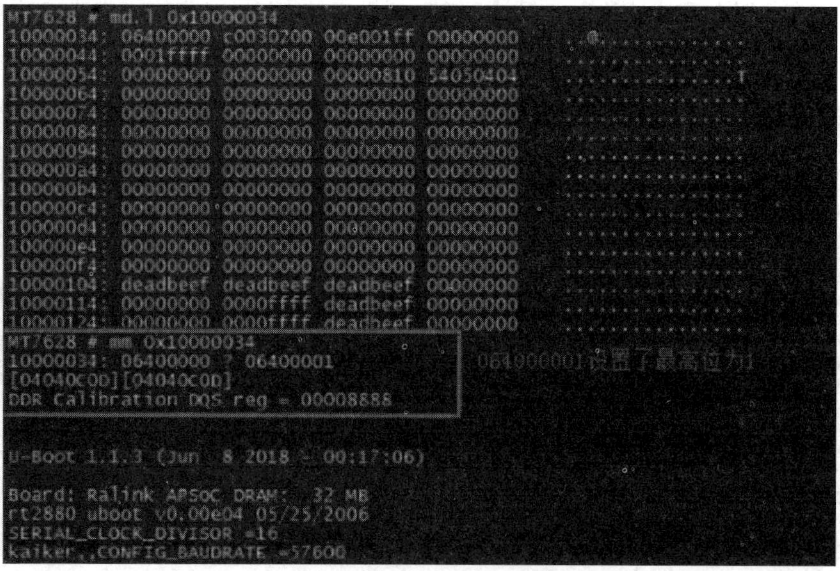

```
MT7628 # md.l 0x10000034
10000034: 06400000 c0030200 00e001ff 00000000
10000044: 0001ffff 00000000 00000000 00000000
10000054: 00000000 00000000 00000810 54050404
10000064: 00000000 00000000 00000000 00000000
10000074: 00000000 00000000 00000000 00000000
10000084: 00000000 00000000 00000000 00000000
10000094: 00000000 00000000 00000000 00000000
100000a4: 00000000 00000000 00000000 00000000
100000b4: 00000000 00000000 00000000 00000000
100000c4: 00000000 00000000 00000000 00000000
100000d4: 00000000 00000000 00000000 00000000
100000e4: 00000000 00000000 00000000 00000000
100000f4: 00000000 00000000 00000000 00000000
10000104: deadbeef deadbeef deadbeef 00000000
10000114: 00000000 0000ffff deadbeef 00000000
10000124: 00000000 0000ffff deadbeef 00000000
MT7628 # mm 0x10000034
10000034: 06400000 ? 06400001        06400001设置了最高位为1
[04040C0D][04040C0D]
DDR Calibration DQS reg = 00008888

U-Boot 1.1.3 (Jun  8 2018 - 00:17:06)

Board: Ralink APSoC DRAM:  32 MB
rt2880 uboot v0.00e04 05/25/2006
SERIAL_CLOCK_DIVISOR =16
kaiker,,CONFIG_BAUDRATE =57600
```

图 3 - 42　设置寄存器 0x10000034 的最低位为 1

4）固定地址内容修改命令 nm

mm 和 nm 命令都是修改指定地址内存的内容，mm 命令修改时地址会逐渐递增，但是 nm 命令永远只修改一个固定地址的值，直到遇到空格＋回车按键同时按下才退出，如下所示：

```
MT7628 # nm 0x10000034
10000034: 06400000 ? 06400000
10000034: 06400000 ? ======地址永远不变，一直是 0x10000034
10000034: 06400000 ?
MT7628 #
```

3. 闪存 flash 操作——spi 命令

```
spi read <addr><len>
spi erase <offs><len>
spi write <offs><hex_str_value>
```

4. Ralink 的 phy 寄存器读写命令

Ralink 支持 5 个 Eth 口，目前开发板只用 port0 和 port1，所以用户可见到的只有两个 Eth 口。目前只是简单列出 mdio 命令的输出信息(更多知识需要查看 programming guide 获取)，如下：

```
MT7628 # mdio. d
Global Register
================
00: 3100 01: 786D 02: 03A2 03: 9410 04: 01E1 05: CDE1 06: 006F 07: 2001
08: 4006 09: 0000 10: 0000 11: 0000 12: 0000 13: 0000 14: 0000 15: 0000
16: 0084 17: 0001 18: 0000 19: D684 20: 0000 21: 0000 22: 0064 23: 0006
24: 0000 25: 0070 26: 0002 27: 0005 28: 0000 29: 0000 30: 0000 31: 0000

Local Register Port 0
================
00: 3100 01: 786D 02: 03A2 03: 9410 04: 01E1 05: CDE1 06: 006D 07: 2001
08: 4006 09: 0000 10: 0000 11: 0000 12: 0000 13: 0000 14: 0000 15: 0000
16: 0000 17: 0000 18: 33AA 19: 6750 20: 0808 21: 00C4 22: 054E 23: 0000
24: 0000 25: A771 26: 1600 27: 0020 28: EA47 29: 181A 30: A000 31: 8000

Local Register Port 1
================
00: 3100 01: 7849 02: 03A2 03: 9410 04: 01E1 05: 0000 06: 0064 07: 2001
08: 0000 09: 0000 10: 0000 11: 0000 12: 0000 13: 0000 14: 0000 15: 0000
16: 0000 17: 0000 18: 33AA 19: 6750 20: 0808 21: 00C4 22: 0400 23: 0000
24: 0000 25: A000 26: 1600 27: 0000 28: 0000 29: 7FFF 30: A000 31: 8000

Local Register Port 2
================
```

```
00: 3100 01: 7849 02: 03A2 03: 9410 04: 01E1 05: 0000 06: 0064 07: 2001
08: 0000 09: 0000 10: 0000 11: 0000 12: 0000 13: 0000 14: 0000 15: 0000
16: 0000 17: 0000 18: 33AA 19: 6750 20: 0808 21: 00C4 22: 0400 23: 0000
24: 0000 25: A000 26: 1600 27: 0000 28: 4020 29: 7FFF 30: A000 31: 8000

Local Register Port 3
================
00: 3100 01: 7849 02: 03A2 03: 9410 04: 01E1 05: 0000 06: 0064 07: 2001
08: 0000 09: 0000 10: 0000 11: 0000 12: 0000 13: 0000 14: 0000 15: 0000
16: 0000 17: 0000 18: 33AA 19: 6750 20: 0808 21: 00C4 22: 0400 23: 0000
24: 0000 25: A000 26: 1600 27: 0000 28: C020 29: 7FFF 30: A000 31: 8000

Local Register Port 4
================
00: 3100 01: 7849 02: 03A2 03: 9410 04: 01E1 05: 0000 06: 0064 07: 2001
08: 0000 09: 0000 10: 0000 11:0000 12: 0000 13: 0000 14: 0000 15: 0000
16: 0000 17: 0000 18: 33AA 19: 6750 20: 0808 21: 00C4 22: 0400 23: 0000
24: 0000 25: A000 26: 1600 27: 0000 28: C020 29: 7FFF 30: A000 31: 8000
MT7628 #
```

3.2.10 Uboot 常用命令详解

Uboot 提供了更加详细的命令帮助，通过 help 命令可以查看每个命令的参数说明。由于开发过程的需要，有必要先把 Uboot 命令的用法弄清楚。下面根据每一条命令的帮助信息，解释这些命令的功能和参数。

1. bootm

bootm 命令可以引导启动存储在内存中的程序镜像。这些内存包括 RAM 和可以永久保存的 Flash(或者叫 ROM)。

```
bootm [addr [arg ...]]
    - boot application image stored in memory
        passing arguments 'arg ...'; when booting a Linux kernel,
        'arg' can be the address of an initrd image
```

第 1 个参数 addr 是程序镜像的地址，这个程序镜像必须转换成 Uboot 的格式。

第 2 个参数对于引导 Linux 内核有用，通常作为 Uboot 格式的 RAMDISK 镜像存储地址；也可以是传递给 Linux 内核的参数(缺省情况下传递 bootargs 环境变量给内核)。

2. erase

erase 命令可以擦除 Flash。擦除全部 Flash 只要给出一个 all，也可单独擦除 uboot 或者 linux。

```
erase all
    - erase all FLASH banks
erase uboot
    - erase uboot block
```

```
erase linux
    - erase linux kernel block
```

3. go

go 命令可以执行应用程序。

```
go addr [arg ...]
    - start application at address 'addr'
      passing 'arg' as arguments
```

第 1 个参数是要执行程序的入口地址。第 2 个可选参数是传递给程序的参数，可以选用。

4. printenv

printenv 命令打印环境变量。既可以打印全部环境变量，也可以只打印参数中列出的环境变量。

```
printenv
    - print values of all environment variables
printenv name...
    - print value of environment variable 'name'
```

5. cp

cp 只有两个命令，可复制 uboot 到 flash 或者复制 linux 到 flash，但是复制之前需要 tftp 命令将 uboot 或者 linux 先复制到内存中(文件下载到内存中后系统会自动预先设置一些环境变量值来标识文件的信息)。

```
cp.uboot
    - copy uboot block
cp.linux
    - copy linux kernel block
```

6. Version

这里的版本号是 Uboot 的原生版本信息：

```
MT7628 # version

U-Boot 1.1.3 (Jan 15 2018 - 03:05:20)
```

MTK 的版本信息是 Ralink Uboot Version：4.3.0.0，在疯壳的网站上也可以下载到 u-boot-1.1.3.tar.bz2 的原生 Uboot 源代码，可以尝试对比一下它们之间的差别，这样可以了解芯片原厂到底修改了什么相关的代码。

3.3 Kernel 简介——基于 MTK 官方提供的 Kernel

3.3.1 Kernel 配置过程

进入目录 RT288x_SDK 进行 make menuconfig 配置 Kernel，可参照命令如下：

```
fengke@fengke-VirtualBox:~/MediaTek_ApSoC_SDK $ pwd
/home/fengke/MediaTek_ApSoC_SDK
fengke@fengke-VirtualBox:~/MediaTek_ApSoC_SDK $ ls
```

```
RT288x_SDK   Uboot
fengke@fengke-VirtualBox:~/MediaTek_ApSoC_SDK $ cd RT288x_SDK/
fengke@fengke-VirtualBox:~/MediaTek_ApSoC_SDK/RT288x_SDK $ ls
source   toolchain   tools
fengke@fengke-VirtualBox:~/MediaTek_ApSoC_SDK/RT288x_SDK $ cd source/
fengke@fengke-VirtualBox:~/MediaTek_ApSoC_SDK/RT288x_SDK/source $ make menuconfig
```

Linux 内核的 make menuconfig 配置界面如图 3-43 所示。

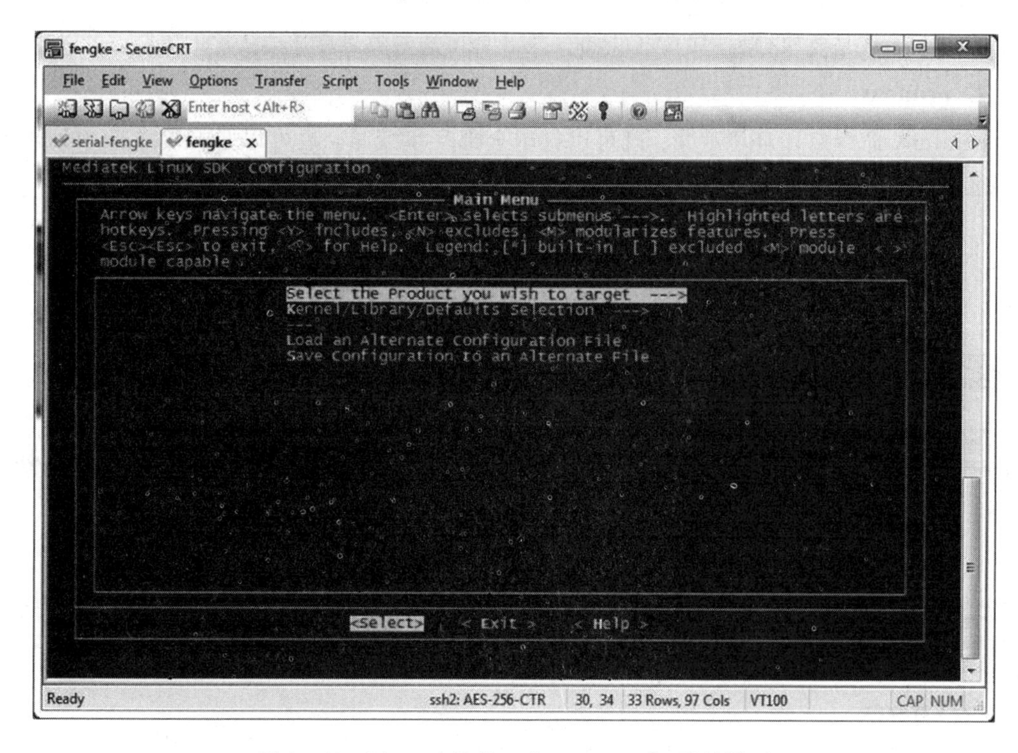

图 3-43 Linux 内核的 make menuconfig 配置界面

图 3-43 中，配置项的选择必须包含如下几点：

(1) 选择内核的平台(RT series，MT7620，MT7621 或者 MT7628)；

(2) 修改应用/内核配置，或者导入应用/内核缺省配置；

(3) 从文件中导入目标平台的环境配置；

(4) 储存目标平台到文件。

具体步骤如下：

(1) 首先选择'Select the Product you wish to target'来设置目标平台。

目标平台的选择如图 3-44 所示。

不同的'Flash/SDRAM'尺寸的说明：

· 2M/8M(MT7628KN)：传说中集成了 8M 内存和 2M 闪存的 CPU；

· 4M/16M(AP)：4M Flash 和 16M DRAM 的单独 AP；

· 4M/32M(AP)：4M Flash 和 32M DRAM 的单独 AP；

· 8M/64M(AP+NAS)：8M Flash 和 32M DRAM 的 AP/NAS(Network Attached Storage：网络附属存储)，包括了一个可以外接 USB 存储设备的应用。

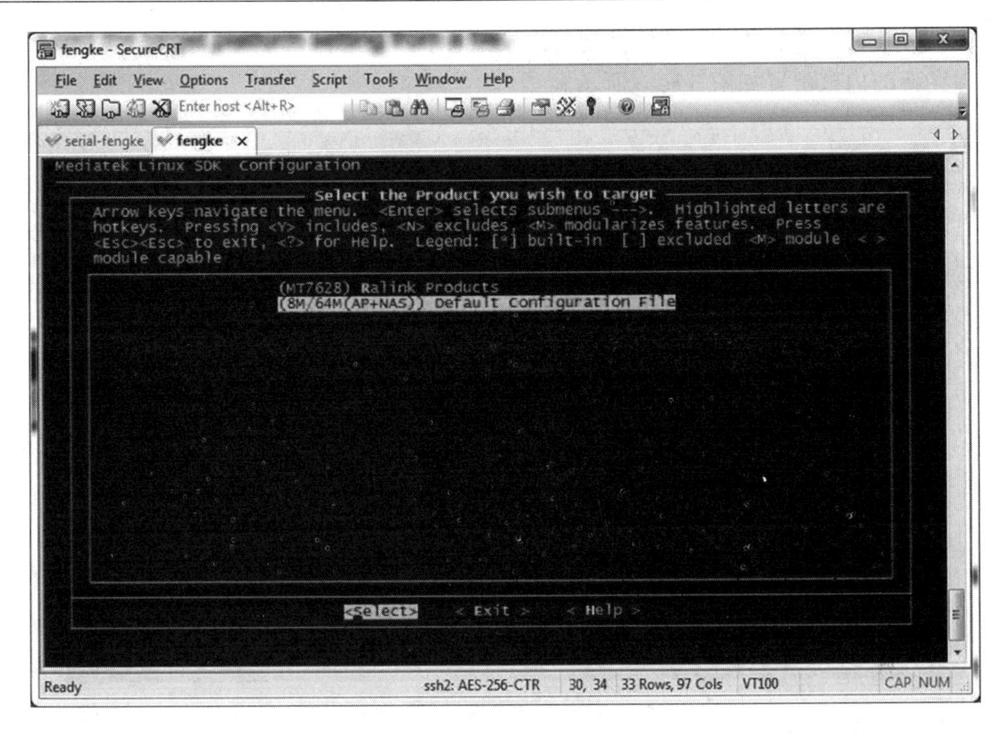

图 3-44　平台选择

(2) 利用'Kernel/Library/Defaults Selection'打开配置菜单，选择'Default all settings'。应用和内核的选择界面如图 3-45 所示。

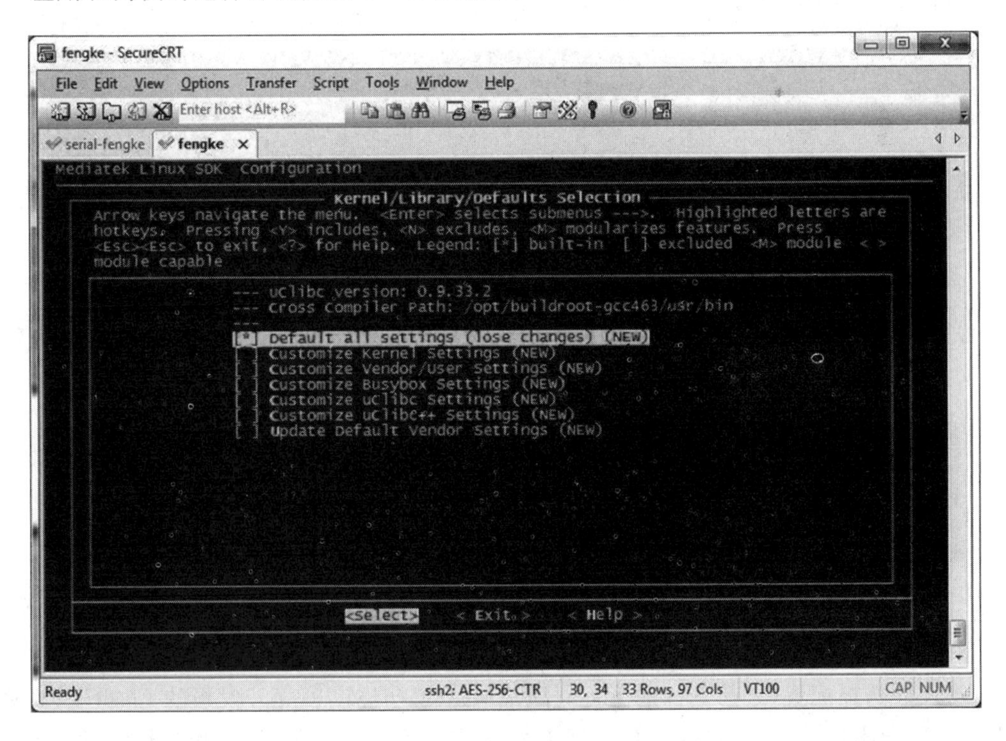

图 3-45　应用和内核的选择界面

(3) 退出配置菜单界面并且保存新的内核配置。

保存新的内核配置如图 3-46 所示。

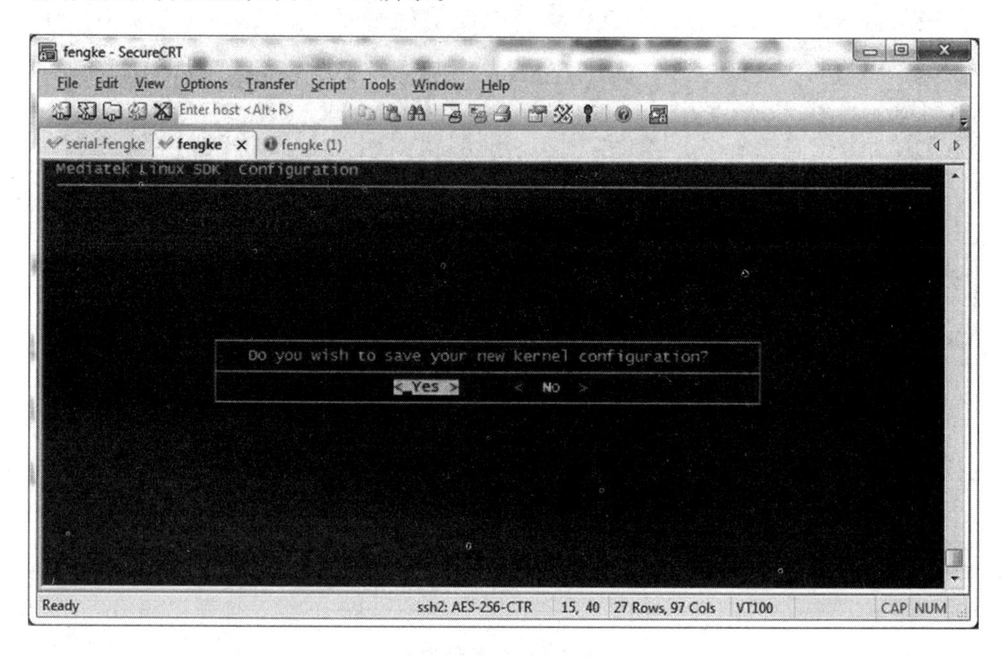

图 3-46　保存新内核的配置

(4) 保存内核配置后会要求选择 WiFi 驱动。

选择 Wifi 驱动，如图所示(根据'>'提示选择 4)。

```
* WiFi Driver Support
*
WiFi Driver Support (WIFI_DRIVER) [Y/n] y
  Choose First WiFi Interface
    1. None (FIRST_IF_NONE)
    2. RT2860 for rt2860v2 wifi driver (FIRST_IF_RT2860)
    3. MT7620 for rlt_wifi wifi driver (FIRST_IF_MT7620)
  > 4. MT7628 for rlt_wifi wifi driver (FIRST_IF_MT7628)
    5. MT7637E (FIRST_IF_MT7637E) (NEW)
  choice[1-5]: 4
```

图 3-47　选择 WiFi 驱动

保存配置设置后，配置脚本会得到所有的应用/内核配置值，接下来的消息提示有了配置文件后应该如何编译，生成的编译提示命令如图 3-48 所示。

```
*** End of Linux kernel configuration.
*** Check the top-level Makefile for additional configuration.
*** Next, you must run 'make dep'.

make[2]: Leaving directory `/home/fengke/MediaTek_ApSoC_SDK/RT288x_SDK/source/config'
make[1]: Leaving directory `/home/fengke/MediaTek_ApSoC_SDK/RT288x_SDK/source'
fengke@fengke-VirtualBox:~/MediaTek_ApSoC_SDK/RT288x_SDK/source$ _
```

图 3-48　生成的编译提示命令

通过 make menuconfig 选择后的配置信息最终会存储到不同的文件中，参考'Flash/DRAM'尺寸选择配置(之前选择的 Flash/DRAM=8M/64M，疯壳开发板的 Flash/DRAM=16M/64M，Flash 尺寸有点不一样)，所有的缺省配置文件(位于 $(dir)/RT288x_SDK/source/vendors/Ralink/MT7628/config)，如图 3-49 所示。

图 3-49　所有缺省配置文件

以下为 MT7628 的缺省配置文件：

① Busybox 的缺省配置文件。

2M_8M_config. busybox - 2. 6. 36. x

4M_16M_config. busybox - 2. 6. 36. x

4M_32M_config. busybox - 2. 6. 36. x

4M_32M_config. busybox - 3. 10. 14. x

8M_64M_config. busybox - 2. 6. 36. x

8M_64M_config. busybox - 3. 10. 14. x

② 应用的配置文件。

2M_8M_config. vendor - 2. 6. 36. x

4M_16M_config. vendor - 2. 6. 36. x

4M_32M_config. vendor - 2. 6. 36. x

4M_32M_config. vendor - 3. 10. 14. x

8M_64M_config. vendor - 2. 6. 36. x

8M_64M_config. vendor - 3. 10. 14. x

③ uClibc 的配置文件。

2M_8M_config. uclibc0933 - 2. 6. 36. x

4M_16M_config. uclibc0933 - 2. 6. 36. x

4M_32M_config. uclibc0933 - 2. 6. 36. x

4M_32M_config. uclibc0933 - 3. 10. 14. x

8M_64M_config. uclibc0933 - 2. 6. 36. x

8M_64M_config. uclibc0933 - 3. 10. 14. x

④ Linux kernel 的配置文件(linux - 2. 6. 36. x(default) / linux - 3. 10. 14. x)。

2M_8M_config. linux - 2. 6. 36. x

4M_16M_config. linux - 2. 6. 36. x

4M_32M_config. linux - 2. 6. 36. x

4M_32M_config. linux - 3. 10. 14. x

8M_64M_config. linux - 2. 6. 36. x

8M_64M_config. linux - 3. 10. 14. x

(5) 改变 Flash/DRAM 尺寸选项设置。

如果硬件上已经改变了内存的大小，则可通过 make menuconfig 选择改变 DRAM 的尺寸配置(如图 3-50 所示)。

```
#make menuconfig
Kernel/Library/Defaults Selection  --->
    [ * ] Customize Kernel Settings (NEW)
```

选择了“[*] Customize Kernel Settings (NEW)”，然后选择“< Exit >”退出，配置

菜单会自动进入“Linux Kernel Configuration”界面。接着选择如下：

Machine selection - - ->

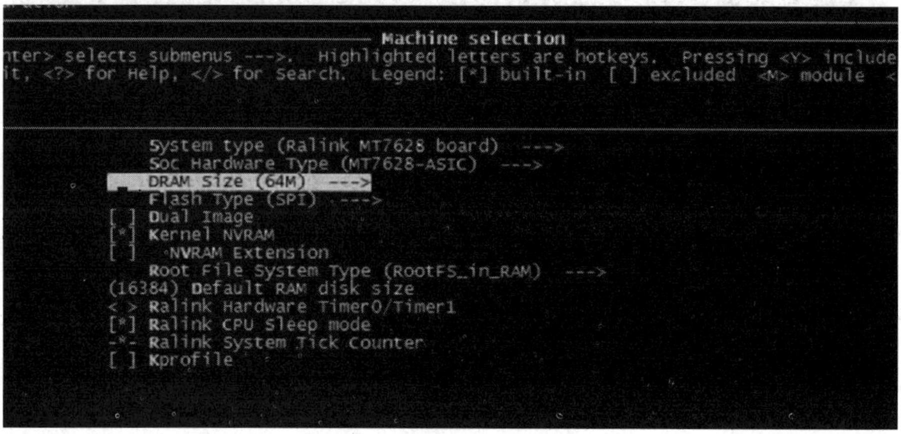

图 3-50 DRAM 尺寸选择

(6) 改变 Switch 控制器选项设置。

RT288x_SDK 可配置内部 Switch 的 WAN/LAN，并使用 make menuconfig 来调节 Switch 的控制器参数，如图 3-51 所示。

```
# make menuconfig
Kernel/Library/Defaults Selection - - ->
[ * ] Customize Kernel Settings
Ralink Module - - ->
```

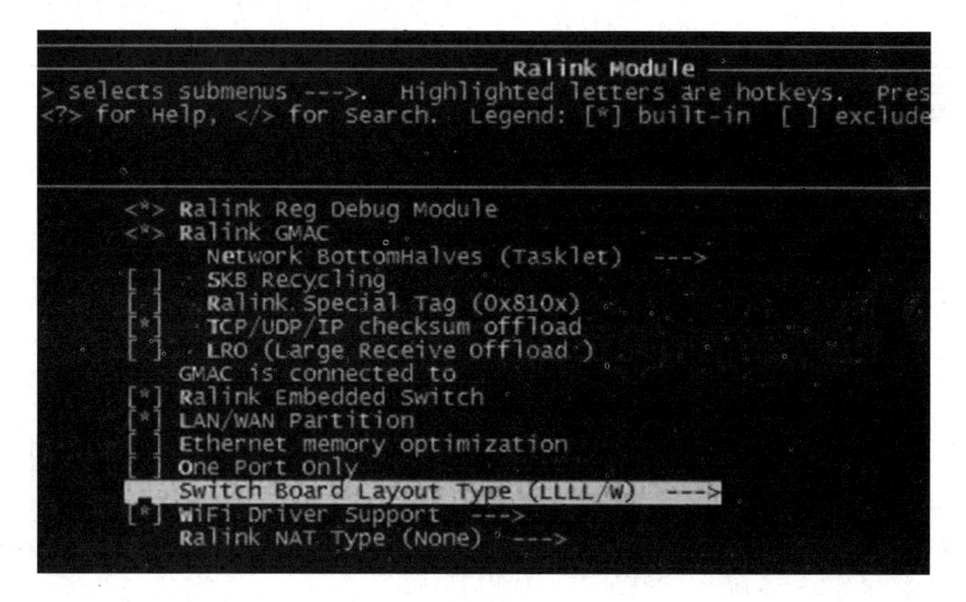

图 3-51 LAN/WAN 接口交换

在 LAN/WAN 划分选项中，W/LLLL 是交换模块的 P0 端口代表的是 WAN 口，但在 LLLL/W 中 P4 代表了 WAN 口。疯壳开发板只引出了交换模块的 P0 和 P1 端口，因此如果要这个选项生效，需要改变相应的脚本(关于脚本的知识可以参考“shell 脚本编程基础”

的介绍)。交换模块的配置不是写 Ethernet 驱动程序，而是依靠脚本来配置的，可以参考 RT288x_SDK/source/user/rt2880_app/ scripts 中的 config - vlan. sh 脚本，也可以花时间参看 programming guide 的 switch 和 Frame Engine 这两节，然后对照脚本看寄存器的配置方法，如图 3 - 52 所示。

图 3 - 52　10/100 Switch 模块操作图解

(7) 更新 User/Kernel 缺省设置。

根据需要修改 User/Kernel 缺省设置，修改之前做好备份，最后可以比较做了哪些修改。make menucofig 后选择“Kernel/Library/Defaults Selection”项进入 User/Kernel 配置菜单。进入后，选择“Update Default Vendor Settings”项来更新 User/Kernel 的缺省配置。新的配置选项将被存储在 RT288x_SDK/source/vendors/Ralink/MT7628/config 路径下面，如图 3 - 53 所示。

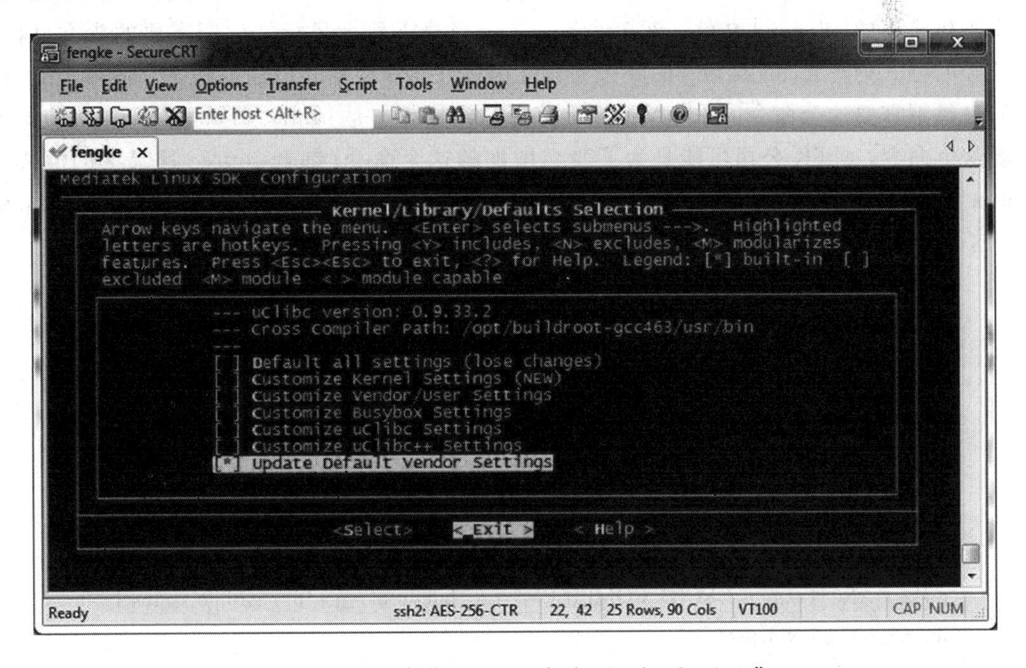

图 3 - 53　选择“Update Default Vendor Settings”

选择“Exit”离开配置菜单，然后选择“Yes”存储新的 Kernel 配置，如图 3-54 所示。

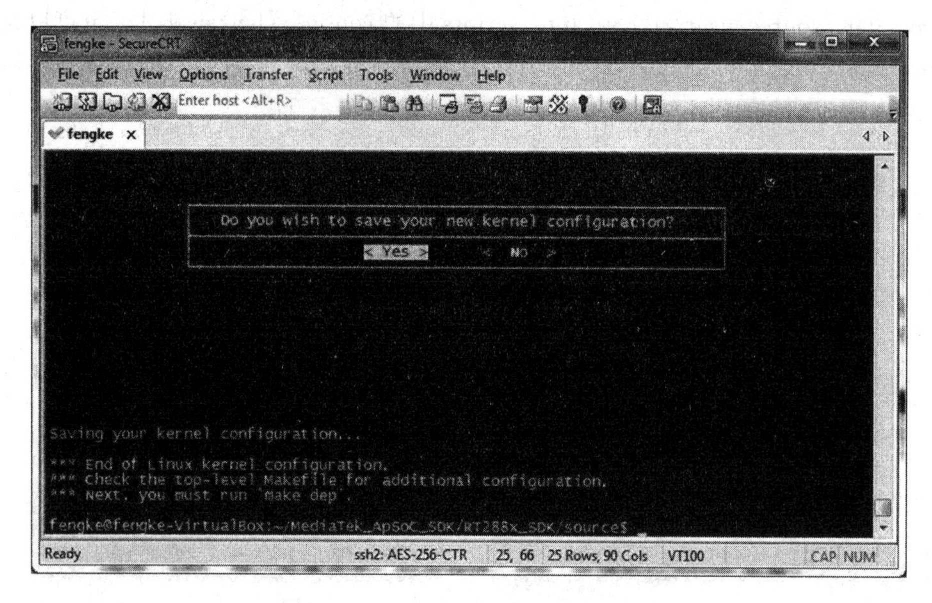

图 3-54 更新 User/Kernel 缺省配置

3.3.2 Kernel 编译——编译一个带有根文件系统的 Image

1. 编译命令

编译命令如下：

```
#make dep
```

在编译之前首先应该执行 make dep 命令建立好依赖关系，该命令将会修改 Linux 中每个子目录下的 .depend 文件，该文件包含了该目录下每个目标文件所需要的头文件(绝对路径的方式列举)。make dep 命令是 Linux 内核在 2.6 版本之前需要的一个命令，2.6 版本后已经不需要这个命令。平台 MT7628 编译的内核版本是 linux-2.6.36.x，所以应该不需要这个命令，MTK 公司可能是为了兼容增加的这个命令(参看 source 目录下的源代码 Linux 内核有 2.4.x 的版本)。不过，执行命令后按照提示，MT7628 平台是可以不用 make dep 这个命令的。

```
fengke@fengke-VirtualBox:~/MediaTek_ApSoC_SDK/RT288x_SDK/source$ make dep
make[1]: Entering directory'/home/fengke/MediaTek_ApSoC_SDK/RT288x_SDK/source/linux-2.6.36.x'
  CHK     include/linux/version.h
  CHK     include/generated/utsrelease.h
  CALL    scripts/checksyscalls.sh
make[1]: Leaving directory '/home/fengke/MediaTek_ApSoC_SDK/RT288x_SDK/source/linux-2.6.36.x'
make  ARCH=mips CROSS_COMPILE="/opt/buildroot-gcc463/usr/bin"/mipsel-linux- -C linux-2.6.36.x dep
make[1]: Entering directory '/home/fengke/MediaTek_ApSoC_SDK/RT288x_SDK/source/linux
```

```
  -2.6.36.x'
  * * * Warning: make dep is unnecessary now.
  make[1]: Leaving directory '/home/fengke/MediaTek_ApSoC_SDK/RT288x_SDK/source/linux
  -2.6.36.x'
# make
```

2. Image 的名字

在目录 RT288x_SDK/source/images 中生成一个 ${user}_uImage 的可烧录文件。

(1) ${user}_uImage - Linux image (Linux kernel+rootfs)。

(2) zImage.{gz/lzma} - compressed Linux kernel+rootfs。

make 命令是制作 kernel+rootfs 的缺省命令，但是 make 还可以带一些参数来简化编译，这样做的目的是某些改动只需要编译 kernel 而无需编译其他模块，下面简单列出一些 make 可以带的参数：

(1) make linux image——如果只修改了内核源代码。

(2) make modules romfs linux image——如果修改的是内核模块。

(3) make user_only romfs linux image——如果修改了应用程序源代码。

(4) 执行的 make 命令就是执行 make lib_only user_only modulesromfs linux image。

(5) 以上所有的命令都可以分开执行，如 make linux image 可以使用 make linux 和 make image 两个命令代替。

为什么系统会有这些分开执行的命令，可以去看 MTK 的 Makefile 是如何编写的(MTK 提供的 Makefile 具有参考和学习的价值，它一次性集成了 kernel、modules、libs、user、rootfs 和 image 的编译和制作方法)，相应的基础知识可以参考“Makefile 简介”一节的内容。

3.3.3 移植一个新的内核模块到 SDK 中

这一节以实例演示如何在 MT7628 平台上增加一个网络模块。

1. 增加源代码

```
# mkdirRT288x_SDK/source/linux-2.6.36.x/drivers/net/fengke
# vi RT288x_SDK/source/linux-2.6.36.x/drivers/net/fengke/fengke.c
# include <linux/init.h>
# include <linux/module.h>

static int fengke_hello_init(void)
{
  printk("hello fengke\n");
  return 0;
}

static void fengke_hello_exit(void)
{
  printk("goodbye fengke\n");
```

```
}

module_init(fengke_hello_init);
module_exit(fengke_hello_exit);
MODULE_LICENSE("GPL");
```

2. 修改 Makefile、Kconfig 文件

```
# vi RT288x_SDK/source/linux-2.6.36.x/drivers/net/fengke/Makefile
obj-$(CONFIG_FENGKE) += fengke.o
```

在 RT288x_SDK/source/linux-2.6.36.x/drivers/net/Makefile 末增加一行：

```
obj-$(CONFIG_FENGKE) += fengke/
```

修改 RT288x_SDK/source/linux-2.6.36.x/ralink/Kconfig：

```
# vi RT288x_SDK/source/linux-2.6.36.x/ralink/Kconfig
menu "Ralink Module"

config  FENGKE //增加在文件末尾，这里的名字只能填写 FENGKE
tristate "fengke hello module"
default m
```

3. 打开模块选项

```
a. make menuconfig
    Kernel/Library/Defaults Selection  --->
        [ ] Customize Kernel Settings (NEW)

b. make linux_menuconfig
```

如上两条命令都可以选择内核模块配置

```
Ralink Module --->
    <M> fengke hello module (NEW)
```

4. 编译、运行和测试

可以检查 RT288x_SDK/source/linux-2.6.36.x/路径下的 .config 文件，如果生成了 CONFIG_FENGKE=m 这一项，则表示配置成功。之后，可以用如下两种编译方法去编译新生成的模块。

(1) 可以用 make dep;make 命令完整编译一次。

这种方法如果测试需要烧写 Flash，太麻烦。

(2) RAM Linux 的编译测试。

编译 kernel 命令：make linux，会生成 vmlinux

继续生成 vmlinux.bin，用命令：

```
/opt/buildroot-gcc463/usr/bin/mipsel-linux-objcopy --gap-fill=0xff -O binary -S vmlinux vmlinux.bin
```

tftp 启动 vmlinux.bin 进入系统后(用命令 insmod 和 rmmod 可以调试之前写好的

fengke内核模块)：

```
# cd /lib/modules/2.6.36/kernel/drivers/net/fengke/
# pwd
/lib/modules/2.6.36/kernel/drivers/net/fengke
# insmod fengke.ko
hello fengke
# rmmod fengke.ko
goodbye fengke
#
```

3.3.4 系统启动时执行的命令——更新rcS文件

```
fengke@fengke-VirtualBox:~/MediaTek_ApSoC_SDK/RT288x_SDK/source/vendors/Ralink/MT7628$ pwd
/home/fengke/MediaTek_ApSoC_SDK/RT288x_SDK/source/vendors/Ralink/MT7628
fengke@fengke-VirtualBox:~/MediaTek_ApSoC_SDK/RT288x_SDK/source/vendors/Ralink/MT7628$ ls -l rcS
lrwxrwxrwx 1 fengke fengke 6 Jun 15 11:47rcS -> rcS.an
fengke@fengke-VirtualBox:~/MediaTek_ApSoC_SDK/RT288x_SDK/source/vendors/Ralink/MT7628$
```

编辑RT288x_SDK/source/vendors/Ralink/{Platform}/rcS：

```
#! /bin/sh
mount -a
mkdir -p /var/run
makedevlinks.sh
cat /etc_ro/motd > /dev/console
nvram_daemon&
#long_loop&
#goahead&
init_system start

#for telnet debugging
telnetd

#for syslogd
mkdir -p /var/log --->可以在这行后面增加系统启动时候需要执行的命令
```

3.3.5 根文件系统rootFs中增加新的文件

如果执行了清除代码脚本“make clean”，将会删除RT288x_SDK/source/romfs目录，这时不能拷贝任何文件到RT288x_SDK/source/romfs目录中；如果要拷贝数据到根文件系统必须先执行make，并保证在编辑根文件系统文件时不能执行make clean；如果知道MTK根文件系统的制作过程，很熟悉MTK的Makefile，也可以在生成romfs之前就制作好相应的文件拷贝。

例如：增加 x. bin 到 rootfs 中。

拷贝 x. bin 到路径 RT288x_SDK/source/vendors/Ralink/MT7628 下。

编辑 RT288x_SDK/source/vendors/Ralink/MT7628/Makefile：

```
romfs:
[ -d $(ROMFSDIR)/$$i ] || mkdir -p $(ROMFSDIR)
for i in $(ROMFS_DIRS); do \
[ -d $(ROMFSDIR)/$$i ] || mkdir -p $(ROMFSDIR)/$$i; \
done
……
$(ROMFSINST) /etc_ro/x.bin---新增加的行
```

执行 make romfs 后脚本会拷贝 x. bin 到 RT288x_SDK/source/romfs/etc_ro 目录下，如果想添加任何东西到 rootfs 中，可以在 Makefile 中增加需要的脚本。

3.3.6 裁剪 Image 的尺寸

进入系统命令行先查看一下分区表信息：

```
# cat /proc/mtd
dev:     sizeerasesize  name
mtd0: 0100000000010000 "ALL"=== 16M，代表整个 Flash
mtd1: 0003000000010000 "Bootloader"=== 192K，0x0000 ～ 0x30000
mtd2: 0001000000010000 "Config"=== 64K，0x30000 ～ 0x40000
mtd3: 0001000000010000 "Factory"=== 64K，0x40000 ～ 0x50000
mtd4: 00fb000000010000 "Kernel"=== 15M，0x50000 ～ 0x1000000
#
```

1. RAM 模式中的根文件系统 rootFs 分布情况

目前，缺省的编译方式就采用的这种 RAM 模式编译，意思是 rootFs 是挂载到 RAM 上的(如以上命令 cat /proc/mtd 的输出就表示 rootFs 挂载在 RAM 中)，如图 3-55 所示。

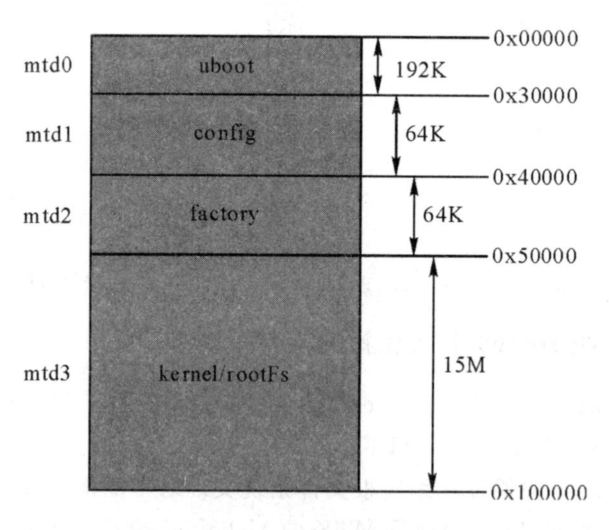

图 3-55 rootFs 在内存中的分布

2. ROM模式中的根文件系统rootFs的分布情况

rootFs在Flash中的分布如图3-56所示。

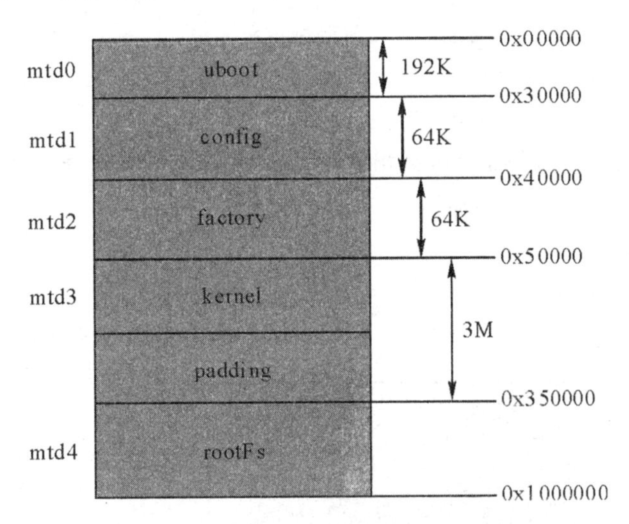

图3-56　rootFs在Flash中的分布

在构建Image时，Kernel的大小一定比Flash的Kernel分区(mtd3)小，但是为了保证kernel+rootFs能够顺利烧写到各自的分区中，会在Kernel后面增加相应的padding来补足与相应Flash Kernel分区的差值。需要加padding的原因是在Flash烧写过程中，Kernel+rootFs是一起烧写到Flash中的。在这里可以开发烧写命令用于分开烧写Kernel和rootFs，这样就可以不用在Kernel后增加padding补足空位。

如果要编译一个ROM版本的根文件系统，系统配置必须要适当的改变，相应调整如下(如图3-57所示)：

```
make linux_menuconfig
    Machine selection  --->
        Root File System Type (RootFS_in_FLASH) --->选择RootFS_in_FLASH
        (0x300000) MTD Kernel Partition Size (Unit:Bytes) -->填入大小3M
```

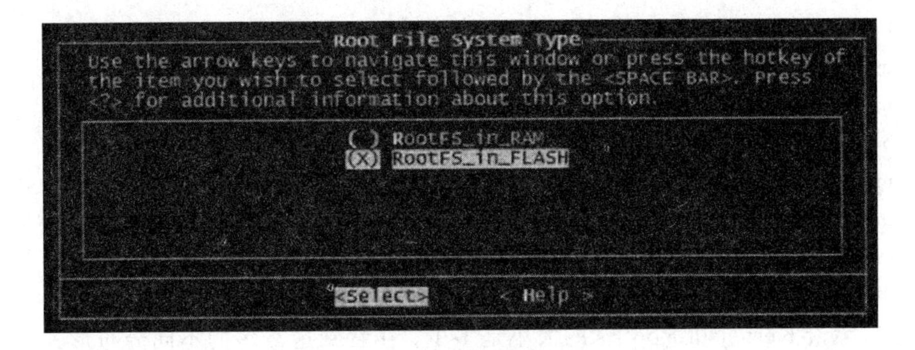

图3-57　选择RootFS_in_FLASH

选择后重新编译系统，然后升级，输入命令cat /proc/mtd显示如下：

```
# cat /proc/mtd
dev:sizeerasesize  name
```

```
mtd0：0100000000010000 "ALL"
mtd1：0003000000010000 "Bootloader"
mtd2：0001000000010000 "Config"
mtd3：0001000000010000 "Factory"
mtd4：0003000000010000 "Kernel" ==== 填入的 Kernel 的大小是 3M
mtd5：00f2000000010000 "RootFS"
```

3. ROM 模式中，没有 Padding 的根文件系统 RootFs 的分布情况

没有 Padding 的 Flash 分布如图 3-58 所示。

```
make linux_menuconfig
    Machine selection  --->
    [ * ] No Padding between Kernel and RootFS --->选择 No Padding
```

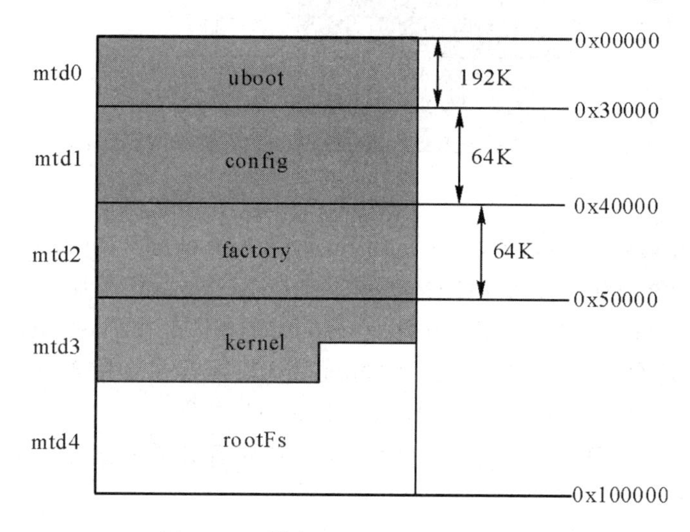

图 3-58 没有 Padding 的 Flash 分布

选择后重新编译系统，然后升级，输入命令 cat /proc/mtd 显示如下：

```
# cat /proc/mtd
dev:    sizeerasesize  name
mtd0：0100000000010000 "ALL"
mtd1：0003000000010000 "Bootloader"
mtd2：0001000000010000 "Config"
mtd3：0001000000010000 "Factory"
mtd4：003714b600010000 "Kernel"
mtd5：00c3eb4a00010000 "RootFS"
mtd6：00fb000000010000 "Kernel_RootFS"
#
```

总之，无论 Kernel 和 RootFs 的大小是多少，在看到这么多的不同分布形式后，应该了解到 Kernel 和 RootFs 的差别。因为组合 Kernel 和 RootFs 为一个 Image 的只是一个脚本程序，所以修改脚本或理解脚本可以深入了解 Flash 的读写方法。MTK 原版程序支持 Dual Image 的功能，即 Flash 中存储两套 Kernel+RootFs，用户可以选择当前从哪一个 Kernel 启动并引导相应的 RootFs 系统。如果想全面了解这个功能，需要理解脚本和操作系统的引导，必须知道 RootFs 是如何挂载到 Kernel 上的。

3.3.7 Kernel 烧写和调试

1. RAM 版本的 Kernel 编译方法

第一次执行 make 命令后会缺省会生成一个 Image，这个 Image 是 Kernel＋rootFs 的集成版本，同时这个 image 是可烧写进 Flash 的可运行版本。但是，如果这个编译的版本有 bug 会导致不能运行，可能烧写后会带来灾难性的后果。rootFs 出错概率相对较低，即使出错也不会是致命的错误，在这里主要关心 Kernel 的可运行状态。下面讲解先在内存中测试 Kernel 的可运行性的方法（出厂时系统已经烧写了 Kernel＋rootFs，这里仅仅验证 Kernel，rootFs 仍然用 Flash 中已经烧写好的）。

首先进入相应编译的 Kernel 目录（针对 MT7682）：

```
$(dir)/MediaTek_ApSoC_SDK/RT288x_SDK/source/linux-2.6.36.x
```

这个目录中可以发现一个 vmlinux 文件。vmlinux 是未压缩的内核，vmlinux 也是 ELF 格式的文件，即编译出来的最原始的文件。这个文件可用于 kernel-debug，产生 system.map 符号表，但是不能用于直接加载，也不可以作为启动内核。

```
fengke@fengke-VirtualBox:~/MediaTek_ApSoC_SDK/RT288x_SDK/source/linux-2.6.36.x$ ls -l vmlinux
-rwxrwxr-x 2 fengke fengke 6877466 Jun 14 10:39 vmlinux
fengke@fengke-VirtualBox:~/MediaTek_ApSoC_SDK/RT288x_SDK/source/linux-2.6.36.x$
```

vmlinux 既然不可运行，那么接下来就要利用它制作一个类似于 RAM 版本中可运行的 uboot.bin 文件（vmlinux.bin 文件），找到相应的 Entry point，然后下载到内存中直接运行。

1）查找 Entry point

（1）elf 文件查找方式。

```
fengke@fengke-VirtualBox:~/MediaTek_ApSoC_SDK/RT288x_SDK/source/linux-2.6.36.x$ readelf -h ./vmlinux
ELF Header:
  Magic:   7f 45 4c 46 01 01 01 00 00 00 00 00 00 00 00 00
  Class:ELF32
  Data:                              2's complement, little endian
  Version:                           1 (current)
  OS/ABI:                            UNIX - System V
  ABI Version:                       0
  Type:                              EXEC (Executable file)
  Machine:                           MIPS R3000
  Version:                           0x1
Entry point address:                 0x8000c150
  Start of program headers:          52 (bytes into file)
  Start of section headers:6029056 (bytes into file)
  Flags:                             0x70001001, noreorder, o32, mips32r2
  Size of this header:               52 (bytes)
```

```
Size of program headers:          32 (bytes)
Number of program headers:        2
Size of section headers:          40 (bytes)
Number of section headers:        22
Section header string table index: 19
fengke@fengke-VirtualBox:~/MediaTek_ApSoC_SDK/RT288x_SDK/source/linux-2.6.36.x$
```

(2) make 命令查看。make 命令输出如图 3-59 所示。

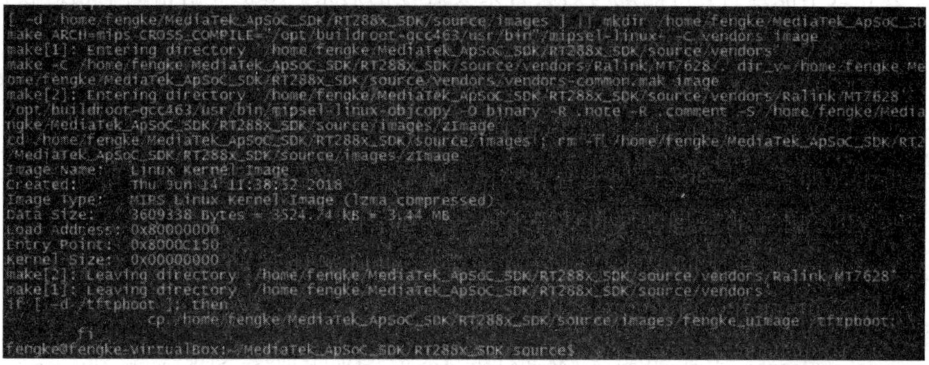

```
[ -d /home/fengke/MediaTek_ApSoC_SDK/RT288x_SDK/source/images ] || mkdir /home/fengke/MediaTek_ApSoC_SD
make ARCH=mips CROSS_COMPILE="/opt/buildroot-gcc463/usr/bin"/mipsel-linux- -C vendors image
make[1]: Entering directory `/home/fengke/MediaTek_ApSoC_SDK/RT288x_SDK/source/vendors'
make -C /home/fengke/MediaTek_ApSoC_SDK/RT288x_SDK/source/vendors/Ralink/MT7628/. dir_v=/home/fengke/Me
ome/fengke/MediaTek_ApSoC_SDK/RT288x_SDK/source/vendors/vendors-common.mak image
make[2]: Entering directory `/home/fengke/MediaTek_ApSoC_SDK/RT288x_SDK/source/vendors/Ralink/MT7628'
/opt/buildroot-gcc463/usr/bin/mipsel-linux-objcopy -O binary -R .note -R .comment -S /home/fengke/Media
ngke/MediaTek_ApSoC_SDK/RT288x_SDK/source/images/zImage
cd /home/fengke/MediaTek_ApSoC_SDK/RT288x_SDK/source/images ; rm -f /home/fengke/MediaTek_ApSoC_SDK/RT2
/MediaTek_ApSoC_SDK/RT288x_SDK/source/images/zImage
Image Name:   Linux Kernel Image
Created:      Thu Jun 14 11:38:32 2018
Image Type:   MIPS Linux Kernel Image (lzma compressed)
Data Size:    3609338 Bytes = 3524.74 kB = 3.44 MB
Load Address: 0x80000000
Entry Point:  0x8000C150
Kernel Size:  0x00000000
make[2]: Leaving directory `/home/fengke/MediaTek_ApSoC_SDK/RT288x_SDK/source/vendors/Ralink/MT7628'
make[1]: Leaving directory `/home/fengke/MediaTek_ApSoC_SDK/RT288x_SDK/source/vendors'
if [ -d /tftpboot ]; then \
        cp /home/fengke/MediaTek_ApSoC_SDK/RT288x_SDK/source/images/fengke_uImage /tftpboot;
    fi
fengke@fengke-VirtualBox:~/MediaTek_ApSoC_SDK/RT288x_SDK/source$
```

图 3-59　make 命令输出

用 make 命令编译 Image 时，最后输出会显示 Entry Point(=0x8000c150)地址和 Load Address(=0x80000000)地址，这两个地址将会与 vmlinux 下载和运行有关。有关这两个地址可以查看 kernel 目录中/arch/mips/kernel/vmlinux. lds 链接脚本，地址的具体信息可以参考/arch/mips/kernel/head. S。

2) 制作 bin 文件

制作 kernel bin 文件如图 3-60 所示，其命令如下：

```
/opt/buildroot-gcc463/usr/bin/mipsel-linux-objcopy --gap-fill=0xff -O binary -S vmlinux vmlinux.bin
```

```
fengke@fengke-VirtualBox:~/MediaTek_ApSoC_SDK/RT288x_SDK/source/linux-2.6.36.x$ /opt/buildroot-g
root-gcc463/usr/bin/mipsel-linux-objcopy --gap-fill=0xff -O binary -S vmlinux vmlinux.bin
fengke@fengke-VirtualBox:~/MediaTek_ApSoC_SDK/RT288x_SDK/source/linux-2.6.36.x$ ls -l vmlinux*
-rwxrwxr-x 2 fengke fengke 6877466 Jun 14 10:39 vmlinux
-rwxrwxr-x 1 fengke fengke 6020600 Jun 14 11:22 vmlinux.bin
-rw-rw-r-- 1 fengke fengke 9518138 Jun 14 10:39 vmlinux.o
fengke@fengke-VirtualBox:~/MediaTek_ApSoC_SDK/RT288x_SDK/source/linux-2.6.36.x$
```

图 3-60　制作 kernel bin 文件

最终生成一个 vmlinux. bin 文件，并且查询到的 Entry point 是 0x8000c150。

3) go 命令执行测试

(1) Uboot 擦除 kernel。进入 Uboot 命令行，执行 erase linux 命令如下(擦除 linux 后系统只能进入 Uboot 命令行，无法再启动 Kernel)：

```
MT7628 # erase linux


 Erase linux kernel block !!
From 0x50000 length 0xFB0000
.......................................................................................
```

MTdropbear实现完整的SSH客户端和服务器版本2协议。它不支持SSH版本1的向后兼容性，以节省空间和资源，并避免在SSH版本1的固有的安全漏洞。还实施了SCP的。SFTP支持依赖于一个二进制文件，可以通过提供的OpenSSH或类似的计划。#

(2) 下载内核到Load Address(如图3-61所示)。下载内核命令如下：

MT7628 # tftp 0x80000000 vmlinux.bin

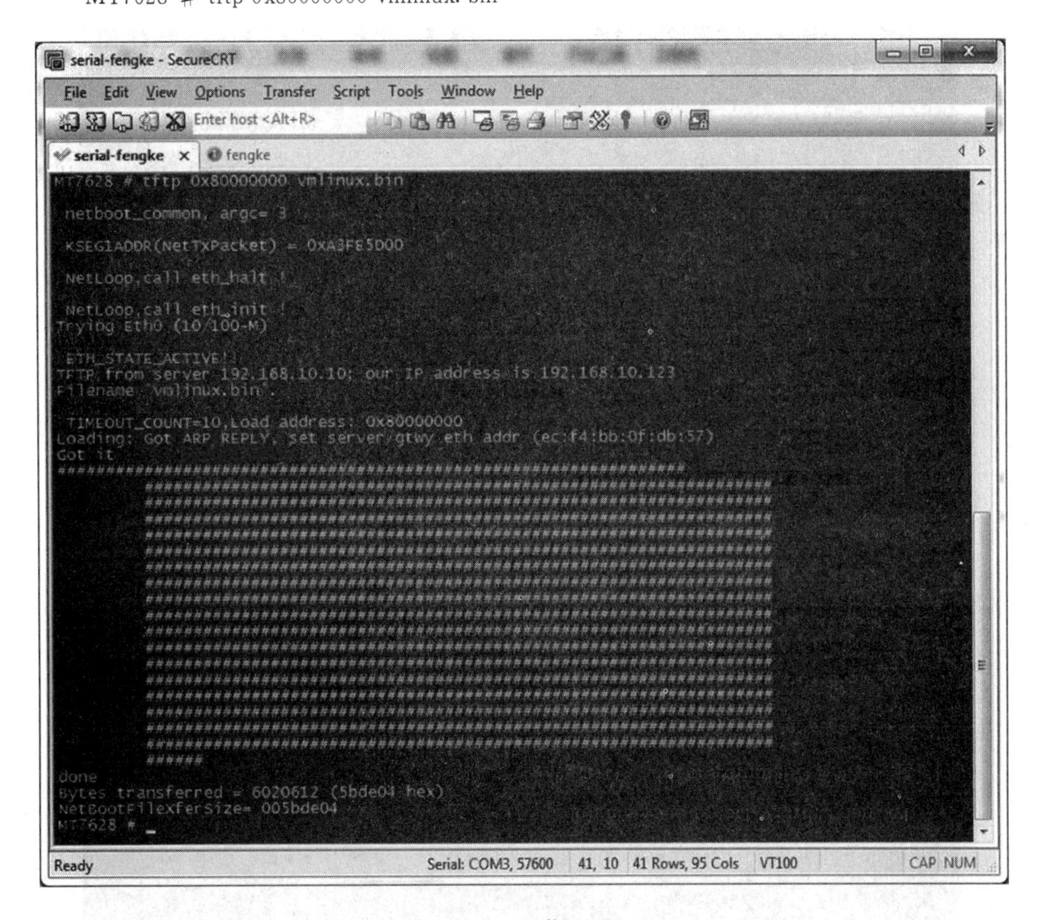

图3-61　tftp下载vmlinux.bin

(3) 运行内核，如图3-62所示。命令如下：

go 0x8000c150

```
MT7628 # go 0x8000c150
## Starting application at 0x8000C150 ...

LINUX started...

 THIS IS ASIC
Linux version 2.6.36 (fengke@fengke-VirtualBox) (gcc version 4.6.3 (Buildroot 2012.11.1) ) #7 Thu Jun 14 11:38:46 CST 2018

 The CPU feqenuce set to 575 MHz

 MIPS CPU sleep mode enabled.
CPU revision is: 00019655 (MIPS 24Kc)
Software DMA cache coherency
Determined physical RAM map:
 memory: 04000000 @ 00000000 (usable)
Initrd not found or empty - disabling initrd
Zone PFN ranges:
  Normal   0x00000000 -> 0x00004000
Movable zone start PFN for each node
early_node_map[1] active PFN ranges
    0: 0x00000000 -> 0x00004000
Built 1 zonelists in Zone order, mobility grouping on.  Total pages: 16256
Kernel command line: console=ttyS1,57600n8 root=/dev/ram0 console=ttyS0.
PID hash table entries: 256 (order: -2, 1024 bytes)
Dentry cache hash table entries: 8192 (order: 3, 32768 bytes)
```

图3-62　内核成功启动

2. Image 的烧写

验证了 vmlinux 在内存中的成功运行后，就可以烧写 Linux Kernel+rootFs。可以烧写的 Image 名字是 fengke_uImage，上一节已经说明这个文件是如何生成的。下面演示在 Uboot 下烧写 Image 配置选项，如图 3-63 所示，进入 Uboot 选择 2，并正确填写 tftp 配置选项。

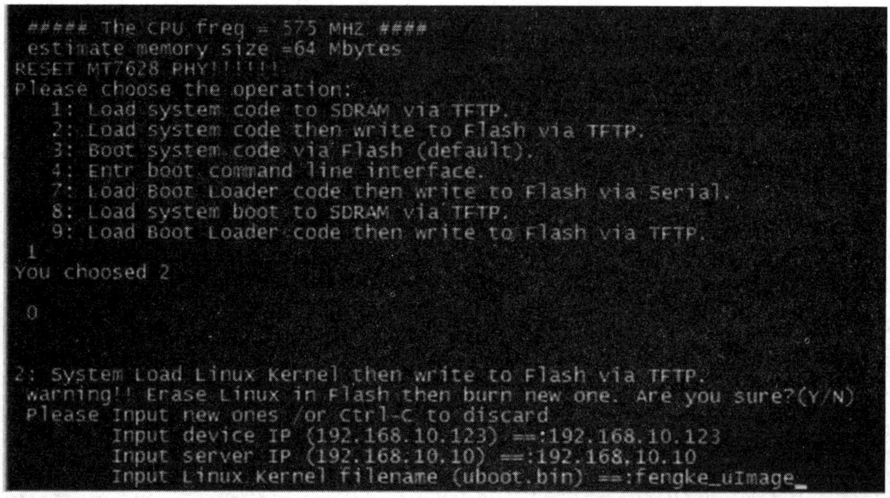

```
##### The CPU freq = 575 MHZ ####
 estimate memory size =64 Mbytes
RESET MT7628 PHY!!!!!!
Please choose the operation:
   1: Load system code to SDRAM via TFTP.
   2: Load system code then write to Flash via TFTP.
   3: Boot system code via Flash (default).
   4: Entr boot command line interface.
   7: Load Boot Loader code then write to Flash via Serial.
   8: Load system boot to SDRAM via TFTP.
   9: Load Boot Loader code then write to Flash via TFTP.
 1
You choosed 2

 0


2: System Load Linux Kernel then write to Flash via TFTP.
 Warning!! Erase Linux in Flash then burn new one. Are you sure?(Y/N)
 Please Input new ones /or Ctrl-C to discard
        Input device IP (192.168.10.123) ==:192.168.10.123
        Input server IP (192.168.10.10) ==:192.168.10.10
        Input Linux Kernel filename (uboot.bin) ==:fengke_uImage_
```

图 3-63 烧写 fengke_uImage 配置选项

烧写完成后系统会自动重启，如图 3-64 所示，表示新烧写的 uImage 已经成功运行。

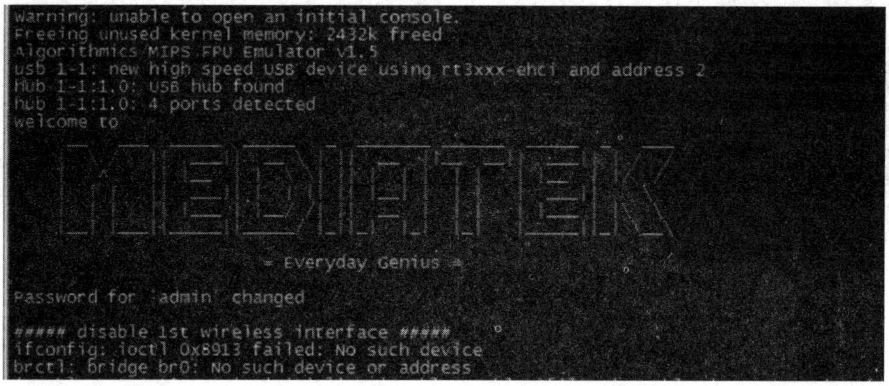

```
Warning: unable to open an initial console.
Freeing unused kernel memory: 2432k freed
Algorithmics/MIPS FPU Emulator v1.5
usb 1-1: new high speed USB device using rt3xxx-ehci and address 2
hub 1-1:1.0: USB hub found
hub 1-1:1.0: 4 ports detected
Welcome to

MEDIATEK

                 = Everyday Genius =

Password for 'admin' changed

##### disable 1st wireless interface #####
ifconfig: ioctl 0x8913 failed: No such device
brctl: bridge br0: No such device or address
```

图 3-64 Image 成功运行画面

3. 访问系统

系统初次烧录后应该默认启动了 web server 程序，以方便用户的访问(可通过查看 rcS 文件的内容，了解系统默认启动的进程)。

ifconfig 命令查看当前网口已经配置的 ip 地址，如图 3-65 所示。

br0 接口默认配置的 ip 地址是 10.10.10.254，这个地址按照当前的环境无法访问，所以需要先修改 ip 地址到当前使用的网段上。如下所示，只查看某一接口的 ip 时可以用 ifconfig+接口名查询，修改 br0 接口的 ip 地址的命令是：ifconfig br0 192.168.10.222 netmask 255.255.255.0。

图 3-65 ifconfig 命令显示

```
# ifconfig br0
br0       Link encap:Ethernet  HWaddr 00:0C:43:28:80:FE
          inet addr:10.10.10.254  Bcast:10.10.10.255  Mask:255.255.255.0
          inet6 addr: fe80::20c:43ff:fe28:80fe/64 Scope:Link
          UP BROADCAST RUNNING MULTICAST  MTU:1500  Metric:1
          RX packets:112 errors:0 dropped:0 overruns:0 frame:0
          TX packets:7 errors:0 dropped:0 overruns:0 carrier:0
          collisions:0 txqueuelen:0
          RX bytes:11680 (11.4 KiB)  TXbytes:546 (546.0 B)

# ifconfig br0 192.168.10.222 netmask 255.255.255.0
#
```

通过web浏览器访问刚才配置的ip地址192.168.10.222，结果如图3-66所示。

图 3-66 MTK 原生系统 web 显示

3.4 应用程序库的编译(User Library)

3.4.1 50. Library 配置过程

RT288x_SDK 使用 uClibc 0.9.28/0.9.33.2 版本作为应用程序的基本库文件，MT7628 使用的是 uClibc0.9.33.2 版本。uClibc 比一般用于 Linux 发行版的 c 库 GNU C Library (glibc)要小得多，glibc 目标是要支持最大范围的硬件和内核平台的所有 c 标准，而 uClibc 专注于嵌入式 Linux，很多功能可以根据空间需求进行取舍。uClibc 同时也是制作根文件系统的关键，大部分在路径 RT288x_SDK/source/romfs/lib/下的库文件基本都是由 uClibc 编译制作生成。配置 uClibc 基本选择默认配置，除非需要编译的应用程序特别指明需要某个缺省没有编译的库文件，这时可以查找相应的 uClibc 的配置，如果 uClibc 里没有需要的，就需要将编译好的 lib 文件拷贝到相应的 lib 目录，然后重新制作 rootFs，如图 3-67 所示。

```
make menuconfig
    Kernel/Library/Defaults Selection  --->
        [*] Customize uClibc Settings
```

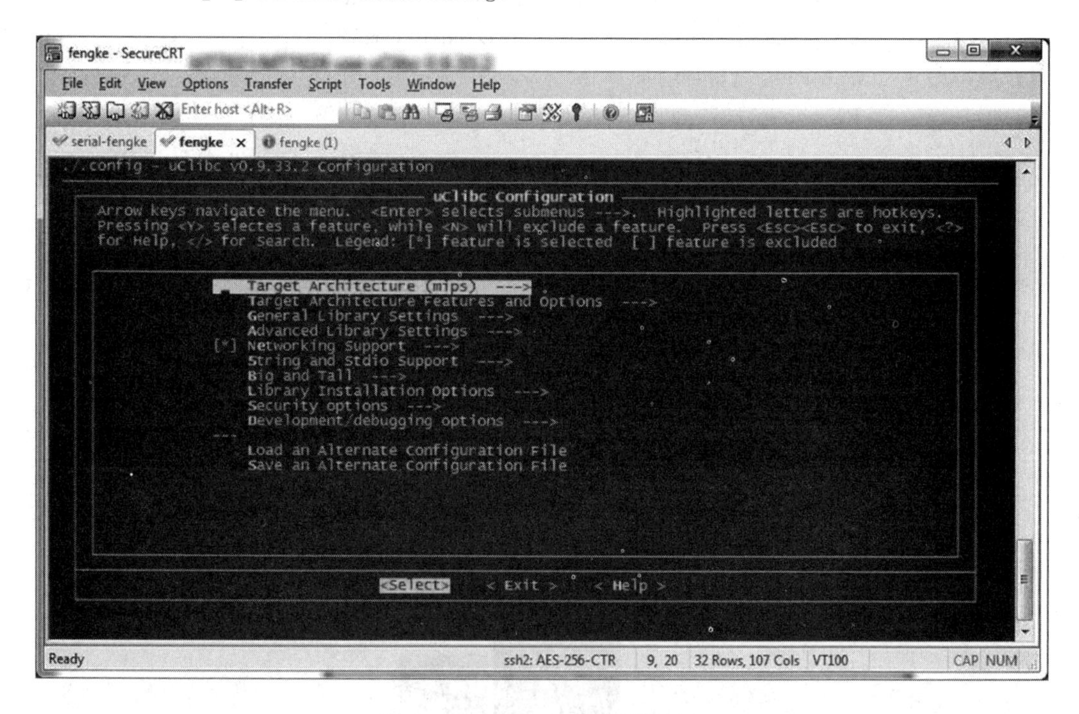

图 3-67 uClibc 选择配置界面

或者选择 C++库，如果不完全理解 C 与 C++库的差别，则尽量分开选择并完成配置，如图 3-68 所示。

```
[*] Customize uClibc++ Settings
```

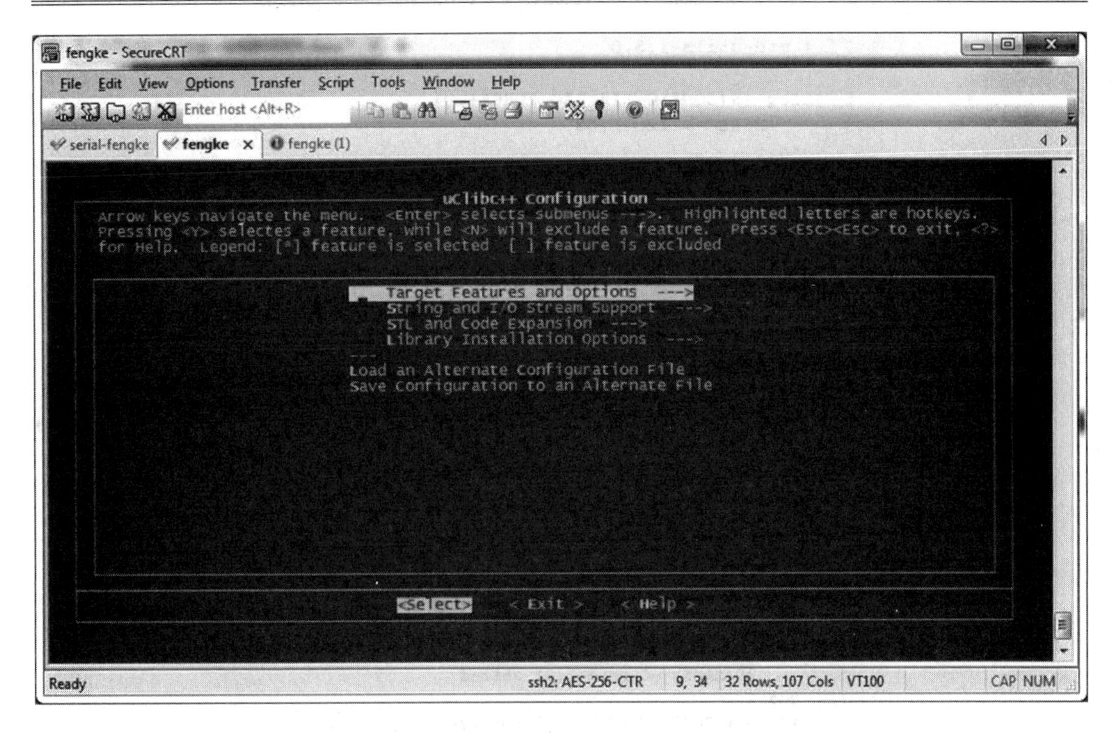

图 3-68　uClibc++选择配置界面

3.4.2　Library 的移植

这一节将说明如何增加一个新的 Library 到 RT288x_SDK 平台。

例如：移植 libfengke 到 RT288x_SDK 平台。

（1）拷贝 libfengke 下的所有内容到：

```
RT288x_SDK/source/lib
cp -rf libfengke RT288x_SDK/source/lib/
```

（2）修改 libfengke/Makefile 文件。

因为没有一个具体的需求，所以就不演示如何编译生成一个库文件，可以参考 libnvram/Makefile，最终的编译目标是生成一个动态库。

这里生成的是一个动态库而不是静态库，因为静态库已经在编译时集成到了应用程序里，不需要再次拷贝到 lib 目录以供应用程序使用。

（3）修改 RT288x_SDK/source/lib/Makefile 文件：

```
ifeq ($(CONFIG_LIB_LIBFENGKE_FORCE), y)
DIRS += libfengke
```

endif　===> 增加代码位置如图 3-69 所示。

```
ifeq ($(CONFIG_LIB_LIBFENGKE_FORCE), y)
@$(MAKE) -C libfengke shared
```

```
146 # mtd-utils-1.5.0
147
148 ifeq ($(CONFIG_LIB_LZO_FORCE),y)
149     DIRS += lzo-2.03
150 endif
151 ifeq ($(CONFIG_LIB_E2FSPROGS_FORCE),y)
152     DIRS += e2fsprogs-1.41.3
153 endif
154 # end
155
156 ifeq ($(CONFIG_LIB_LIBFENGKE_FORCE),y)
157     DIRS += libfengke
158 endif
159
160 ifeq ($(strip $(HAVE_DOT_CONFIG)),y)
161
162 all: headers pregen subdirs shared finished
163
```

图 3-69 libfengke 路径代码位置

endif ===>增加代码位置如图 3-70 所示。

```
280 ifeq ($(CONFIG_LIB_PCRE_FORCE),y)
281     @$(MAKE) -C pcre-8.01 shared
282 endif
283 ifeq ($(CONFIG_LIB_VSTR_FORCE),y)
284     @$(MAKE) -C vstr-1.0.15 shared
285 endif
286 ifeq ($(CONFIG_LIB_LIBFENGKE_FORCE),y)
287     @$(MAKE) -C libfengke shared
288 endif
289 else
290     $(SECHO)
291     $(SECHO) Not building shared libraries ...
292     $(SECHO)
293 endif
294
295 finished: shared
296     $(SECHO)
297     $(SECHO) Finally finished compiling ...
298     $(SECHO)
```

图 3-70 libfengke 编译命令代码位置

(4) 修改 RT288x_SDK/source/config/config.in 文件，如图 3-71 所示。

bool 'Build libfengke' CONFIG_LIB_LIBFENGKE_FORCE

```
28 bool 'Build libjpeg'          CONFIG_LIB_LIBJPEG_FORCE
29 bool 'Build libdb'       CONFIG_LIB_LIBDB_FORCE
30 bool 'Build libusb-0.1.12'  CONFIG_LIB_USB0112_FORCE
31 bool 'Build libusb-1.0.0'   CONFIG_LIB_USB100_FORCE
32 bool 'Build pcre'        CONFIG_LIB_PCRE_FORCE
33 bool 'Build vstr'        CONFIG_LIB_VSTR_FORCE
34 bool 'Build zlib'        CONFIG_LIB_ZLIB_FORCE
35 bool 'Build lzo'                 CONFIG_LIB_LZO_FORCE
36 bool 'Build e2fsprogs'           CONFIG_LIB_E2FSPROGS_FORCE
37 bool 'Build uClibc (libstdc++)' CONFIG_LIB_LIBSTDC_PLUS_FORCE
38 bool 'Build libfengke'           CONFIG_LIB_LIBFENGKE_FORCE
39 dep_bool ' Hello World Example (c++)'  CONFIG_USER_HELLO_WORLD $CONFIG_LIB_LIBSTDC_PLUS_FORCE
```

图 3-71 config 代码增加位置

(5) make menuconfig 选择支持 libfengke，如图 3-72 所示。

make menuconfig

Kernel/Library/Defaults Selection --->

[*] Customize Vendor/User Settings (NEW)

……

Library Configuration　--->

```
                    Library Configuration
 selects submenus --->.  Highlighted letters are hotkeys.  Pressing <Y> includes
?> for Help.  Legend: [*] built-in  [ ] excluded  <M> module  < > module capable

           --- Force build (Normally built when required)
           [ ] Build libgmp
           [ ] Build libpthread
           [*] Build libnvram
           [ ] Build libntfs-3g
           [ ] Build libbluetooth
           [ ] Build libreadline
           [ ] Build libnl
           [ ] Build libpcap
           [ ] Build libevent
           [ ] Build libncurse
           [*] Build libflex
           [ ] Build libupnp1.3.1 (UPnP + IXML + ThreadUtil)
           [ ] Build libdlna
           [ ] Build libffmpeg
           [ ] Build libgdbm
           [ ] Build libid3tag
           [ ] Build libsqlite3
           [ ] Build libexif
           [ ] Build libogg
           [ ] Build libvorbis
           [ ] Build libflac
           [ ] Build libjpeg
           [ ] Build libdb
           [ ] Build libusb-0.1.12
           [ ] Build libusb-1.0.0
           [*] Build pcre
           [ ] Build vstr
           [*] Build zlib
           [ ] Build lzo
           [ ] Build e2fsprogs
           [ ] Build uClibc (libstdc++)
           [ ] Build libfengke

              <Select>    < Exit >    < Help >
```

图 3－72　libfengke 的配置选择

3.4.3　编译 User Library

#cd RT288x_SDK/source

#make lib_only

#make romfs

…………

编译好后的动态共享库将会位于 RT288x_SDK /source/romfs/lib 路径中。

3.5　应用程序简介

RT288x_SDK 支持许多非常有用的网络应用程序(如：wan protocol、http server、debugging tools，etc.)。除了 3.5.1 将描述的 MediaTek 所有权的应用程序，其他都是从开源软件移植过来的，因此应该基本了解下列应用程序的基本功能，这些应用程序和 Linux 内核的组合就是一台物联网网关设备，它们可以完成网关的功能控制。

3.5.1　MTK 所有权的应用程序

执行 make menuconfig 命令后，最终 MTK 所有权应用程序选择如图 3－73 所示。

Kernel/Library/Defaults Selection --->

[*] Customize Vendor/User Settings (NEW)

......

Proprietary Application --->

```
280 ifeq ($(CONFIG_LIB_PCRE_FORCE),y)
281     @$(MAKE) -C pcre-8.01 shared
282 endif
283 ifeq ($(CONFIG_LIB_VSTR_FORCE),y)
284     @$(MAKE) -C vstr-1.0.15 shared
285 endif
286 ifeq ($(CONFIG_LIB_LIBFENGKE_FORCE),y)
287     @$(MAKE) -C libfengke shared
288 endif
289 else
290     $(SECHO)
291     $(SECHO) Not building shared libraries ...
292     $(SECHO)
293 endif
294
295 finished: shared
296     $(SECHO)
297     $(SECHO) Finally finished compiling ...
298     $(SECHO)
```

图 3-73 MTK 所有权应用程序选择

1. 寄存器读写命令：reg

(1) 简介。

读写 register 的测试程序。

(2) 使用方法。

reg 的使用方法如下：

```
syntax: reg [method(r/w/s/d/f)] [offset(Hex)] [value(hex, w only)]
syntax: reg q [interval(Hex in ms)] [count(Hex)]
syntax: reg o [offset_number] [offset_value]
read example : reg r 18
write example : reg w 18 12345678
dump example : reg d 18
dump example [FPGA emulation]: reg f 18
modify example : reg m [Offset:Hex] [Data:Hex] [StartBit:Decimal] [DataLen:Decimal]
To use system register: reg s 0
To use wireless register: reg s 1
To use other base address offset: reg s [offset]
for example: reg s 0xa0500000
for example: reg m c8 1 31 1
To show current base address offset: reg s 2
reg q reads and shows the 16 register values [count] times in the interval of [interval]ms.
the addresses of the 16 registers are assigned by reg o
for example: reg o 5 10. This sets the 5th register offset as 0x10
```

[interval]：1 ～ 1000. [count]：1 ～ 1000. [offset_number]：0 ～ 15.

(3) 举例。

定位当前读写寄存器的基地址为 0xb0000000：

```
# reg s b0000000
switch register base addr to 0xb0000000
```

读寄存器地址 0xb0000000＋0x18 处的内容：

```
# reg r 18
0x12345678
```

将值 0x12222222 写入寄存器地址 0xb0000000＋0x18：

```
# reg w 18 12222222()
write offset 0x18, value 0x12222222
#
```

2. 存储器操作命令：flash

(1) 简介。

存储器 flash 读写测试程序。

(2) 使用方法。

flash 的使用方法如下：

```
flash -r <offset> -c <count>   - read <count> bytes from <offset>
flash -w <offset> -o <value>   - write <offset> with <value>
flash -f <start> -l <end>      - erase from <start> to <end>
```

(3) 注意事项。

<count>是十进制的数字，其他参数是 16 进制的数字。

(4) 举例。

读存储器 flash 偏移地址 0x370000 中的值，共读 4 个字节的内容：

```
read: flash -r 370000 -c 4
```

在存储器 flash 偏移地址 0x370000 处写入值 0x1234，用 4 个字节存储：

```
write: flash -w 370000 -o 1234 -c 4
```

擦除存储器 flash 偏移地址 0x60 到 0x61 的内容：

```
erase: flash -f 60 -l 61
```

3. 修改以太网 mac 地址的命令：eth_mac

(1) 简介。

利用 flash 读写功能重写以太网 mac 地址。

(2) 使用方法。

读接口 lan 或接口 wan 的 mac 地址：

```
read :eth_mac r <lan|wan>
```

写 mac 地址到接口 lan 或接口 wan：

```
write:eth_mac w <lan|wan><MACADDR[0]><MACADDR[1]>...
```

(3) 举例。

读接口 lan：

```
read: eth_mac r lan
```

设置接口 lan 的 mac 地址是 00 0c 43 76 21 01：

write：eth_mac w lan 00 0c 43 76 21 01

4. 通用输入/输出命令：gpio

(1) 简介。

通用输入/输出设置程序。

(2) 使用方法。

gpio 写测试(属于 gpio 输出测试)：

gpio w　　　　　　- writing test (output)

gpio 读测试(属于 gpio 输入测试)：

gpio r　　　　　　- reading test (input)

读 gpio 号(属于 gpio 输入测试)：

gpio g (＜gpio＞)　- reading gpio number (input)

gpio i (＜gpio＞)　- interrupt test for gpio number

gpio 号的中断测试：

gpio l ＜gpio＞＜on＞＜off＞＜blinks＞＜rests＞＜times＞

设置 led 灯的 gpio(0 ～24 号)开/关间隔，闪烁/停止循环周期，闪烁时长：

- set led on ＜gpio＞(0～24) on/off interval, no. of blinking/resting cycles, times of blinking

The name of the GPIO testing user application is"gpio"

* gpio w: write test (Note that all GPIO pins will be changed to output direction when writing)
* gpio r: read test (Note that all GPIO pins will be changed to input direction when reading)
* gpio g ＜gpio#＞: read the target GPIO pin. (Note that the target GPIO pin will be changed to input direction when reading)
* gpio i (＜gpio#＞): interrupt test for GPIO number
* gpio l ＜gpio#＞＜on＞＜off＞＜blinks＞＜rests＞＜times＞: set led on ＜gpio#＞(0～24) on/off interval, no. of blinking/resting cycles, blinking time

Pin 脚的复用功能 Pin sharing scheme。

必须知道 Pin 脚的 GPIO 功能是和什么普通功能一起复用的，因为在同一时间只可选择其中一种功能，不是作为 GPIO 使用，就是作为其他功能使用。

配置这个引脚的功能为 GPIO。

GPIOMODE：GPIO purpose select

配置已经选择作为 GPIO 引脚的输出方向，设置值'1'表示这个 GPIO 引脚作为输出功能，相反设置值'0'表示是一个输入引脚。

PIODIR：programmed I/O direction

如果 GPIO 设置为输出引脚，就是写数据到引脚；如果 GPIO 设置为输入引脚，CPU 就从引脚读数据。PIOSET，PIORESET，PIOTOG 主要用来调整 GPIO 数据位置。

PIODATA：programmed I/O data

PIOINT，PIOEDGE，PIORENA and PIOFMASK 在引脚设置成 GPIO 且为输入模式的情况下，若有一个中断发生，则会触发相应的中断响应程序。

5. mii 寄存器读写程序：mii_mgr

(1) 简介。

mii 寄存器读写程序。

（2）使用方法。

mii_mgr 的使用方法如下：

```
mii_mgr -g -p [phy number] -r [register number]
get：mii_mgr -g -p 3 -r 4


mii_mgr -s -p [phy number] -r [register number] -v [0xvalue]
set：mii_mgr -s -p 4 -r 1 -v 0xff11
```

（3）举例。

获取 mii 物理号为 3 内部寄存器为 4 的 mii 寄存器的内容：

```
get：mii_mgr -g -p 3 -r 4
```

设置 mii 物理号为 4 内部寄存器为 1 的 mii 寄存器值为 0xff11：

```
set：mii_mgr -s -p 4 -r 1 -v 0xff11
```

mii 对应的内核模块 Kernel Module 源代码路径如下：

```
$SDK/source/linux-2.6.36.x/drivers/net/raeth/mii_mgr.c
$SDK/source/linux-2.6.36.x/drivers/net/raeth/ra_ioctl.h
```

6. 输入/输出控制命令：ioctl Commands

（1）通过 mdc/mdio 接口获得 phy 寄存器信息。

RAETH_MII_READ

（2）通过 mdc/mdio 接口设置 phy 寄存器。

RAETH_MII_WRITE

7. 输入/输出控制接口的数据结构 ：ioctl interface

```
typedef struct ralink_mii_ioctl_data {
        __u32 phy_id;
        __u32 reg_num;
        __u32 val_in;
        __u32 val_out;
};
```

- phy_id：phy 设备的地址。
- reg_num：phy 设备中寄存器的地址。
- val_in：

GET：读取 phy 寄存器的数据。

SET：设置了 MDIO 后当前寄存器中的数据。

- val_out：将要设置到 phy 寄存器中的数据。

应用程序可以通过 raeth 驱动程序调用 mii_mgr 命令进行相应的 mii 寄存器设置。

8. 内存技术设备：mtd(memory technology device)

（1）简介。

通过 mtd 命令升级 firmware。

(2) 使用方法。

mtd 的使用方法如下：

mtd [<options>...] <command> [<arguments>...] <device>

设备在系统中的名字可以用命令 cat/proc/mtd 查看，格式应该类似 mtdX(如：mtd4)。

mtd 所支持的命令：

unlock	解锁设备
erase	查出所有数据
write <imagefile>|-	从标准输入中获取文件名并写入 mtd 设备

可获得的选项：

-q	退出模式
-r	命令执行成功后 reboot
-e <device>	执行命令前擦除设备
-v	输出信息(输出 HTML 格式)
-o <num>	偏移量
-l <num>	文件长度
-w	写完后读出来检查

(3) 举例。

· 写 linux. trx 到 mtd4 分区并设置标签为 linux，完成后 reboot：

mtd -r write linux. trx linux

To write linux. trx to mtd4 labeled as linux and reboot afterwards

· 写 image. bin 到 mtd4 分区并且完成后 reboot：

mtd_write -r write image. bin mtd4

9. spi 命令：spicmd

(1) 简介。

SPI EEPROM 读写工具集。

(2) 使用方法。

Spicmd 的使用方法如下：

```
spicmd read/write eeprom_address data(if write)
spicmd format:
    spicmd read [address in hex]
    spicmd write [size] [address] [value]
    spicmd vtss read [block] [sub-block] [register]
    spicmd vtss write [block] [sub-block] [register] [value]
    spicmd vtss p0
    spicmd vtss p4
    spicmd vtss novlan
```

(3) 注意事项。

尺寸(命令中的 size 选项)只能是 1，2，4 字节，并且对应的值是十六进制。

size is 1, 2, 4 bytes only, address and value are in hex

10. i2c 命令：i2ccmd

(1) 简介。

i2c 读写接口。

(2) 使用方法。

i2ccmd 的使用方法如下：

```
i2ccmd clk <KHz>                              - set i2c clk
i2ccmd len <addr bytes>                       - set i2c address bytes
i2ccmd addr <address>                         - set i2c address
i2ccmd dump
i2ccmd read <offset>                          - read from offset
i2ccmd write <size><offset><value>            - write value to offset (size 1,2,or 4)
i2ccmd <i>pcie_phy_read <offset>              - read from offset
i2ccmd <o>pcie_phy_write <offset><value>      - write value to offset
```

(3) 举例。

设置 i2c 的地址为 0xa0：

```
i2ccmd addr a0
```

从 i2c 地址 0xa0+0x11 读取相应的内容：

```
i2ccmd read 11
```

写一个字节(值为 0x33)的内容到 0xa0+0x11 地址位置：

```
i2ccmd write 1 11 33
```

11. i2s 命令：i2scmd

(1) 简介。

用于回放/录音的 I2S 工具集接口。

(2) 使用方法。

i2scmd 的使用方法如下：

```
i2scmd [cmd] [srate] [vol] < playback files
```

(3) 注意事项。

i2scmd 命令的参数取值如下所示：

0 对应录音回放；1 对应录音功能。

```
- cmd = 0|1 - i2s raw playback|record
```

录音回放的采样率设置：

```
- srate = 8000|16000|32000|44100|48000 Hz playback sampling rate
```

录音回放的声音设置：

```
- vol = -10~2 db playback volumn
```

(4) 举例。

用 raw playback，采样率为 48000(48k)，音量为 2 的方式读取声音文件 test_sound. snd：

```
i2scmd 0 48000 2 < /etc_ro/test_sound. snd
```

3.5.2 桥的配置软件(bridge-utils)

1. 源代码路径

源代码路径是 RT288x_SDK/source/user/bridge-utils ---> rt288x_sdk/source/user/bridge-utils。

2. 桥的配置软件描述

brctl命令用于设置、维护和检测以太网网桥当前状况。以太网桥通常用于连接不同以太网设置的以太网网络，这样的以太网虽然连接了多个设备，但是对外看起来就是一个网络。每一个以太网设备在桥里都是一个实际的物理接口(或在逻辑上也是一个以太网)。

3. 桥的配置软件使用方法

(1) 命令用法如下：

```
brctl [commands]
```

(2) 命令格式如下：

```
commands:
    addbr          <bridge>                  add bridge(增加桥)
    delbr          <bridge>                  delete bridge(删除桥)
    addif          <bridge><device>          add interface to bridge(添加接口到桥)
    delif          <bridge><device>          delete interface from bridge(从桥中删除接口)
    hairpin        <bridge><port> {on|off}   turn hairpin on/off(打开/关闭 hairpin 功能)
    setageing      <bridge><time>            set ageing time(设置老化时间，即生存周期)
    setbridgeprio  <bridge><prio>            set bridge priority(设置桥的优先级)
    setfd          <bridge><time>            set bridge forward delay(设置桥的转发延迟时间)
    sethello       <bridge><time>            set hello time(设置询问时间)
    setmaxage      <bridge><time>            set max message age(设置消息的最大生命周期)
    setpathcost    <bridge><port><cost>      set path cost(设置路径的权值)
    setportprio    <bridge><port><prio>      set port priority(设置端口的优先级)
    show           [<bridge>]                show a list of bridges(显示桥列表)
    showmacs       <bridge>                  show a list of mac addrs(显示 mac 地址)
    showstp        <bridge>                  show bridge stp info(显示桥的生成树信息)
    stp            <bridge> {on|off}         turn stp on/off(打开/关闭生成树)
```

3.5.3 BusyBox应用程序

1. 源代码路径

源代码路径是RT288x_SDK/source/user/busybox。

2. 简介

BusyBox是一个集成了三百多个最常用Linux命令和工具的软件。BusyBox包含了一些简单的工具，例如ls、cat和echo等，还包含了一些更大、更复杂的工具，如grep、find、mount和telnet。BusyBox被称为Linux工具里的瑞士军刀，简单地说，BusyBox就好像是个大工具箱，它集成压缩了Linux的许多工具和命令，也包含了Android系统自带的shell。

```
# busybox --- 输入 busybox 命令可以看到 busybox 的当前信息
BusyBox v1.12.1 (2018-06-16 23:24:51 CST) multi-call binary
Copyright (C) 1998-2008 Erik Andersen, Rob Landley, Denys Vlasenko
and others. Licensed under GPLv2.
See source distribution for full notice.
```

```
Usage: busybox [function] [arguments]...
   or: function [arguments]...

        BusyBox is a multi-call binary that combines many common Unix
        utilities into a single executable. Most people will create a
        link to busybox for each function they wish to use and BusyBox
        will act like whatever it was invoked as!

Currently defined functions:
        [, [[, ash, basename, brctl, cat, chmod, chpasswd, cp, date, echo,
        expr, free, grep, halt, hostname, ifconfig, init, init, insmod, kill,
        killall, klogd, logger, login, logread, ls, lsmod, md5sum, mdev,
        mkdir, mknod, mount, ping, ping6, poweroff, printf, ps, pwd, reboot,
        rm, rmmod, route, sed, sh, sleep, sync, syslogd, telnetd, test, time,
        top, touch, tr, udhcpc, udhcpd, umount, uptime, vconfig, vi, wc
```

3.5.4 ctorrent-dnh 3.2 应用程序

1. 源代码路径

源代码路径是 RT288x_SDK/source/user/ctorrent-dnh 3.2。

2. 简介

ctorrent 是一个 BitTorrent 客户端程序(BT 下载程序)，可以利用这个程序进行 BT 下载。

3.5.5 curl 应用程序

1. 源代码路径

源代码路径是 RT288x_SDK/source/user/curl。

2. 简介

curl 命令是一个利用 URL 规则在命令行下工作的文件传输工具。因为它支持文件的上传和下载，所以是综合传输工具，但按传统习惯 curl 被称为下载工具，作为一款强力工具，curl 支持包括 HTTP、HTTPS、ftp 等众多协议，还具备支持 POST、cookies、认证，以及从指定偏移处下载部分文件、用户代理字符串、限速、文件大小、进度条等特征。在做网页处理流程和数据检索自动化时，curl 可助一臂之力。

3.5.6 dnsmasq-2.40 应用程序

1. 源代码路径

源代码路径是 RT288x_SDK/source/user/dnsmasq-2.40。

2. 简介

dnsmasq 是一个用于配置 DNS 和 DHCP 的工具，小巧且方便，适用于小型网络，提供了 DNS 功能和可选择的 DHCP 功能。它服务于只在本地适用的域名，这些域名是不会在全球的 DNS 服务器中出现的。DHCP 服务器和 DNS 服务器相结合，并且允许 DHCP 分配的地址能在 DNS 中正常解析，而这些 DHCP 分配的地址和相关命令可以配置到每台主机中，也可以配置到一台核心设备中(比如路由器)，dnsmasq 支持静态和动态两种 DHCP 配置方式。

3.5.7 dropbear - 0.52 应用程序

1. 源代码路径

源代码路径是 RT288x_SDK/source/user/dropbear - 0.52。

2. 简介

dropbear 实现了完整的 SSH 客户端和服务端版本 2 协议。dropbear 不支持 SSH 版本 1 协议，这样是为了节省空间和资源，并避免了 SSH 版本 1 所固有的安全漏洞。dropbear 支持 SCP 协议和 SFTP 协议，它们都是使用 SSH 协议将文件进行加密传输的。

3.5.8 ebtables 应用程序

1. 源代码路径

源代码路径是 RT288x_SDK/source/user/ebtables - v2.0.9 - 2。

2. 简介

ebtables 是一个用于设置和维护以太网帧(Ethernet frames)规则表的应用程序，其中包含三个主要的概念：表(tables)、链(chains)、目标(targets)。

3.5.9 iptables 应用程序

1. 源代码路径

源代码路径是 RT288x_SDK/source/user/iptables - 1.4.10。

2. 简介

iptable 是 Linux 上常用的防火墙软件，是 netfilter 项目的一部分，可以直接配置，也可以通过许多前端和图形界面配置。

3.5.10 ntfs - 3g 应用程序

1. 源代码路径

源代码路径是 RT288x_SDK/source/user/ntfs - 3g。

2. 简介

ntfs - 3g 是一个开源的软件，可以实现 Linux、Free BSD、Mac OSX、NetBSD 和 Haiku 等操作系统中的 NTFS 读写支持。它可以安全且快速地读写 Windows 系统的 NTFS 分区，且不用担心数据丢失。它可以和之前提到的 BT 软件结合使用，实现一个离线下载工具。

3.5.11 samba 应用程序

1. 源代码路径

源代码路径如下：

RT288x_SDK/source/user/ samba - 3.0.2；

RT288x_SDK/source/user/ samba - 4.0.24。

2. 简介

samba是在Linux和Unix系统上实现SMB协议的一个免费软件，由服务器及客户端程序构成。SMB(Server Messages Block，信息服务块)是一种在局域网上共享文件和打印机的通信协议，它为局域网内的不同计算机之间提供文件及打印机等资源的共享服务。SMB协议是客户机/服务器型协议，客户机通过该协议可以访问服务器上的共享文件系统、打印机及其他资源。通过设置“NetBIOS over TCP/IP”使得samba不但能与局域网络主机分享资源，还能与全世界的电脑分享资源。

3.5.12 strace应用程序

1. 源代码路径

源代码路径是RT288x_SDK/source/user/strace。

2. 简介

strace命令是一种强大的工具，它能够显示所有由用户空间程序发出的系统调用。

3.5.13 tcpdump应用程序

1. 源代码路径

源代码路径是RT288x_SDK/source/user/tcpdump。

2. 简介

tcpdump是命令行的抓包分析工具。

3.5.14 wireless_tools应用程序

1. 源代码路径

源代码路径是RT288x_SDK/source/user/wireless_tools。

2. 简介

wireless_tools是一种Linux系统下的开源的无线管理软件，是一组无线扩展的操作工具集，用来设置支持Linux Wireless Extension的无线设备。它使用的是文本界面，并且相当粗糙，但支持完整的无线扩展。wireless_toools支持几乎所有的无线网卡和驱动，它可以支持WEP的AP，但不能连接到只支持WPA的AP，连接AP需要使用它所编译出来的工具。

3.5.15 wpa_supplicant - 0.5.7应用程序

1. 源代码路径

源代码路径是RT288x_SDK/source/user/wpa_supplicant - 0.5.7。

2. 简介

wpa_supplicant是wifi客户端(client)的加密认证工具，wpa_supplicant支持wep、

wpa、wpa2 等完整的加密认证。wpa_supplicant 在后台运行时，需要借助控制台工具 wpa_cli来进行手动操作。

3.6　移植新的应用程序

例如：增加一个 fengkeuser 应用程序，并在编译后拷贝到/bin 目录。

1. 在目录 RT288x_SDK/source/user/下创建 fengkeuser 路径

```
fengke@fengke-VirtualBox:~/MediaTek_ApSoC_SDK/RT288x_SDK/source $ pwd
/home/fengke/MediaTek_ApSoC_SDK/RT288x_SDK/source
fengke@fengke-VirtualBox:~/MediaTek_ApSoC_SDK/RT288x_SDK/source $ mkdir user/fengkeuser
fengke@fengke-VirtualBox:~/MediaTek_ApSoC_SDK/RT288x_SDK/source $ ls -l user/fengkeuser/
total 0
fengke@fengke-VirtualBox:~/MediaTek_ApSoC_SDK/RT288x_SDK/source $
```

2. 在目录 RT288x_SDK/source/user/fengkeuser/下创建 Makefile 文件

```
EXE = fengkeuser
OBJS = fengkeuser.o

CFLAGS +=

all: $(EXE)

fengkeuser: $(OBJS)
$(CC) $(OBJS) $(LDFLAGS) -o fengkeuser

$(OBJS): fengkeuser.c
$(CC) -c fengkeuser.c $(CFLAGS)

romfs:
$(ROMFSINST) /bin/$(EXE)

clean:
@rm -rf $(EXE) *.o
```

3. 在目录 RT288x_SDK/source/user/fengkeuser/下创建 fengkeuser.c 文件

```
#include <stdio.h>

int main()
{
    printf("Hello Fengke User application\n");
    return 0;
}
```

4. 编辑 RT288x_SDK/source/config/config. in 文件

在文件末尾增加如下内容：

```
mainmenu_option next_comment
comment 'Fengke Add - on Applications'
bool 'fengke_user' CONFIG_FENGKE_USER_APPLICATION
endmenu
```

5. 编辑 RT288x_SDK/source/user/Makefile 文件

```
dir_ $(CONFIG_FENGKE_USER_APPLICATION)      += fengkeuser
```

6. 开启 fengkeuser 应用程序

增加的 Fengke 选项如图 3－74 所示。

```
make menuconfig
    Kernel/Library/Defaults Selection  --->
        [*] Customize Vendor/User Settings (NEW)
    ......
```

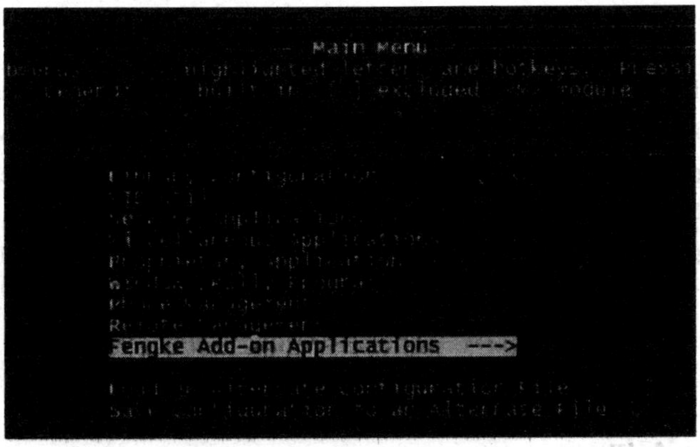

图 3－74 增加的 Fengke 选项

7. 编译 fengkeuser 应用程序

```
make user_only
make romfs
make image
```

或者：

```
make user_only romfs image
```

8. 检查编译结果

fengke@fengke - VirtualBox: ~/MediaTek_ApSoC_SDK/RT288x_SDK/source $ cd user/fengkeuser/

fengke@fengke - VirtualBox: ~/MediaTek_ApSoC_SDK/RT288x_SDK/source/user/fengkeuser $ ls

fengkeuser fengkeuser. c fengkeuser. o Makefile

fengke@fengke - VirtualBox: ~/MediaTek_ApSoC_SDK/RT288x_SDK/source/user/fengkeuser $ file fengkeuser

fengkeuser: ELF 32 - bit LSBexecutable, MIPS, MIPS32 rel2 version 1 (SYSV), dynamically linked (uses shared libs), with unknown capability 0xf41 = 0x756e6700, with unknown capability 0x70100

```
= 0x3040000, not stripped
fengke@fengke - VirtualBox:~/MediaTek_ApSoC_SDK/RT288x_SDK/source/user/fengkeuser $
```

9. 测试程序

1) 检查根文件系统

```
fengke@fengke - VirtualBox:~/MediaTek_ApSoC_SDK/RT288x_SDK/source $ cd romfs/bin/
fengke@fengke - VirtualBox:~/MediaTek_ApSoC_SDK/RT288x_SDK/source/romfs/bin $ ls -
l fengkeuser
- rwxrwxr - x 1 fengke fengke 3524 Jun 18 01:34 fengkeuser
fengke@fengke - VirtualBox:~/MediaTek_ApSoC_SDK/RT288x_SDK/source/romfs/bin $
```

2) 烧写 Image 测试应用程序

```
BusyBox v1.12.1 (2018 - 06 - 18 00:38:14 CST) built - in shell (ash)
Enter 'help' for a list of built - in commands.
# cd bin
# fengkeuser
Hello Fengke User application
#
```

注：可以参考 MTK 提供的一个 C++应用程序 hello world：

```
fengke@fengke - VirtualBox:~/MediaTek_ApSoC_SDK/RT288x_SDK/source/user/hello_world $ pwd
/home/fengke/MediaTek_ApSoC_SDK/RT288x_SDK/source/user/hello_world
fengke@fengke - VirtualBox:~/MediaTek_ApSoC_SDK/RT288x_SDK/source/user/hello_world $ ls
hello.cpp   Makefile
fengke@fengke - VirtualBox:~/MediaTek_ApSoC_SDK/RT288x_SDK/source/user/hello_world $
```

3.7 OpenWrt 移植、编译、使用

3.7.1 OpenWrt 介绍

OpenWrt(http://www.openwrt.org/)可以被描述为一个嵌入式的 Linux 发行版，它主要适用于网络设备的嵌入式系统(主流路由器固件有 DD - Wrt、Tomato、Openwrt 三类)，而不是试图建立一个单一的、静态的系统。OpenWrt 的包管理提供了一个完全可写的文件系统，可以默认运行由供应商提供的选择和配置的应用程序，并允许自定义的设备，以适应任何应用程序。OpenWrt 是由 Linux kernel、uClibc、Busybox 和 OpenWrt 应用程序架构几部分构成，并且所有的组件都在尺寸上做过优化，以适应有限的 Flash 和内存。

对于开发人员来说，OpenWrt 是使用框架来构建应用程序，而无需建立一个完整的固件来支持；对于用户来说，这意味着其拥有完全定制的能力，可以用前所未有的方式使用该设备。

3.7.2 关于 SDK

当前介绍的 SDK 是一个由 MTK 定制的 OpenWrt 项目，MTK 在原版的 OpenWrt 基础上做了很多改动，主要涉及的是驱动的移植(如 Ethernet、USB、WiFi、SD Card 驱动都由 MTK 驱动程序替代 OpenWrt 原有的驱动)，同时也增加了 MTK 特有的应用程序。

目前使用的 OpenWrt 系统是 Barrier Breaker，它发布于 2014 年 10 月 2 日。Barrier Breaker 更新了 3 个 RC 版本，相对 Attitude Adjustment，其内核升级至 3.10，添加了原生 IPv6 支持；改进了文件系统，添加了 nand 闪存的系统更新，并支持文件系统的快照和回滚；UCI 配置工具也得以改进，支持测试性配置并允许将配置回滚至上一次稳定工作的状态；加强了网络功能，对动态防火墙规则、空间等添加了支持。最重要的是这个版本相当稳定。

SDK 浏览：

- OpenWrt framework：Barrier Breaker
- Linux Kernel：3.10.14
- Toolchain：toolchain - mipsel_24kec+dsp_gcc - 4.8 - linaro_uClibc - 0.9.33.2
- MTK Linux SDK base：linux - 3.10.14

3.7.3　编译 SDK

1. 搭建编译环境

利用之前编译 MTK 官方代码的环境可以编译 OpenWrt，编译整个 OpenWrt 需要大概 6G 的磁盘空间。

解压源代码：

```
tar xjvfmtksdk - openwrt - 3.10.14 - 20150311 - d021c937.tar.bz2
```

2. 文件夹描述

所有 OpenWrt 系统的文件如图 3 - 75 所示，红框中的文件是编译后自动生成的。在执行 make clean 后，如果红框中的文件夹仍然存在，可以手动删除这些文件夹的内容。首次编译 OpenWrt 时候需要下载很多需要的开源代码，这里经常出现下载失败的问题，不必担心是编译出错，重新执行编译命令即可。所有下载好的文件(dl 文件夹)单独放在疯壳的网站上，用户可以去下载然后将所有内容拷贝到源代码的 dl 目录下，这样可以节约编译时间。

```
fengke@fengke-VirtualBox:~/openwrt-3.10.14$ ls -la
total 204
drwxrwxr-x 15 fengke fengke  4096 Jun 18 10:09 .
drwxr-xr-x 16 fengke fengke  4096 Jun 18 00:57 ..
drwxr-xr-x  3 fengke fengke  4096 Jun 18 10:09 bin
-rw-rw-r--  1 fengke fengke   179 Mar 11  2015 BSDmakefile
drwxr-xr-x  5 fengke fengke  4096 Jun 18 09:25 build_dir
drwxrwxr-x  2 fengke fengke  4096 Mar 11  2015 config
-rw-rw-r--  1 fengke fengke 84618 Jun 18 03:14 .config
-rw-rw-r--  1 fengke fengke   560 Mar 11  2015 Config.in
drwxrwxr-x  2 fengke fengke  4096 Jun 18 11:49 dl
drwxrwxr-x  2 fengke fengke  4096 Mar 11  2015 docs
-rwxrwxr-x  1 fengke fengke   853 Mar 11  2015 feeds.conf.default
-rw-rw-r--  1 fengke fengke     8 Mar 11  2015 .gitattributes
-rwxrwxr-x  1 fengke fengke   249 Mar 11  2015 .gitignore
drwxrwxr-x  3 fengke fengke  4096 Mar 11  2015 include
-rw-rw-r--  1 fengke fengke 17992 Mar 11  2015 LICENSE
-rwxrwxr-x  1 fengke fengke  3102 Mar 11  2015 Makefile
drwxrwxr-x 12 fengke fengke  4096 Mar 11  2015 package
-rw-rw-r--  1 fengke fengke  1259 Mar 11  2015 README
-rwxrwxr-x  1 fengke fengke 10247 Mar 11  2015 rules.mk
drwxrwxr-x  4 fengke fengke  4096 Mar 11  2015 scripts
drwxrwxr-x  5 fengke fengke  4096 Jun 18 03:15 staging_dir
drwxrwxr-x  6 fengke fengke  4096 Mar 11  2015 target
drwxrwxr-x  4 fengke fengke  4096 Jun 18 11:50 tmp
drwxrwxr-x 12 fengke fengke  4096 Mar 11  2015 toolchain
drwxrwxr-x 54 fengke fengke  4096 Mar 11  2015 tools
fengke@fengke-VirtualBox:~/openwrt-3.10.14$ _
```

图 3 - 75　OpenWrt 文件夹

3. 配置编译选项

1）配置 OpenWrt

疯壳开发板 OpenWrt 配置，如图 3－76 所示。

```
fengke@fengke-VirtualBox:~/openwrt-3.10.14$ pwd
/home/fengke/openwrt-3.10.14
fengke@fengke-VirtualBox:~/openwrt-3.10.14$ make menuconfig
```

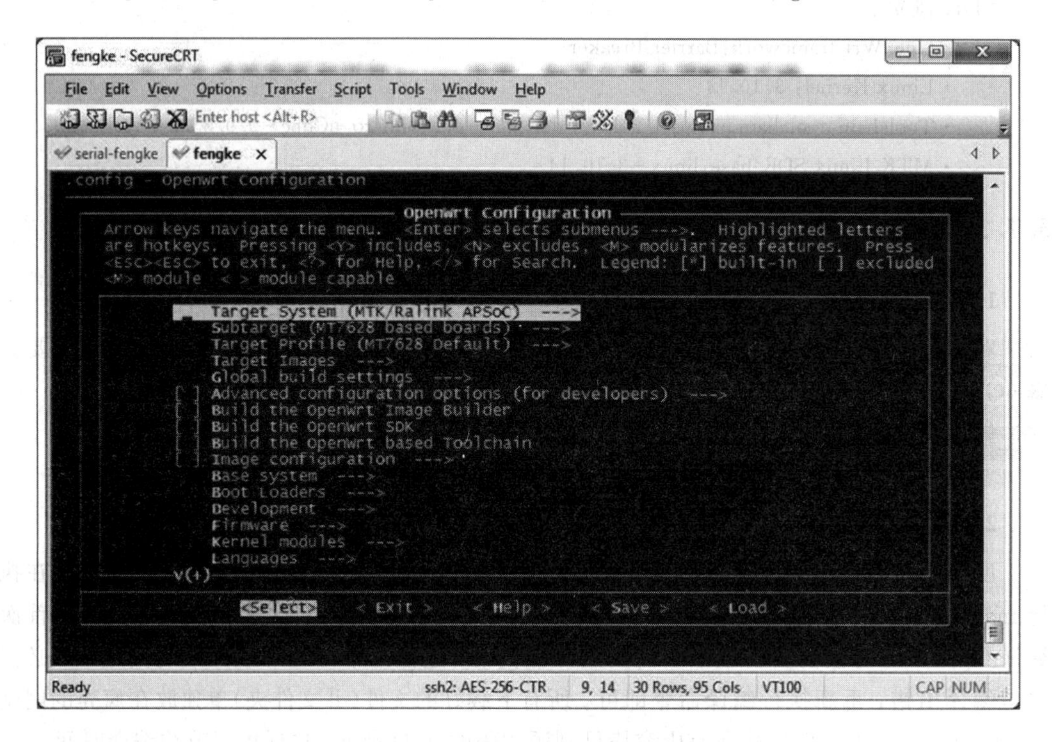

图 3－76 疯壳开发板 OpenWrt 配置

为了生成开发板相应的 Image 文件，如下三项必须配置正确：

Target System (MTK/Ralink APSoC)

Subtarget (MT7628 based boards)

Target Profile (MT7628 Default)

执行 make menuconfig 后，配置选项保存在 .config 文件中：

```
fengke@fengke-VirtualBox:~/openwrt-3.10.14$ pwd
/home/fengke/openwrt-3.10.14
fengke@fengke-VirtualBox:~/openwrt-3.10.14$ ls -l .config
-rw-rw-r-- 1 fengke fengke 84618 Jun 18 03:14 .config
fengke@fengke-VirtualBox:~/openwrt-3.10.14$
```

2）配置 Linux Kernel

源代码目录中关于 Kernel 的配置提供了一个缺省的配置文件(target/linux/ramips/mt7628/config-3.10.14)，如图 3－77 所示。如果这个配置文件不能满足用户需求，可以跟随如下方式来配置内核：

执行 make kernel_menuconfig

图 3－77　传统的 Kernel 配置选项

4. 编译

make，或者 make V=s ＃这种编译方式会有更多地 log 信息，如果编译成功，目标 Image 将会放置在 bin/ramips 目录中：

```
fengke@fengke-VirtualBox:~/openwrt-3.10.14/bin/ramips$ pwd
/home/fengke/openwrt-3.10.14/bin/ramips
fengke@fengke-VirtualBox:~/openwrt-3.10.14/bin/ramips$ ls
md5sums
openwrt-ramips-mt7628-root.squashfs
openwrt-ramips-mt7628-vmlinux.bin    packages
openwrt-ramips-mt7628-mt7628-squashfs-sysupgrade.bin
openwrt-ramips-mt7628-uImage.bin     openwrt-ramips-mt7628-vmlinux.elf
fengke@fengke-VirtualBox:~/openwrt-3.10.14/bin/ramips$
```

5. 升级新编译的固件 Firmware

在 Uboot 启动时候按数字键 2 升级固件 Firmware(如图 3－78 所示)。

固件 Firmware 升级完成后系统会自动重启，如果看到如图 3－79 所示 OpenWrt shell 界面则表示升级成功。

```
Please choose the operation:
   1: Load system code to SDRAM via TFTP.
   2: Load system code then write to Flash via TFTP.
   3: Boot system code via Flash (default).
   4: Entr boot command line interface.
   6: System Enter UBoot to Update Img or Bin.
   7: Load Boot Loader code then write to Flash via Serial.
   9: Load Boot Loader code then write to Flash via TFTP.
You choosed 2

raspi_read: from:40028 len:6


2: System Load Linux Kernel then write to Flash via TFTP.
 Warning!! Erase Linux in Flash then burn new one. Are you sure?(Y/N)
 Please Input new ones /or Ctrl-C to discard
        Input device IP (192.168.1.1) ==:192.168.1.1
        Input server IP (192.168.1.3) ==:192.168.1.3
```

图 3-78　准备升级 Fireware

```
BusyBox v1.22.1 (2018-06-18 11:49:42 CST) built-in shell (ash)
Enter 'help' for a list of built-in commands.

          W I R E L E S S   F R E E D O M
 -----------------------------------------------------
 BARRIER BREAKER (Barrier Breaker, unknown)
 -----------------------------------------------------
  * 1/2 oz Galliano         Pour all ingredients into
  * 4 oz cold Coffee        an irish coffee mug filled
  * 1 1/2 oz Dark Rum       with crushed ice. Stir.
  * 2 tsp. Creme de Cacao
 -----------------------------------------------------
root@OpenWrt:/#
```

图 3-79　OpenWrt shell 界面

3.7.4　Web 访问

OpenWrt 并没有在缺省配置中增加 Web 接口。相应的 Web 接口都是第三方工具包提供的，如 LuCI 或者 XWRT。下面介绍通过 LuCI 工具包访问开发板的方法。

1. 配置和编译

(1) make menuconfig 命令选择 LuCI(MTK)选项，选择完成后用命令 make V=s 编译。因为选择了新的组件，所以编译时又要去相应的地址下载，这时就要保证编译机器能够正确上网。

```
make menuconfig
    LuCI(MTK)  --->
        1. Collections  --->
            <*> luci
```

① 选择 LuCI(MTK)，如图 3-80 所示。

```
.config - OpenWrt Configuration
                    OpenWrt Configuration
Arrow keys navigate the menu.  <Enter> selects submenus --->.  Highlighted letters are
hotkeys.  Pressing <Y> includes, <N> excludes, <M> modularizes features.  Press <Esc><Esc> to
exit, <?> for Help, </> for Search.  Legend: [*] built-in  [ ] excluded  <M> module  < >
module capable

        Target System (MTK/Ralink APSoC)  --->
        Subtarget (MT7628 based boards)  --->
        Target Profile (MT7628 Default)  --->
        Target Images  --->
        Global build settings  --->
    [ ] Advanced configuration options (for developers)  --->
    [ ] Build the OpenWrt Image Builder
    [ ] Build the OpenWrt SDK
    [ ] Build the OpenWrt based Toolchain
    [ ] Image configuration  --->
        Base system  --->
        Boot Loaders  --->
        Development  --->
        Firmware  --->
        Kernel modules  --->
        Languages  --->
        Libraries  --->
        LuCI(MTK)  --->
        MTK Properties  --->
        Network  --->
    v(+)

        <Select>    < Exit >    < Help >    < Save >    < Load >
```

图 3-80　选择 LuCI(MTK)

② 选择 Collections，如图 3-81 所示。

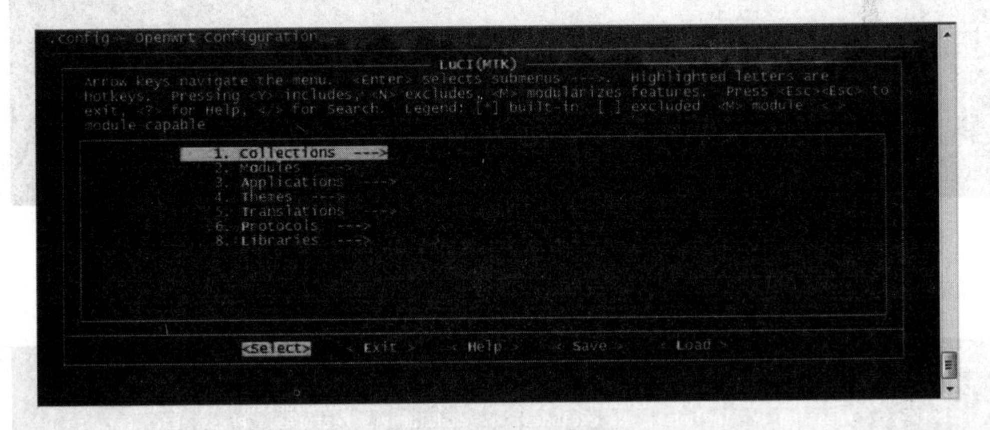

图 3-81　选择 Collectiions

③ 选择 luci，如图 3-82 所示。

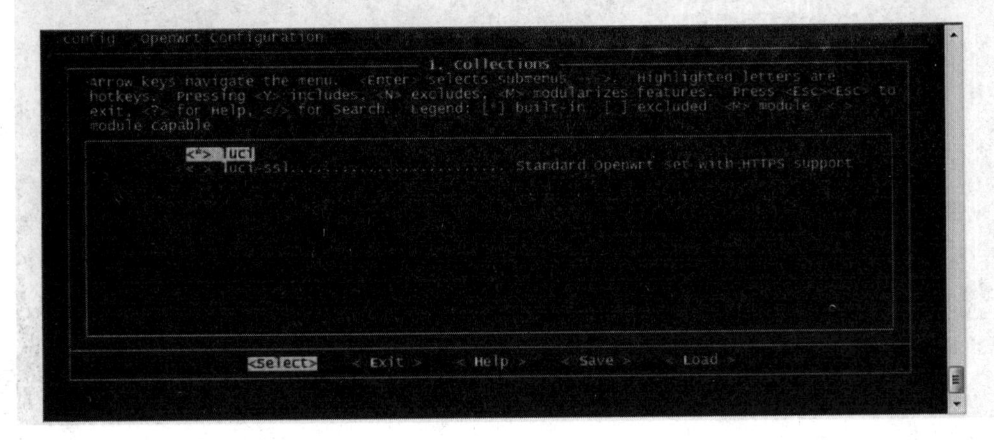

图 3-82　选择 luci

(2) make menuconfig 命令选择 Network 选项。

```
make menuconfig
    Network  --->
        Web Servers/Proxies  --->
```

① 选择 Network，如图 3-83 所示。

```
.config - OpenWrt Configuration
 ------------------------------ OpenWrt Configuration ------------------------------
  Arrow keys navigate the menu.  <Enter> selects submenus --->.  Highlighted letters are
  hotkeys.  Pressing <Y> includes, <N> excludes, <M> modularizes features.  Press <Esc><Esc> to
  exit, <?> for Help, </> for Search.  Legend: [*] built-in  [ ] excluded  <M> module  < >
  module capable
          ^(-)
                 Subtarget (MT7628 based boards)  --->
                 Target Profile (MT7628 Default)  --->
                 Target Images  --->
                 Global build settings  --->
             [ ] Advanced configuration options (for developers)  --->
             [ ] Build the OpenWrt Image Builder
             [ ] Build the OpenWrt SDK
             [ ] Build the OpenWrt based Toolchain
             [ ] Image configuration  --->
                 Base system  --->
                 Boot Loaders  --->
                 Development  --->
                 Firmware  --->
                 Kernel modules  --->
                 Languages  --->
                 Libraries  --->
                 LuCI(MTK)  --->
                 MTK Properties  --->
                 Network  --->
                 Utilities  --->

          <Select>    < Exit >    < Help >    < Save >    < Load >
```

图 3-83 选择 Network

② 选择 Web Servers，如图 3-84 所示。

```
.config - OpenWrt Configuration
 ------------------------------------ Network ------------------------------------
  Arrow keys navigate the menu.  <Enter> selects submenus --->.  Highlighted letters are
  hotkeys.  Pressing <Y> includes, <N> excludes, <M> modularizes features.  Press <Esc><Esc> to
  exit, <?> for Help, </> for Search.  Legend: [*] built-in  [ ] excluded  <M> module  < >
  module capable

                 File Transfer  --->
                 Firewall  --->
                 Linux ATM tools  --->
                 Routing and Redirection  --->
                 THC-IPv6 attack and analyzing toolkit  --->
                 VPN  --->
                 Web Servers/Proxies  --->
             < > 6in4.............................. IPv6-in-IPv4 configuration support
             < > 6rd........................................... 6rd configuration support
             < > 6to4.............................. IPv6-to-IPv4 configuration support
             < > authsae............................................ 802.11s mesh security
             < > chat............................... Establish conversation with a modem
             < > ds-lite................. Dual-Stack Lite (DS-Lite) configuration support
             < > eapol-test............................ 802.1x authentication test utility
             < > gre.......................... Generic Routing Encapsulation config support
             < > hostapd................................ IEEE 802.1x Authenticator (full)
             < > hostapd-common.............. hostapd/wpa_supplicant common support files
             < > hostapd-common-old
             < > hostapd-mini................... IEEE 802.1x Authenticator (WPA-PSK only)
             < > ifenslave....... A utility to manipulate kernel ethernet bonding devices
          v(+)

          <Select>    < Exit >    < Help >    < Save >    < Load >
```

图 3-84 选择 Web Servers

③ 选择 uhttpd，如图 3-85 所示。

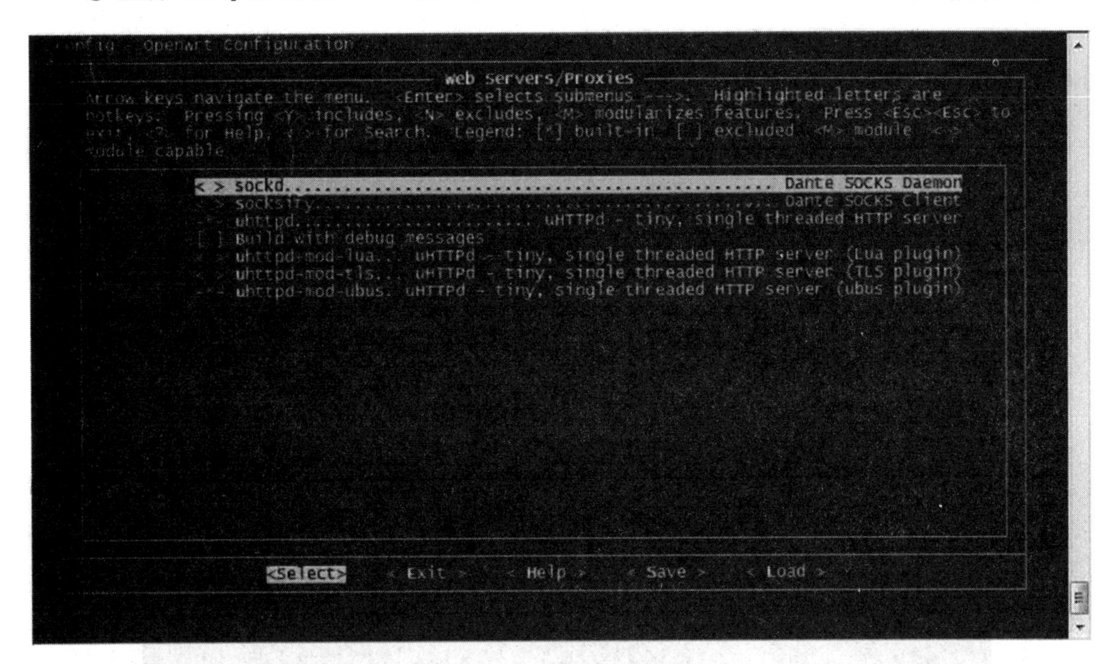

图 3-85　选择 uhttpd

配置选择完成后保存，执行 make V=s 编译，等编译完成后进入 Uboot 升级，系统重新启动后用 ps 命令查看进程(Web Server 进程是 uhttpd)，如图 3-86 所示。

```
root@OpenWrt:/# ps
  PID USER       VSZ STAT COMMAND
    1 root      1420 S    /sbin/procd
    2 root         0 SW   [kthreadd]
    3 root         0 SW   [ksoftirqd/0]
    4 root         0 SW   [kworker/0:0]
    5 root         0 SW<  [kworker/0:0H]
    6 root         0 SW   [kworker/u2:0]
    7 root         0 SW<  [khelper]
    8 root         0 SW   [kworker/u2:1]
   65 root         0 SW<  [writeback]
   67 root         0 SW<  [bioset]
   69 root         0 SW<  [kblockd]
   74 root         0 SW   [khubd]
   82 root         0 SW<  [cfg80211]
   83 root         0 SW   [kworker/0:1]
  103 root         0 SW   [kswapd0]
  104 root         0 SW   [fsnotify_mark]
  105 root         0 SW<  [crypto]
  192 root         0 SW<  [deferwq]
  207 root         0 SW<  [kworker/0:1H]
  387 root       892 S    /sbin/ubusd
  388 root      1484 S    /bin/ash --login
  694 root      1048 S    /sbin/logd -S 16
  735 root      1508 S    /sbin/netifd
  747 root      1240 S    /usr/sbin/odhcpd
  810 root      1476 S    /usr/sbin/telnetd -F -l /bin/login.sh
  872 root      1136 S    /usr/sbin/uhttpd -f -h /www -r OpenWrt -x /cgi-bin -
  874 root      1480 S    udhcpc -p /var/run/udhcpc-eth0.2.pid -s /lib/netifd/
  929 nobody     980 S    /usr/sbin/dnsmasq -C /var/etc/dnsmasq.conf -k
 1011 root      1148 S    /usr/sbin/dropbear -F -P /var/run/dropbear.1.pid -p
 1014 root         0 SWN  [jffs2_gcd_mtd6]
 1031 root      1480 S    /usr/sbin/ntpd -n -p 0.openwrt.pool.ntp.org -p 1.ope
 1040 root      1480 R    ps
root@OpenWrt:/#
```

图 3-86　查看 uhttpd 进程

2. 访问 Web

(1) 先用 ifconfig 查看接口，查看现用 IP 地址(缺省 ip 地址是 192.168.1.1)，如图 3-87 所示。

```
root@OpenWrt:/# ifconfig
br-lan    Link encap:Ethernet  HWaddr 00:0C:43:28:80:2B
          inet addr:192.168.1.1  Bcast:192.168.1.255  Mask:255.255.255.0
          inet6 addr: fe80::20c:43ff:fe28:802b/64 Scope:Link
          inet6 addr: fd5b:ec6b:23a7::1/60 Scope:Global
          UP BROADCAST RUNNING MULTICAST  MTU:1500  Metric:1
          RX packets:205 errors:0 dropped:0 overruns:0 frame:0
          TX packets:156 errors:0 dropped:0 overruns:0 carrier:0
          collisions:0 txqueuelen:0
          RX bytes:15192 (14.8 KiB)  TX bytes:14297 (13.9 KiB)

eth0      Link encap:Ethernet  HWaddr 00:0C:43:28:80:2B
          inet6 addr: fe80::20c:43ff:fe28:802b/64 Scope:Link
          UP BROADCAST RUNNING MULTICAST  MTU:1500  Metric:1
          RX packets:273 errors:0 dropped:0 overruns:0 frame:0
          TX packets:334 errors:0 dropped:0 overruns:0 carrier:0
          collisions:0 txqueuelen:1000
          RX bytes:25576 (24.9 KiB)  TX bytes:79194 (77.3 KiB)
          Interrupt:3

eth0.1    Link encap:Ethernet  HWaddr 00:0C:43:28:80:2B
          UP BROADCAST RUNNING MULTICAST  MTU:1500  Metric:1
          RX packets:273 errors:0 dropped:0 overruns:0 frame:0
          TX packets:137 errors:0 dropped:0 overruns:0 carrier:0
          collisions:0 txqueuelen:0
          RX bytes:20662 (20.1 KiB)  TX bytes:12423 (12.1 KiB)

eth0.2    Link encap:Ethernet  HWaddr 00:0C:43:28:80:2B
          inet6 addr: fe80::20c:43ff:fe28:802b/64 Scope:Link
          UP BROADCAST RUNNING MULTICAST  MTU:1500  Metric:1
          RX packets:0 errors:0 dropped:0 overruns:0 frame:0
          TX packets:189 errors:0 dropped:0 overruns:0 carrier:0
          collisions:0 txqueuelen:0
          RX bytes:0 (0.0 B)  TX bytes:63678 (62.1 KiB)

lo        Link encap:Local Loopback
          inet addr:127.0.0.1  Mask:255.0.0.0
          inet6 addr: ::1/128 Scope:Host
          UP LOOPBACK RUNNING  MTU:65536  Metric:1
          RX packets:4034 errors:0 dropped:0 overruns:0 frame:0
          TX packets:4034 errors:0 dropped:0 overruns:0 carrier:0
          collisions:0 txqueuelen:0
          RX bytes:274272 (267.8 KiB)  TX bytes:274272 (267.8 KiB)
```

图 3-87　ifconfig 查看 ip 地址

(2) 修改 IP 地址以适应网络环境，如图 3-88 所示。

修改 IP 地址的命令：

```
ifconfig br-lan 192.168.10.22 netmask 255.255.255.0
```

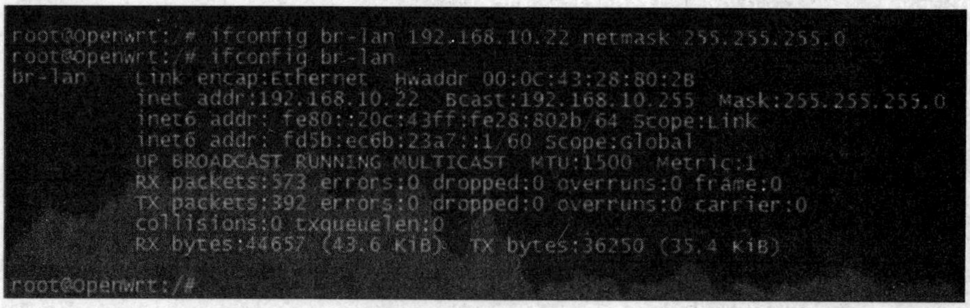

```
root@OpenWrt:/# ifconfig br-lan 192.168.10.22 netmask 255.255.255.0
root@OpenWrt:/# ifconfig br-lan
br-lan    Link encap:Ethernet  HWaddr 00:0C:43:28:80:2B
          inet addr:192.168.10.22  Bcast:192.168.10.255  Mask:255.255.255.0
          inet6 addr: fe80::20c:43ff:fe28:802b/64 Scope:Link
          inet6 addr: fd5b:ec6b:23a7::1/60 Scope:Global
          UP BROADCAST RUNNING MULTICAST  MTU:1500  Metric:1
          RX packets:573 errors:0 dropped:0 overruns:0 frame:0
          TX packets:392 errors:0 dropped:0 overruns:0 carrier:0
          collisions:0 txqueuelen:0
          RX bytes:44657 (43.6 KiB)  TX bytes:36250 (35.4 KiB)

root@OpenWrt:/#
```

图 3-88　修改后的 IP 地址

(3) 浏览器访问开发板(第一次进入系统不需要输入密码)，MTK-LuCI 界面如图 3-89 所示)。

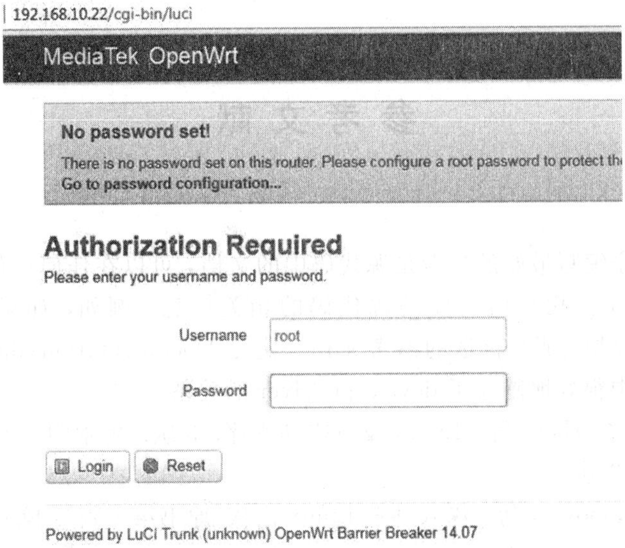

图 3-89 MTK-LuCI 界面

总之，经过对以上开发基础的 shell 脚本和 Makefile 知识的学习，以及讲解了 MTK 官方提供的 Uboot、SDK、OpenWrt，应该对 OpenWrt 系统有一个简单了解。通过对本书的学习至少可以实际动手逐步操作，最后完成一个自己编译的 OpenWrt 系统，并可以升级到疯壳开发板上。疯壳团队在研发过程中也是这样循序渐进的学习和移植 OpenWrt 系统的。用户应该首先参考 MTK 官方提供的源代码，理清官方在原 OpenWrt 系统上做了什么改动来支持它的特定芯片功能。这里的改动包括 Makefile、脚本、内核、应用程序的改动(OpenWrt 通过给开源代码打 patch 的方法改变源代码)，只有对这些改动了如指掌后，才能更了解相关芯片的操作，这时候结合芯片的程序员手册读者一定可以看懂驱动源代码，了解应用程序是如何调用和控制驱动程序去操作硬件。有了这些基础知识之后，就可以尝试移植最新版本的 OpenWrt 到疯壳开发板上。疯壳自己维护了一套 OpenWrt 系统，所做的工作就是移植官方的驱动程序，改变某些接口的属性(IO 复用的功能)来适应疯壳的各种开发板，这套系统也会放到疯壳的网站上供用户下载使用。最后，希望读者能从根据疯壳研发团队经验而写成的本书中获益。

需要注意以下两点：

(1) 因为 Uboot 的升级容易让开发板变砖，所以应该完全阅读整个 Uboot 的章节后，再去尝试升级 Uboot。这其中一定要了解 RAM 中调试 Uboot 的方法，和必须知道 RAM Uboot 和 ROM Uboot 的差别。一旦变砖，用户要么自己从开发板上取下 Flash 再用烧写器重新烧写一个正确的 Uboot，或者邮寄给疯壳帮助维修。

(2) 本书在讲解中有意忽略 NFS(网络文件系统)的讲解，因为 NFS 的实践性很强，搭建环境中会遇到各种问题(因为编译系统版本的原因)，所以用书本来描述这样一个灵活的系统会显得较死板。读者可以购买疯壳的视频，视频中会讲解 NFS 的原理，有助于深入理解 NFS 系统。

参考文献

Linux驱动程序编写最好的参考是源代码中的文档，可以在任何一份内核源代码目录中的Documentation里找到所需要的源代码的相关信息。例如，如果读者想了解关于Linux架构的驱动模型，那么首选的参考文档一定是Documentation\driver－model\目录中的文档说明，其中很好地阐述了device和driver的关系。

[1] [美]Jonathan Corbet，等. Linux设备驱动程序. 3版. 魏永明，等，译. 北京：中国电力出版社，2008.

[2] [美]Daniel P，Bovet，等. 深入理解Linux内核(原书第2版). 陈莉君，译. 北京：中国电力出版社，2003.

[3] [美]克尼汉，等. C程序设计语言. 徐宝文，等，译. 北京：机械工业出版社，2004.

[4] [美]Mark Allen Weiss，等. 数据结构与算法分析. 冯舜玺，等，译. 北京：机械工业出版社，2004.